学ぶ人は、
変えて
ゆく人だ。

目の前にある問題はもちろん、

人生の問いや、

社会の課題を自ら見つけ、

挑み続けるために、人は学ぶ。

「学び」で、

少しずつ世界は変えてゆける。

いつでも、どこでも、誰でも、

学ぶことができる世の中へ。

旺文社

大学受験 DO Series

五訂版

福間の無機化学の講義

別冊
入試で使える
最重要
Point 総整理

福間智人 著
鎌田真彰 監修

旺文社

はじめに

「無機化学はすべて覚えなければならないのですか？」これは私が頻繁に受ける質問です。この質問に対して，「出題されるところを教えてあげるから，そこだけ覚えればいい」とか「暗記する必要はない。理解できれば知識は自然と頭に入ってくる」などという回答を耳にします。市販の参考書の多くもだいたいどちらかの(圧倒的に前者の)立場であることが多いようです。

私は，このどちらの回答もおよそ役に立たないと考えています。「出るところだけ覚えろ」といっても出題事項は多岐にわたり，とても覚えられる量ではありません。また，「理解できれば知識は自然と頭に入ってくる」という言葉もどうしたら理解できて，何の知識が頭に自然と入るのかがわかりません。それに丸暗記しなければならない事柄が一定量存在するのは明白な事実だからです。

そこで，この本を書くにあたって，「何を覚えなければならないのか」，「何をどう理解すれば関連した知識が自然と吸収されるのか」をきちんと明示したいと考えました。そして，この本にしっかり取り組んだ受験生の点数が必ず上がる本にしたいと思いました。

第１章では無機化学の学習の準備となる事項を学習します。

次に，第２章では無機化学反応を学習します。ここでは，化学反応を単に分類するのではなく，化学反応式を自力で作成できるようになってもらうための説明に重点を置いています。

第３章では元素別に必要な知識を整理しました。この章では，「何を覚えなくてはならないか」をきちんと明示することを特に心がけました。

また，別冊付録には，“無機化学反応式一覧”と“知識の整理”を掲載しました。この“無機化学反応式一覧”は，1997年以降の『全国大学入試問題正解化学(旺文社)』の問題の中で「化学反応式を書け」と出題されたものをしらみつぶしに調べたものです。出典大学名も示しましたから出題頻度などの目安になると思います。すべて書けるようになるまで繰り返し書いてみましょう。

なお，『大学受験Doシリーズ　鎌田の理論化学の講義 三訂版』も併せて使用すると良いでしょう。

ぜひ，この本と仲良くなって大きな成果をあげてください。そして自分の可能性を広げて，やりたいことにどんどんチャレンジしていってくださいね。

最後に，今回の改訂は，鎌田真彰先生にお力添えいただいたことで実現できたものです。心からの御礼を申し上げます。

福間智人

本書の構成

第２章では，化学反応をパターンごとに整理して，反応式のつくり方をていねいに説明しました。

本書には，別冊付録があります。本冊と別冊付録の両方に，関連するページが記載してあるので，うまく利用してください。

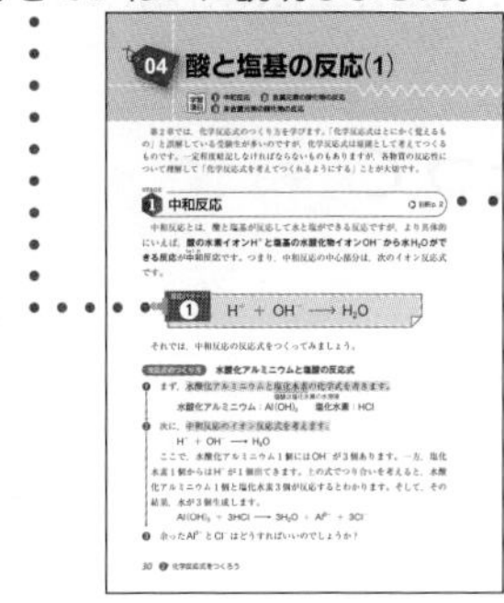

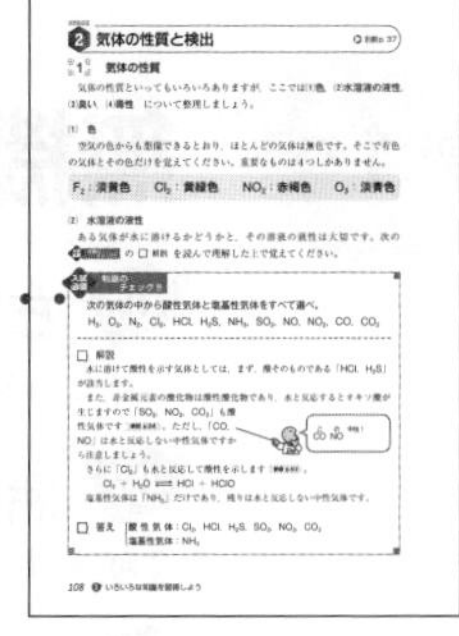

必ず覚えなければならない知識が，きちんと記憶できているかチェックしてください。

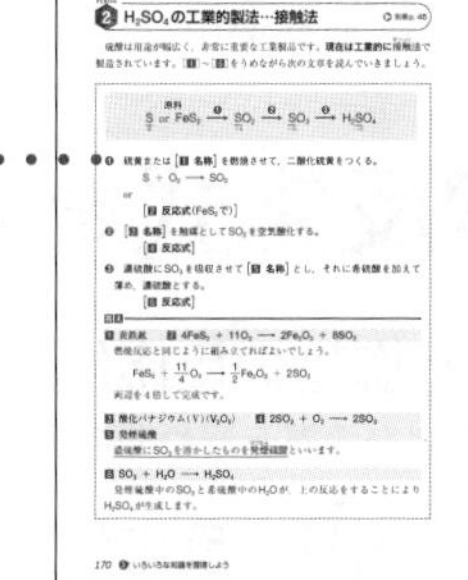

第３章では，重要な部分を空欄にしてまとめてあるので，空欄をうめながら繰り返し読んでください。

各テーマごとに，入試突破のポイントを示してあります。

最後に，実際の入試問題（適宜改題しています）にとり組んでください。何がどのように出題されているのかをつかむことも大切です。解答・解説は巻末にあります。

■入試で使える最重要Point総整理（別冊）

試験直前，特に入念に確認すべき事項をまとめた別冊付録があります。付属の赤セルシートで隠して即座に知識が取り出せるようになるまで徹底的に練習しましょう。

目次

はじめに …… 2

本書の構成 …… 3

第1章 無機化学を学ぶにあたって

01 ちょっと準備を …… 8
無機化学を学ぶための準備となる基礎事項の解説。

02 無機化合物を分類しよう …… 22
多種多様な無機化合物の分類の整理。

03 酸化物・水酸化物・オキソ酸 …… 24
重要な化合物である酸化物，水酸化物，オキソ酸の解説。

第2章 化学反応式をつくろう

04 酸と塩基の反応(1) …… 30
中和反応および金属元素や非金属元素の酸化物の反応を学ぶ。

05 酸と塩基の反応(2) …… 38
酸の強弱について整理した後，塩の反応である弱酸遊離反応を学ぶ。

06 酸化還元反応(1) …… 44
代表的な酸化剤と還元剤を整理して，酸化還元反応を学ぶ。

07 酸化還元反応(2) …… 55
金属単体の反応や燃焼反応などを学ぶ。イオン化傾向についても整理する。

08 加熱による反応 …… 67
熱分解反応，揮発性酸遊離反応など加熱による反応を学習する。

09 イオンの反応(1) …… 72
水に難溶なイオン結晶を整理して，沈殿の生成する反応を学習する。

10 イオンの反応(2) …… 80
錯イオンに関する知識を整理して，錯イオン形成反応を学習する。

いろいろな知識を習得しよう

11 イオン分析 …… 88
陽イオンの分析などの知識を整理して，関連する問題を取り上げる。

12 気体の製法と性質 …… 103
気体の発生法の反応式などを整理して，関連する問題を取り上げる。

13 1族…アルカリ金属 …… 116
1族元素の単体と化合物の知識を整理して，関連する問題を取り上げる。

14 2族…アルカリ土類金属 …… 126
2族元素の単体と化合物の知識を整理して，関連する問題を取り上げる。

15 両性金属とその化合物 …… 134
Al，Znの単体と化合物の知識を整理して，関連する問題を取り上げる。

16 遷移元素(1)…Fe …… 142
Feの単体と化合物の知識を整理して，関連する問題を取り上げる。

17 遷移元素(2)…Cu，Agなど …… 148
Cu，Agなどの単体と化合物の知識を整理して，関連する問題を取り上げる。

18 17族…ハロゲン …… 158
17族元素の単体と化合物の知識を整理して，関連する問題を取り上げる。

19 16族…O，S …… 166
O，Sの単体と化合物の知識を整理して，関連する問題を取り上げる。

20 15族…N，P …… 174
N，Pの単体と化合物の知識を整理して，関連する問題を取り上げる。

21 14族…C，Si …… 182
C，Siの単体と化合物の知識を整理して，関連する問題を取り上げる。

22 18族…貴ガス …… 190
貴ガスの知識を整理する。

入試問題にChallenge!の解答・解説 …… 194

索　引 …… 222

別冊　入試で使える　最重要Point総整理（赤セルシート対応）

第1章

無機化学を学ぶにあたって

01 ちょっと準備を

学習項目 ❶ 化学結合 ❷ 結合による物質の分類と性質 ❸ 分子の構造と性質

STAGE 1 化学結合

これから「無機化学」を学習するにあたって，まず最初に，化学結合について確認しておきましょう。

1 共有結合

原子は，分子を形成するとき，自らのもっている**不対電子**（ふついでんし）**を互いに出し合って他の原子と共有し，電子対**（つい）**を形成して結合**します。この結合を**共有結合**（きょうゆう）といいます。

それでは，なぜ不対電子を出し合って共有したりするのでしょうか？

(1) 共有結合ができる理由

それは，不対電子をもっている状態が不安定だからです。電子対を形成すれば不対電子のある居心地（いごこち）の悪い状態をぬけ出すことができるのです。この**共有された電子対**は**共有電子対**（つい）とよばれ，構造式では線 −（価標（かひょう）ということがある）で表記します。

$$X\cdot + \cdot Y \longrightarrow X{:}Y\ (= X-Y)$$

不対電子　　共有電子対　　価標

2 配位結合

一方の原子が非（ひ）**共有電子対を提供し，それを他の原子と共有してできる結合**もあり，この結合を特に**配位結合**（はいい）といいます。配位結合は矢印で表記されることがあります。

(1) 配位結合と共有結合の違い

「不対電子」を出し合うのではなく，「非共有電子対」を用いる点が配位結合の特色ですが，結合後の状態は他の共有結合と全く同じであることに注意してください。つまり，結合の強さとか長さとかはすべて同じなのです。

例えば，下図のアンモニウムイオンNH_4^+では，４本のN-H結合の長さや強さは全く同じです。その意味で，配位結合は共有結合そのもので，形成のしかたがちょっと特別なだけなのです。

非共有電子対

$$\mathrm{H:\ddot{N}:H} \atop \mathrm{\ddot{}\;H} \quad + \quad \mathrm{H^+} \longrightarrow \left[\begin{array}{c}\mathrm{H}\\ \uparrow \\ \mathrm{H{-}N{-}H}\\ | \\ \mathrm{H}\end{array}\right]^+$$

←４本のN-H結合は長さ，強さともに全く同じ

3　電気陰性度

共有結合をしている原子が，**共有電子対を自らに引きつける強さを数値で表したもの**を**電気陰性度**(でんきいんせいど)といいます。

(1)　電気陰性度の傾向

陰性が強い(マイナスが好き)元素ほど電子との親和性(しんわせい)が大きい(電子と仲がよい)ので，電気陰性度の値は当然大きくなります。

実際，貴ガス（希ガス）を除いて周期表の右上の元素ほど電気陰性度は大きくなっています（なお，貴ガスは結合しにくいため値がありません）。そして，周期表で左下の元素は金属元素であり，右上の元素は非金属元素ですから，金属元素の電気陰性度は小さく，非金属元素の電気陰性度は大きくなっています。

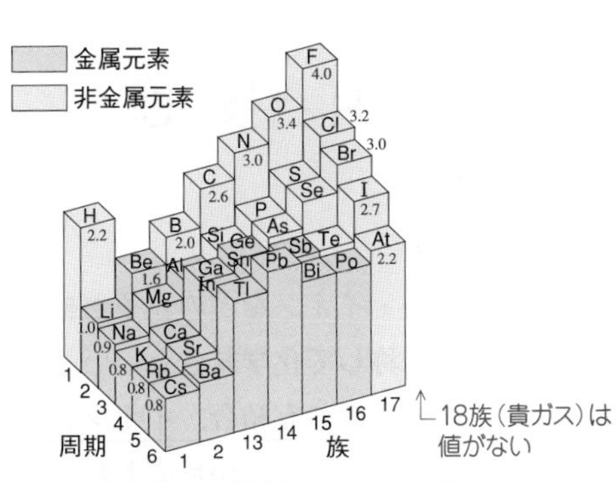

〈**電気陰性度の値**（ポーリングの値）〉

4　結合の極性

結合した2原子間の電気陰性度が異なると，各原子が共有電子対を自らに引きつける強さが異なるため，電気陰性度の大きい原子の方へ共有電子対が偏ります。このように**結合において電荷の偏りがあること**を **結合に極性がある** または **分極している** と表現します。

(1)　結合に極性がある場合

マイナス(負)の電荷をもった電子が偏って分布しているため，電子が偏っている側が少しマイナスに，反対側が少しプラス(正)になって，「プラスとマイナスの極」ができています。この**少しマイナスのこと**を $\delta-$，**少しプラスのこと**を $\delta+$ と表記します。この表記法は覚えておきましょう。

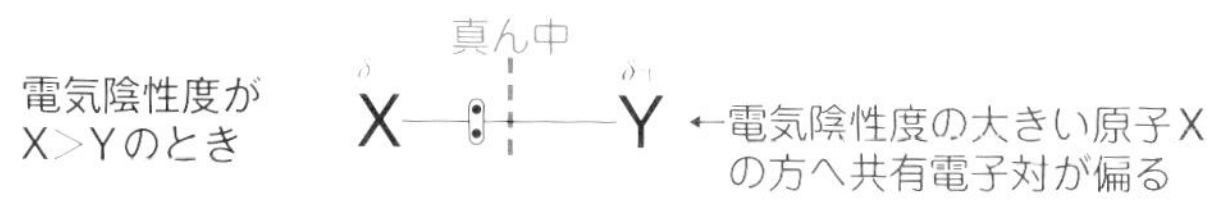

結合の極性の具体例　HClの結合

Hは電気陰性度が2.2なので2.2の強さで共有電子対を自らの方に引っ張ります。一方，Clは電気陰性度が3.2なので3.2の強さで共有電子対を自らの方に引っ張ります。

このとおり，共有電子対を引きつける力はClの方がHよりも大きいため，共有電子対はCl側に少し偏ることになります。その結果，結合に極性が生じ，Cl側が少しマイナスになるのです。以上の考察から，次のようにHClの結合の極性を把握できます。

真ん中

$\delta+$　　$\delta-$

H ―― : ―― Cl

5　化学結合

物質は原子・分子・イオンなどの粒子が結びついてできています。これらの**粒子の結びつきを総称して化学結合**といいます。

基本的な化学結合には共有結合，イオン結合，金属結合があり，構成元素の種類に応じて，いずれかの結合が形成されています。

共 有 結 合：原子間で電子対を形成し，これを共有してできる結合
イオン結合：陽イオンと陰イオンとの間に働く静電気力(クーロン力)によってイオンどうしが結びついてできる結合
金 属 結 合：金属原子の価電子(の一部)が，自由電子としてたくさんの金属イオン間を動き回ることで形成される結合

(1) 共有結合，イオン結合，金属結合を見分ける方法

① 金属元素は電気陰性度が小さいため，その原子は電子を引きつけて束縛する力が弱く，金属原子の価電子(の一部)はもとの原子から離れて自由に行動します。そのため，**金属原子どうしの結合は，一般に金属結合** となっています。

② 一方，非金属元素は電気陰性度が大きく電子を強く引きつけて束縛しますから，電子対は原子間で動けなくなっています。このため，**非金属原子どうしの結合は，一般に共有結合** になります。

③ 金属原子と非金属原子間の結合においては，電気陰性度は非金属元素の方が金属元素よりもずっと大きいので，電子は非金属原子の方に大きく偏ることになります。そして大きく偏った結果，金属原子は電子を取られて陽イオンに，非金属原子は電子を奪って陰イオンになります。そのため，**金属原子と非金属原子間の結合は，一般にイオン結合** になります。

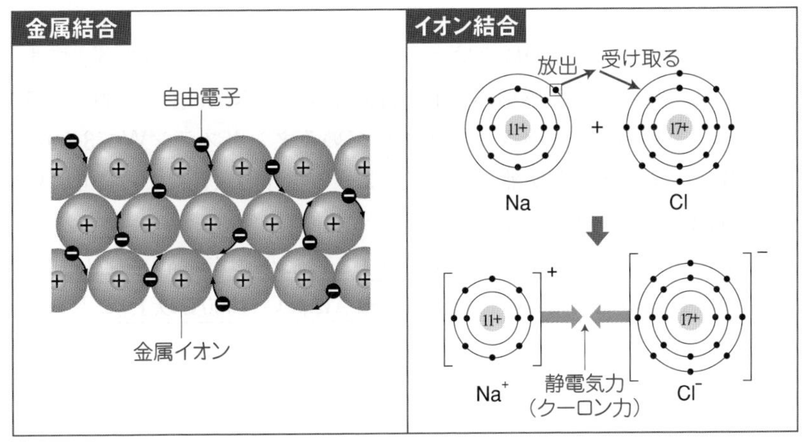

結合による物質の分類と性質

1 金属結晶

多数の金属イオンが，金属結合によって規則正しく配列した結晶を**金属結晶**といいます。なお，**構成粒子が規則正しく配列している固体**が**結晶**であり，**構成粒子の配列に規則性のない固体**は**非晶質**(ひしょうしつ)**(アモルファス)**といいます。

(1) 金属結晶の特徴

① 金属結晶には自由電子が存在するため，一般に，**金属光沢**(こうたく)があり，**電気伝導性**(でんどうせい)や**熱伝導性**が高い性質を示します。自由電子が「電気」や「熱」を運んでくれると考えておくといいでしょう。

② そして，自由電子による結合の特性として，外から力を加えても変形するだけで壊れないため，金属結晶には薄く広がる性質(**展性**(てんせい))や長く延びる性質(**延性**(えんせい))が大きいという特徴もあります。ペラペラの金箔(きんぱく)は展性が大きいからこそつくれるし，細い銅線も延性が大きいからこそつくれるのです。

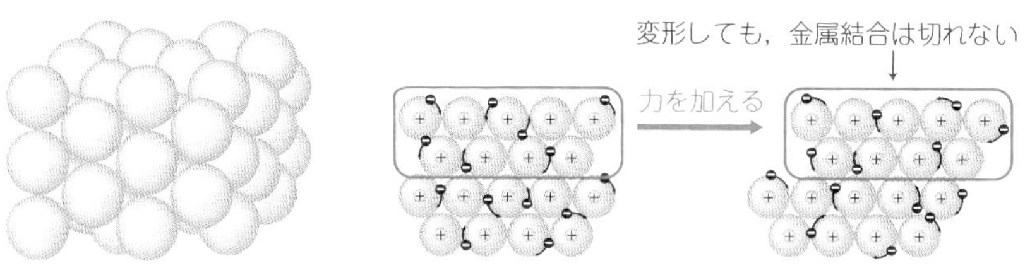

金属 Cu

③ ところで，金属結晶の融点は高いものから低いものまでさまざまです。融点が最低のものは，金属単体で唯一常温で液体の水銀Hgで－39℃，最高のものは，電球のフィラメントに使われているタングステンWで3400℃もあります。フィラメントが熱で溶けてしまうと電球が駄目になってしまいますから高融点の物質を使っているのです。

なお，一般に典型元素と遷移元素のうち12族の金属結晶の融点は比較的低く，3～11族の遷移元素の金属結晶の融点は高い(1000℃以上)ことを覚えておきましょう。

2 イオン結晶

多数の陽イオンと陰イオンとが，イオン結合によって規則正しく配列した結晶を**イオン結晶**といいます。

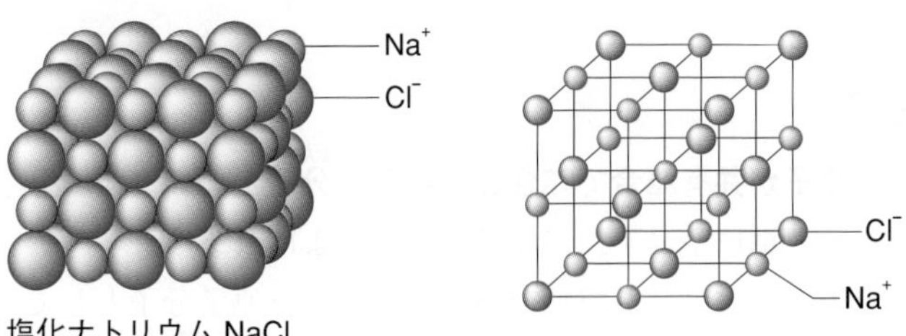

塩化ナトリウム NaCl

(1) イオン結晶の特徴

① **イオン間の静電気力(クーロン力)は強い**ため，簡単にはバラバラにならず，**一般にイオン結晶は硬く，融点が高い**という特徴を示します。

●イオン結晶の融点の傾向●

ところで，イオン間の静電気力が強いほどバラバラになりにくいので，イオン結晶の融点は高くなりそうです。では，イオン間の静電気力が強いのはどのようなイオン結晶の場合でしょうか？

静電気力はプラスとマイナスがたくさんあるときほど強くなりますから，**価数(かすう)の大きな陽イオンと陰イオンとからなるイオン結晶ほど融点が高く**なりそうです。実際，陽・陰イオンとも１価のNaClの融点が801℃なのに対し，陽・陰イオンともに２価のCaOの融点は2572℃もあります。同じく陽・陰イオンともに２価のMgOは，その高融点の性質から，耐火レンガやルツボに利用されています。

② イオン結晶は，金属結晶とは異なり，外部から強い力が加わって陽イオンと陰イオンの位置関係がずれると，イオンどうしが反発し合うようになるため，硬いものの，展性・延性がなく**割れやすくもろい性質**があります。

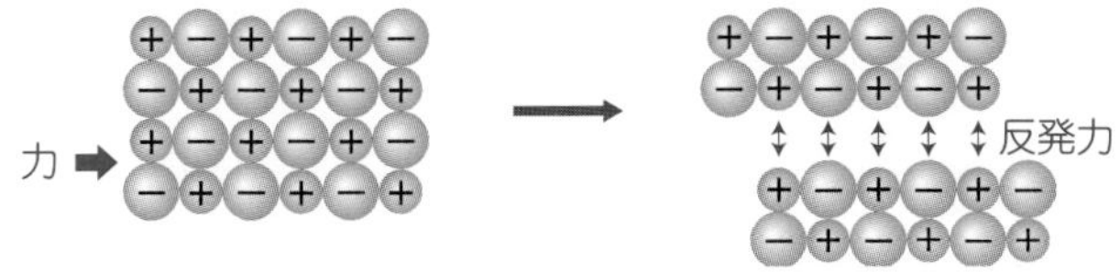

③ また，イオン結晶そのものは，だれも電荷を運べませんから電気を導けません。もっとも，**融解した液体やその水溶液は，イオンが動けるようになって電荷を運ぶことができるため電気伝導性が大きい**ことも知っておきましょう。

3 分子

いくつかの原子が共有結合で結合した粒子を**分子**(ぶんし)といいます。分子は構成原子の数によって，単(たん)原子分子，二原子分子…とよばれます。

貴ガスは原子が一人ぼっちで飛び交っていて，単原子分子として存在しています。

一方，いくつかの原子が結合して動いている分子は数多くあり，例えば水素分子H_2は二原子分子，水分子H_2Oは三原子分子です。

単原子分子	二原子分子	三原子分子
ネオン Ne	水素 H_2	二酸化炭素 CO_2
三原子分子	四原子分子	五原子分子
水 H_2O	アンモニア NH_3	メタン CH_4

ここで，**原子どうしが共有結合で結合しているものにだけ分子が存在すること**に注意しましょう。金属結合でできた分子とかイオン結合の分子とかはありません。「分子」は非常に有名ですが，どんな物質にも分子があるわけではないのです。

4 分子結晶

多数の分子が分子間力 参照 p.20 **によって集合し，規則正しく配列してできた結晶**を**分子結晶**といいます。

(1) 分子結晶の特徴

① 分子結晶は，構成粒子である分子を結びつけている引力(分子間力)が弱いため，一般に融点や沸点が低く，やわらかい性質を示します。

② また，ヨウ素I_2や，二酸化炭素CO_2の固体であるドライアイス，防虫剤として用いられているナフタレン$C_{10}H_8$など，**固体から直接気体に状態変化する昇華性を示す物質もいくつかあります**。それだけ分子結晶はバラバラになりやすいのです。

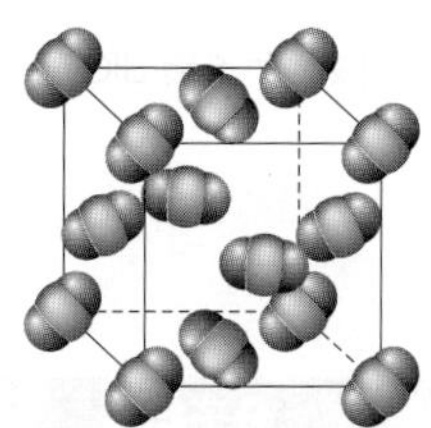

ドライアイス CO_2

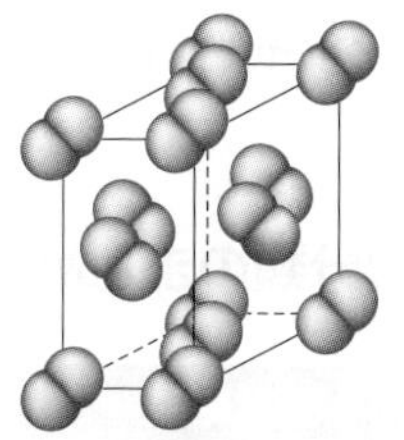

ヨウ素 I_2

5 共有結合の結晶

ダイヤモンドは炭素Cの単体であり，1個の炭素原子のまわりを4個の炭素原子が正四面体を形づくって共有結合で結びつき，**巨大分子**を形成しています。そして，炭素原子どうしを結びつけている共有結合が非常に強いため，ダイヤモンドはものすごく硬いのです。

このように，**共有結合で結びついた多数の原子が規則正しく配列してできた結晶**を**共有結合の結晶**といいます。

(1) 共有結合の結晶の特徴

共有結合の結晶はダイヤモンドに代表されるとおり，**非常に硬くて，融点も非常に高い**という性質を示します。これは，**共有結合が強い結合であり**，バラバラにするのがとても大変だからなのです。

共有結合の結晶の代表例

共有結合の結晶には，ダイヤモンドCの他に，黒鉛C，ケイ素Si，二酸化ケイ素(水晶，石英，ケイ砂)SiO_2，炭化ケイ素(カーボランダム)SiCなどがあります。

以上の共有結合の結晶の代表例は覚えておきましょう。

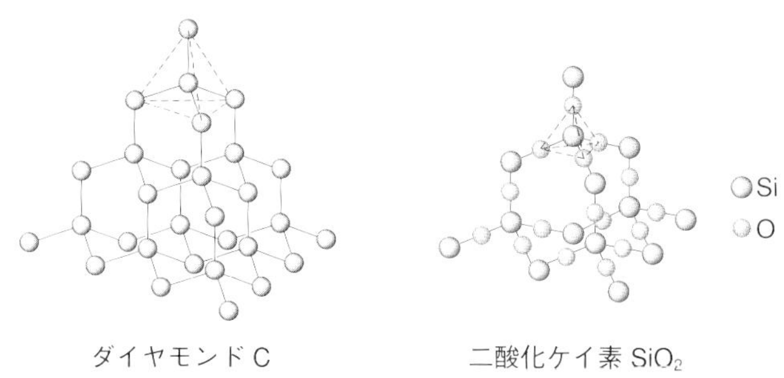

ダイヤモンドC　　二酸化ケイ素 SiO_2

6 結晶の分類のまとめ

	金属結晶	イオン結晶	分子結晶	共有結合の結晶
構成単位粒子	自由電子 と 金属イオン	陽イオン と 陰イオン	分子	原子
構成単位粒子間の引力	金属結合 (一般に強い)	クーロン力 (強い)	分子間力 (弱い)	共有結合 (強い)
電気伝導性	極めて高い	極めて低い (液体は高い)	極めて低い	一般に低い(注)
融点	一般に高い	高い	一般に低い	高い
その他の性質	・展性，延性がある ・熱伝導性が高い	硬いが， 割れやすい	やわらかい	硬い

(注)　黒鉛は電気をよく通し，電気伝導性は高い。

STAGE 3

分子の構造と性質

1 分子の構造式

H_2分子は原子間が**1対の共有電子対で結ばれており，この結合**を**単結合**(たん)といいます。これに対して，O_2分子のように原子間が**2対の共有電子対で結ばれている結合**は**二重結合**(にじゅう)とよばれます。N_2分子の結合は**三重結合**(さんじゅう)です。

では，なぜ分子によって単結合だったり，二重結合だったりするのでしょうか？　面倒だからすべて単結合で書いては駄目なのでしょうか。

(1) 原子のまわりの電子の配置のしかた

実は，分子を形成している原子は，各原子のまわりの電子が8個(水素は2個)になるように上手に価電子を配置しているのです。これは**「8個」が反応性に非常に乏しい貴ガスの電子配置と同じで安定**だからです。

分子の電子式や構造式のつくり方のポイントとして，

原子の価電子を各原子のまわりの電子数が8個(水素は2個)になるように配置してつくる

ことを理解しておきましょう。

分　子	メタン	アンモニア	水	二酸化炭素	窒素
分子式	CH_4	NH_3	H_2O	CO_2	N_2
電子式	H:C:H（上下にH）(Hのまわり2個，Cのまわり8個)	H:N:H（下にH）	H:O:H	:O::C::O: (8個，8個)	:N⋮⋮N: (8個)
構造式	H-C-H（上下にH）	H-N-H（下にH）	H-O-H	O=C=O	N≡N

2 分子の形

さきほど，分子の電子式や構造式にふれましたが，次に分子の電子式から分子の形を推定する方法を学びましょう。

(1) 分子の電子式から分子の形が推定できる理由

分子中の電子対どうしは，マイナス電荷どうしなので互いに反発します。その結果，分子中の各電子対が互いに最も離れた配置になるように分子中の原子が配置されます。このことを利用すると，以下のとおり分子の電子式から分子の形を推定することができるのです。

(2) 分子の形を推定する方法

中心原子のまわりの電子対（非共有電子対も含む）の方向数と立体構造の関係は，各電子対が互いに最も離れた配置になることから，次の表のようになります。ここで，**二重結合，三重結合の電子対も「一方向」として考える**ことに注意しましょう。

	電子式	立体構造
4方向	例 CH_4  H H:C:H H	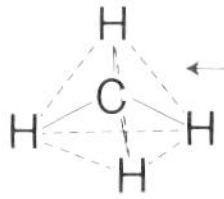 H、C、H、H、H ← 正四面体の頂点方向に配置
3方向	例 BF_3  F F:B:F	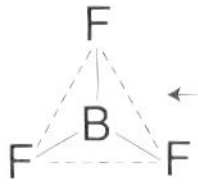 F、B、F、F ← 正三角形の頂点方向に配置
2方向	例 CO_2  O::C::O	 O＝C＝O ← 直線方向に配置

〈電子対の方向数と立体構造の関係〉

分子の形の推定法を，アンモニアNH_3と水H_2Oを具体例として記します。他の分子の形も，同様にして推定することができます。

分子の形の推定法

	❶ 分子の電子式を書く ❷ 中心原子のまわりの電子対（非共有電子対も含む）が何方向にあるか数える	❸ 上の表にしたがって電子対（非共有電子対も含む）を配置する	❹ 分子の形を見る
アンモニア NH_3	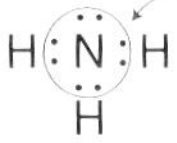 H:N:H H ← 4方向	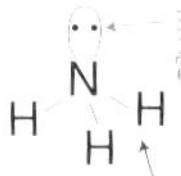 非共有電子対 N H H H	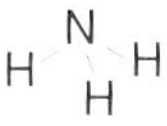 N H H H 三角すい形
水 H_2O	 H:O:H ← 4方向	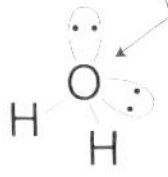 O H H 4方向なので，正四面体の頂点方向に配置する	 O H H 折れ線形

3 分子の極性

ある結合についてではなく，**分子全体としての電荷の偏りを分子の極性**といい，**極性のある分子**を**極性分子**，**極性のない分子**を**無**（む）**極性分子**といいます。

分子の極性は，結合の極性によって生じるのですが，**分子の形によっては，結合の極性が互いに打ち消し合い，結合の極性はあっても分子全体としては極性をもたない場合もあります**。したがって，結合に極性があれば必ず極性分子になるとは限りません。

では，ある分子が極性分子か無極性分子かの区別は，どのようにすればいいのでしょうか？

(1) 分子の極性を判断する方法

ある分子が極性分子か無極性分子かは，次の手順で判断するといいでしょう。

分子の極性の判断法

❶ 分子の電子式から，p.18 分子の形の推定法 を用いて，分子の形を把握する
↓
❷ 電気陰性度の大小を考えて，結合の極性の矢印を書き込む
電子対が偏っている方向に矢印を書く
↓
❸ 結合の極性の矢印を合成して，分子全体の極性を判断する

分子の極性が，結合の極性と分子の形という2つの要素によって決まることを理解し，さまざまな分子の極性を推定できるようにしましょう。

分子の極性の判断法の具体例　**水 H_2O，二酸化炭素 CO_2**

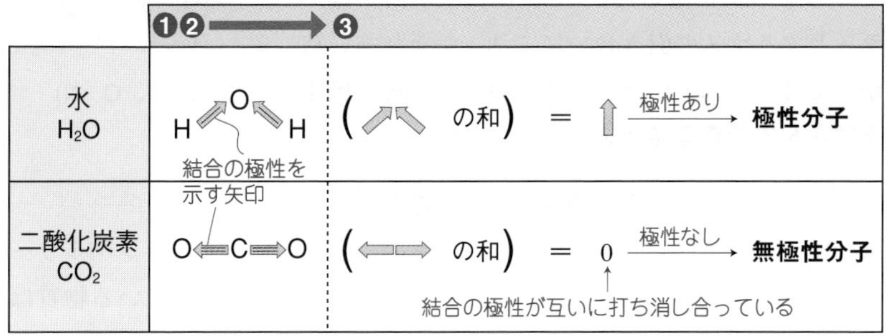

4　分子間力

すべての分子間には弱い引力が働いていて，この引力をファンデルワールス**力**といいます。そして，**ファンデルワールス力と次に学ぶ水素結合をまとめて分子間力**といいます。

(1)　分子間力の大きさの傾向

① 類似の構造をもつ分子では，一般に分子量の大きい分子ほど分子間力は大きくなります。

② 分子量が同じくらいなら，極性分子の方が無極性分子よりも分子間力は大きくなります。

(2)　分子間力の大きさと沸点の関係

ところで，分子間力は弱いながらも引力ですから，これが大きい分子どうしほど，互いに引きつけ合ってバラバラになりづらくなります。そのため，分子性物質では，分子量が大きい物質ほど液体が気体に変化しづらく，沸点が高くなります。

5　水素結合

電気陰性度の非常に大きいフッ素原子F，酸素原子O，窒素原子Nと共有結合している水素原子Hは，その電気陰性度の差から共有電子対がF，O，Nの側に大きく偏るため，大きくプラスに帯電します。

そして，この大きくプラスに帯電したH原子と大きくマイナスに帯電したF，O，Nの原子間には，プラスとマイナスの引き合いにより，かなり強い結合が生じます。このように，**F，O，Nの間にH原子をはさんでできる結合**を**水素結合**といいます。

$\overset{\delta-}{F}-\overset{\delta+}{H}\cdots\overset{\delta-}{X}-$

$-\overset{\delta-}{O}-\overset{\delta+}{H}\cdots\overset{\delta-}{X}-$

$-\overset{\delta-}{N}-\overset{\delta+}{H}\cdots\overset{\delta-}{X}-$

水素結合

(X＝F，O，N)

(1)　水素結合している物質の沸点が高い理由

水素結合は分子間力の１種ですが，通常の分子間力であるファンデルワールス力よりも結合力がかなり大きい(約10倍)ため，水素結合している物質は，分子どうしがバラバラになりづらく，沸点が比較的高くなります。

下のグラフを見ると，分子量が大きい物質ほどファンデルワールス力が大きいため沸点が高くなる傾向が読み取れる一方で，**フッ化水素HF，水H_2O，アンモニアNH_3の沸点が分子量から予想される値よりも異常に高くなっている**ことがわかるでしょう。これは，これら**3物質において水素結合が形成されているから**です。

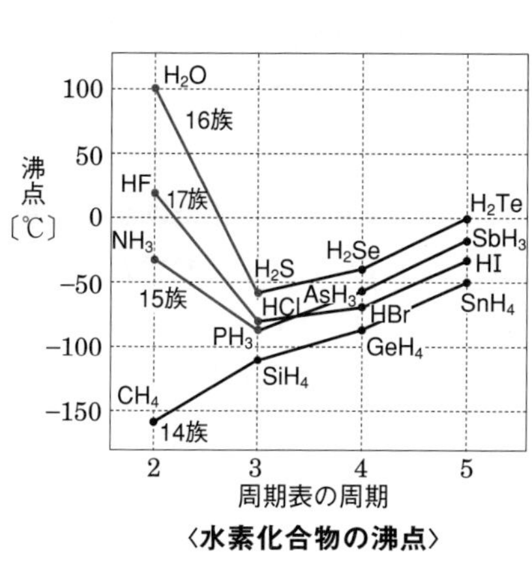

〈水素化合物の沸点〉

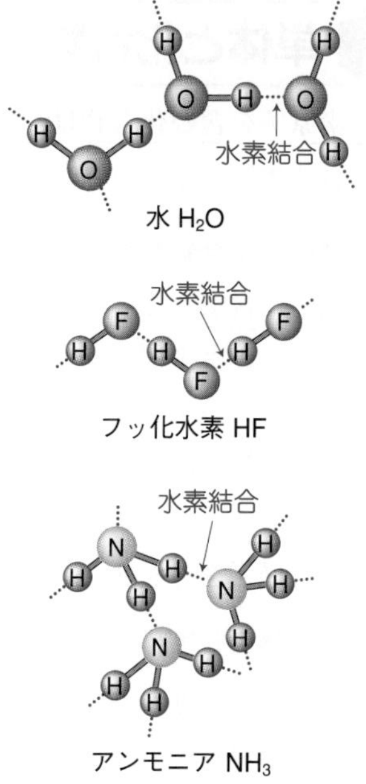

入試突破のポイント

- **太文字の部分は覚えよう。**
- **分子の構造式のつくり方，分子の形の推定法，分子の極性の判断法を習得しよう。**

02 無機化合物を分類しよう

学習項目
1 単体と化合物
2 化合物の分類

STAGE 1 単体と化合物

炭素原子を含む化合物は，一部（一酸化炭素，二酸化炭素，炭酸塩など）を除いて有機物質に分類されます。それ以外が，無機物質です。

(1) 単体と化合物を見分ける方法

物質中に含まれている元素に着目したとき，**1種類の元素だけからできている物質**は**単体**（たんたい）とよばれます。つまり，化学式が1つの元素記号で表される物質が単体です。窒素N_2，オゾンO_3，ナトリウムNaなどはすべて単体です。

一方，**2種類以上の元素を含む物質**は**化合物**（かごうぶつ）とよばれます。化合物には，水H_2O，アンモニアNH_3，塩化水素HClなどさまざまなものがあります。化学式が2つ以上の元素記号で表される物質が化合物です。

(2) 同素体の代表例は4つ

ところで，各元素の単体は1つだけなのでしょうか？

実は，**性質の異なる単体が2種類以上存在する元素**がたくさんあります。そして，**これらの単体は互いに同素体**（どうそたい）とよばれます。同素体が存在する元素としては炭素C，酸素O，リンP，硫黄Sが特に有名です。

(3) 単体の化学式を覚えるコツ

元素は100以上あるので，単体も100以上あって，覚えるのが大変そうです。

しかし，よく考えれば金属元素の単体はすべて金属結合でできているので，単体の化学式は元素記号に一致します。なぜなら，金属結合でできている物質には「分子」がありませんから 参照 p.14，単体の化学式は分子式ではなく組成式になるからです。カリウムはK，バリウムはBa，白金はPt…というように，金属元素の単体の化学式は元素記号と同じです。

また，**貴ガス元素の単体は単原子分子** 参照 p.14 **ですから，化学式(この場合は分子式)はやはり元素記号に一致**します。

水素，窒素，ハロゲンの単体は二原子分子として有名ですね。残りの元素の単体の化学式としては，同素体で出てきた炭素，酸素，リン，硫黄 参照 第3章 と，他にケイ素Siを覚えておきましょう。

STAGE 2 化合物の分類

(1) 酸化物

酸素元素との化合物は**酸化物**(さんかぶつ)とよばれます。酸化物は反応性によっていくつかのタイプに分類されていて，**酸と反応する塩基性酸化物**，**塩基と反応する酸性酸化物**，**酸とも塩基とも反応する両性酸化物**があります。

(2) 水酸化物

水酸化物イオンとのイオン性物質は**水酸化物**(すいさんかぶつ)とよばれます。水酸化ナトリウムNaOHが代表例です。

(3) オキソ酸(酸素酸)

酸素原子を含む酸を**オキソ酸(酸素酸)**といいます。オキソ酸(酸素酸)というと難しそうですが，酸素原子を含む酸ですから硫酸H_2SO_4，硝酸HNO_3，炭酸H_2CO_3などがオキソ酸です。一方，塩化水素HClは酸素原子を含みませんからオキソ酸ではありません。化学式を書いてみれば，オキソ酸かどうかを判断するのは簡単ですね。

(4) 塩

酸の陰イオンと塩基の陽イオンからなる化合物を**塩**(えん)といいます。例えば，塩化ナトリウムNaClは，酸であるHCl由来の陰イオンCl^-と塩基であるNaOH由来の陽イオンNa^+で構成されている塩です。何となく難しそうですが，**酸化物と水酸化物以外のイオン性物質はすべて塩に分類される**と考えておけばいいでしょう。

入試突破のポイント

- **太文字の部分は覚えよう。**

03 酸化物・水酸化物・オキソ酸

学習項目 ❶ 酸化物　❷ 水酸化物　❸ オキソ酸

STAGE 1 酸化物

酸素元素との化合物が酸化物であり，酸化物は反応性によって，さらに塩基性酸化物，酸性酸化物，両性酸化物と分類されました 参照 p.23。

ところで，塩基性酸化物は酸と反応し，酸性酸化物は塩基と反応し，両性酸化物は酸とも塩基とも反応しますから，例えば，「酸性酸化物だったら，塩基と反応する」などとわかります。これは，各酸化物の反応を予想するのに非常に便利です。

では，酸化物の分類は，どうすればわかるのでしょうか？

(1) 酸化物を分類する方法

一般に，**金属元素の酸化物は塩基性酸化物**で，**非金属元素の酸化物は酸性酸化物**です。そして，周期表上で金属元素と非金属元素の境界付近に属する**アルミニウムAl，亜鉛Zn，スズSn，鉛Pbなどの酸化物が両性酸化物**にあたります。

あ　あ　そん　な　寮生
Al Zn Sn Pb 両性

1 金属元素の酸化物

(1) 金属元素の酸化物の構造

金属原子と酸素原子の結合は金属元素と非金属元素の結合ですから，イオン結合です 参照 p.11。例えば，酸化カルシウムの場合，Ca^{2+} と O^{2-} が規則正しく配列してイオン結晶を構成しています。

(2) 金属元素の酸化物の共通点

このように**金属元素の酸化物には，酸化物イオンO^{2-}が含まれているという共通点**があります。そして，この共通点が金属元素の酸化物が塩基性酸化物として共通の反応性を示すことにつながっているのです。

(3) 金属元素の酸化物の化学式のつくり方

金属元素の酸化物全体としては電気的に中性ですから，構成イオンの＋の数と－の数がつり合っていなければなりません。

例えば，酸化アルミニウムの場合はAl^{3+}とO^{2-}からなるので，Al^{3+}とO^{2-}が2：3で含まれます。なぜなら，このような比率でAl^{3+}とO^{2-}が含まれていれば，＋と－が各々「6」になってつり合うからです。したがって，化学式はAl_2O_3となります。

このように，金属元素の酸化物の化学式は，覚えなくてもつくることができます。

2 非金属元素の酸化物

(1) 非金属元素の酸化物の構造

非金属原子Xと酸素原子Oはともに非金属元素ですからXとOの結合は共有結合です 参照 p.11。そして，**共有結合をすると分子を形成しますから，非金属元素の酸化物は分子性物質**です。金属元素の酸化物はイオン性物質でしたから同じ酸化物でもずいぶんと異なります。

(2) 非金属元素の酸化物の共通点

非金属元素の酸化物の具体的な構造式を見てみましょう。

共通している構造は，XO(Xは非金属原子)の共有結合をもつことです。あわせて，各原子のまわりの電子が「8個」になっていることも確認してください(ただし，不対電子をもつN原子を除きます)。

一酸化炭素 CO	二酸化炭素 CO_2	一酸化窒素 NO	二酸化窒素 NO_2	二酸化硫黄 SO_2
C ≡ O	O ＝ C ＝ O	·N ＝ O	Ṅ, O, O	S, O, O

三酸化硫黄 SO_3	二酸化ケイ素 SiO_2	十酸化四リン P_4O_{10}	七酸化二塩素 Cl_2O_7
O, S, O, O	Si, O, Si, Si, O, O, O－Si… 巨大分子	O, P, O, O, P, O, P, O, O, P, O, O, O, O	O, O, Cl－O－Cl, O, O, O, O

注 構造式中の→は配位結合，・は不対電子を表す

この共通構造であるXOの結合の極性を考えると，酸素はフッ素に次いで2番目に電気陰性度が大きい 参照 p.9 ので，電子対を引きつける力がとても大きく，XOの共有電子対は酸素の側に大きく偏っています。その結果，XOの結合は次のように大きく分極しています。

真ん中
$\delta+$ X——⁞—:—O $\delta-$

このように**非金属元素の酸化物には，大きく分極したXOの共有結合が含まれているという共通点**があります。そして，この共通点が非金属元素の酸化物が酸性酸化物として共通の反応性を示すことにつながっています 参照 p.34 。

STAGE 2 水酸化物

別冊p. 30

次に水酸化物について検討しましょう。p.24で酸化物を詳しく検討しましたが，実は，水酸化物と金属元素の酸化物には対応関係があります。

(1) 金属元素の酸化物と水酸化物の対応関係

金属元素の酸化物の化学式に水の化学式H_2Oを形式的に加えてみてください。すると，次表のとおり水酸化物の化学式になります。**水酸化物は『水＋酸化物』**なのですね。この対応関係をしっかり覚えておきましょう。

金属元素の酸化物	水酸化物
Li_2O	LiOH
Na_2O	NaOH
K_2O	KOH
MgO	$Mg(OH)_2$
CaO	$Ca(OH)_2$
ZnO	$Zn(OH)_2$
Al_2O_3	$Al(OH)_3$

$$\text{金属元素の酸化物} \underset{-H_2O}{\overset{+H_2O}{\rightleftarrows}} \text{水酸化物}$$

STAGE

3 オキソ酸

▶ 別冊 p. 30

金属元素の酸化物の化学式に水の化学式を形式的に加えると，対応する水酸化物の化学式になりました。

では，非金属元素の酸化物だとどうなるのでしょうか？

試しに非金属元素の酸化物である二酸化炭素CO_2に水の化学式H_2Oを形式的に加えてみましょう。

$$CO_2 + H_2O = CO(OH)_2$$

見たこともない式が出てきましたね。考えてみれば，水酸化ナトリウムなどの金属元素の水酸化物とは違って，水酸化炭素とか水酸化硫黄などといった非金属元素の水酸化物は耳にしたことがありません。その意味では，見たこともない式が出てくるのも当然かもしれません。しかしながら，出てきた式の水素を１番前にもってきてください。見たことのある式に変わったはずです。これは炭酸の化学式ですね。

$$CO(OH)_2 = H_2CO_3 \text{（炭酸）}$$

⑴ 非金属元素の酸化物とオキソ酸の対応関係

このとおり，**非金属元素の酸化物にも対応する水酸化物のようなものがあって，それがオキソ酸**なのです。非金属元素の酸化物とオキソ酸の対応関係も，金属元素の酸化物と水酸化物の対応関係と同様に大切ですから，きちんと覚えておかなければなりません。

非金属元素の酸化物	オキソ酸
CO_2	H_2CO_3
SiO_2	H_2SiO_3
NO_2	HNO_3
P_4O_{10}	H_3PO_4
SO_2	H_2SO_3
SO_3	H_2SO_4
Cl_2O_7	$HClO_4$

非金属元素の酸化物 $\underset{-H_2O}{\overset{+H_2O}{\rightleftarrows}}$ **オキソ酸**

⑵ オキソ酸の共通点

ここで，代表的なオキソ酸の構造式を見てみましょう。

すべてのオキソ酸の構造式に共通する点は，-O-Hのつながり部分をもっていることです。オキソ酸は酸ですから，H^+を放出できるのですが，**オキソ酸の-O-Hのつながり部分からH^+が酸として電離する**のです。

炭酸 H_2CO_3	リン酸 H_3PO_4	ケイ酸 H_2SiO_3
H−O, H−O>C=O	O ↑ H−O−P−O−H | O | H	⋯O−Si(−O−H)(−O−H)−O−Si(−O−H)(−O−H)−O−Si(−O−H)(−O−H)−O⋯ 巨大分子

亜硝酸 HNO_2	硝酸 HNO_3
H−O−N=O	H−O−N(=O)→O （電子式 H:O:N(:O)(:O)　配位結合）

亜硫酸 H_2SO_3	硫酸 H_2SO_4
O ↑ H−O−S−O−H	O ↑ H−O−S−O−H ↓ O （電子式 H:O:S:O:H, S の上下に :O:）

次亜塩素酸 HClO	亜塩素酸 $HClO_2$	塩素酸 $HClO_3$	過塩素酸 $HClO_4$
H−O−Cl	H−O−Cl→O	O ↑ H−O−Cl→O	O ↑ H−O−Cl→O ↓ O

上に挙げた代表的なオキソ酸の構造式は書けるようにしなければなりません。「→」は配位結合の意味で，一部，電子式も記しておきましたから配位結合の確認もしておきましょう 参照 p.8。

補足 リン酸，硫酸，過塩素酸のような，第3周期以降の元素のオキソ酸の構造式は，次のように配位結合ではなく二重結合を用いてもかまいません。

リン酸	硫酸	過塩素酸
O ‖ H−O−P−O−H | O | H	O ‖ H−O−S−O−H ‖ O	O ‖ H−O−Cl=O ‖ O

入試突破のポイント

- **太文字の部分は覚えよう。**
- **酸化物に対応する水酸化物，オキソ酸を覚えよう。**
- **非金属元素の酸化物とオキソ酸の構造式を書けるようにしよう。**

第2章

化学反応式をつくろう

酸と塩基の反応(1)

学習項目 ❶ 中和反応 ❷ 金属元素の酸化物の反応 ❸ 非金属元素の酸化物の反応

第2章では，化学反応式のつくり方を学びます。「化学反応式はとにかく覚えるもの」と誤解している受験生が多いのですが，化学反応式は原則として考えてつくるものです。一定程度暗記しなければならないものもありますが，各物質の反応性について理解して「化学反応式を考えてつくれるようにする」ことが大切です。

STAGE 1 中和反応

▷ 別冊 p. 2

中和反応とは，酸と塩基が反応して水と塩ができる反応ですが，より具体的にいえば，**酸の水素イオンH^+と塩基の水酸化物イオンOH^-から水H_2Oができる反応**が**中和反応**(ちゅうわ)です。つまり，中和反応の中心部分は，次のイオン反応式です。

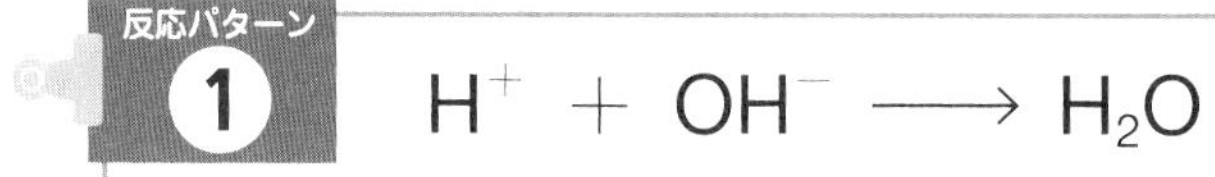

反応パターン 1　$H^+ + OH^- \longrightarrow H_2O$

それでは，中和反応の反応式をつくってみましょう。

反応式のつくり方　**水酸化アルミニウムと塩酸の反応式**

❶ まず，水酸化アルミニウムと塩化水素の化学式を書きます。
（塩酸は塩化水素の水溶液）

水酸化アルミニウム：$Al(OH)_3$　　塩化水素：HCl

❷ 次に，中和反応のイオン反応式を考えます。

$H^+ + OH^- \longrightarrow H_2O$

ここで，水酸化アルミニウム1個にはOH^-が3個あります。一方，塩化水素1個からはH^+が1個出てきます。上の式でつり合いを考えると，水酸化アルミニウム1個と塩化水素3個が反応するとわかります。そして，その結果，水が3個生成します。

$Al(OH)_3 + 3HCl \longrightarrow 3H_2O + Al^{3+} + 3Cl^-$

❸ 余ったAl^{3+}とCl^-はどうすればいいのでしょうか？

実際の水溶液中での反応では，これらのイオンは水溶液中で電離しているのですが，反応式では陽イオンのAl^{3+}と陰イオンのCl^-を組み合わせて塩として表記します。なぜなら，水を蒸発させるとこの塩が生成するからです。

$$Al(OH)_3 + 3HCl \longrightarrow 3H_2O + AlCl_3$$ ◀完成！

STAGE

2 金属元素の酸化物の反応

▶ 別冊 p. 3，30

金属元素の酸化物には，すべてに共通して酸化物イオンO^{2-}があり，塩基性酸化物に分類されました 参照 p.24。

ところで，Na_2O，CaO，CuO…とすべての金属元素の酸化物にO^{2-}が含まれているなら，共通したO^{2-}の反応があるのではないでしょうか？

●金属元素の酸化物の反応の共通点●

実際，**金属元素の酸化物の反応は，酸化物イオンO^{2-}の反応を考えるとよく理解できる**のです。

ところで，OH^-がH_2OからH^+が１個取れたものと考えられるのと同様，O^{2-}はH_2OからH^+が２個取れたものと考えられます。

つまり，O^{2-}はOH^-よりもH^+の欠乏が深刻な状態にあって，**O^{2-}はH^+を受け取りやすいことで有名なOH^-よりもさらにH^+を受け取りやすい**のです。このことを頭に入れて，金属元素の酸化物の反応を検討してみましょう。

1 金属元素の酸化物と水の反応

まず，金属元素の酸化物に水を加えてみましょう。金属元素の酸化物の多くは水に溶けないのですが，水に溶けるものの場合は，水中にO^{2-}が溶け出してきます。

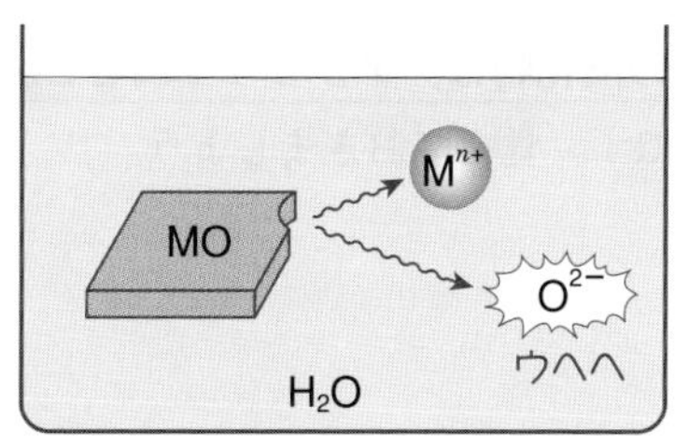

このO^{2-}がH$_2$Oとぶつかるとどうなるでしょうか？

O^{2-}はH$_2$Oに比べてH$^+$が2個少ない状態ですから，H$_2$OからH$^+$を奪ってしまいそうですよね。そのとおり，次のイオン反応が起きます。

$$O^{2-} + H_2O \longrightarrow OH^- + OH^-$$

このように，**金属元素の酸化物が水と反応すると，対応する水酸化物が生成**します。

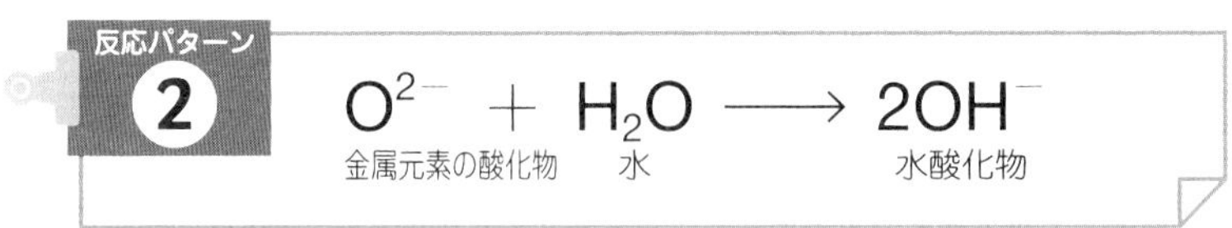

反応式のつくり方　酸化ナトリウムと水の反応式

❶ まず，酸化ナトリウムと水の化学式を書きます。

酸化ナトリウム：Na$_2$O　　水：H$_2$O

❷ 次に，イオン反応式を考えます。

$$O^{2-} + H_2O \longrightarrow 2OH^-$$

ここで，酸化ナトリウム1個にはO^{2-}が1個あります。ということは，イオン反応式から考えると，酸化ナトリウム1個と水1個が反応してOH$^-$が2個できるはずです。

$$Na_2O + H_2O \longrightarrow 2OH^- + 2Na^+$$

❸ 余ったNa$^+$はどうしますか？

反応式では，陽イオンと陰イオンを組み合わせて塩として表記するのでしたね 参照 p.31。

$$Na_2O + H_2O \longrightarrow 2NaOH$$ ◀完成！

ところで，先に述べたとおり，多くの金属元素の酸化物は水に溶けません。したがって，すべての金属元素の酸化物が水と反応するわけではなく，**常温で水と反応する金属元素の酸化物は，アルカリ金属とBeとMg以外のアルカリ土類金属の酸化物だけ**です。覚えておきましょう。

2 金属元素の酸化物と酸の反応

次に，金属元素の酸化物に水ではなく酸を加えてみましょう。

O^{2-} は H^+ を受け取りやすく，酸は H^+ を出しますから，O^{2-} が酸から H^+ をもらいそうですね。そのとおり，次のイオン反応が起きます。

このように，**金属元素の酸化物が酸と反応すると，水が生成**します。

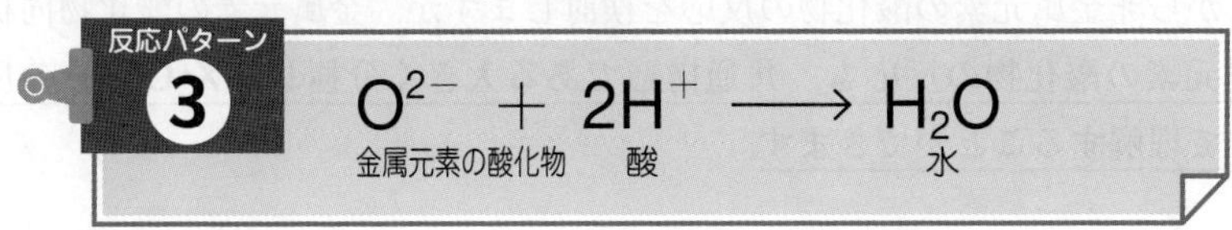

反応式のつくり方　酸化アルミニウムと塩酸の反応式

❶ まず，酸化アルミニウムと塩化水素の化学式を書きます。

酸化アルミニウム：Al_2O_3　　塩化水素：HCl

❷ 次に，イオン反応式を考えます。

$O^{2-} + 2H^+ \longrightarrow H_2O$

ここで，酸化アルミニウム１個には O^{2-} が３個あります。塩化水素１個には H^+ が１個です。そこで，イオン反応式から，酸化アルミニウム１個と塩化水素６個が反応するとわかります。

$Al_2O_3 + 6HCl \longrightarrow 3H_2O + 2Al^{3+} + 6Cl^-$

❸ 余った Al^{3+} と Cl^- を組み合わせると，

$Al_2O_3 + 6HCl \longrightarrow 3H_2O + 2AlCl_3$ ◀完成！

なお，常温の水と反応する金属元素の酸化物は限られていましたが，酸は H^+ を出す力が水よりもずっと強いため，**金属元素の酸化物は一般に酸と反応します**。これも覚えておきましょう。

STAGE

3 非金属元素の酸化物の反応

別冊p. 5, 30

非金属元素の酸化物には，すべてに共通して大きく分極した共有結合$\overset{\delta+}{X}=\overset{\delta-}{O}$があり，酸性酸化物に分類されました 参照 p.25。

●非金属元素の酸化物の反応の共通点●

これから非金属元素の酸化物の反応を検討しますが，金属元素の酸化物同様，**非金属元素の酸化物の反応も，共通構造である大きく分極した$\overset{\delta+}{X}=\overset{\delta-}{O}$部分の反応として理解することができます**。

1 非金属元素の酸化物と水の反応

非金属元素の酸化物を水に加えると，大きく分極した$\overset{\delta+}{X}=\overset{\delta-}{O}$と$H_2O$が出合います。

ところで，水分子は分子中の酸素原子が有している非共有電子対を頭にして$\delta+$の部分を攻撃する力があります。なぜなら，電子はマイナスの電荷をもっているため，$\delta+$と引き合うからです。その結果，水分子が以下のとおり酸化物にくっつきます。

反応パターン 4

$$>X=O \ + \ H_2O \longrightarrow -\overset{|}{\underset{|}{X}}-O-H$$
$$\qquad\qquad\qquad\qquad\qquad\qquad O-H$$

非金属元素の酸化物　　水　　オキソ酸

ここで生じた構造X-O-Hは，オキソ酸に特徴的なものです 参照 p.27。つまり，**非金属元素の酸化物が水と反応すると，対応するオキソ酸が生成**します。

反応式のつくり方　三酸化硫黄と水の反応式

❶ まず，三酸化硫黄と水の化学式を書きます。

三酸化硫黄：SO_3　　水：H_2O

❷ 次に，三酸化硫黄に対応するオキソ酸を思い出しましょう 参照 p.27。

SO_3に対応するオキソ酸：硫酸H_2SO_4

❸ 反応物と生成物を書いたら，両辺を比較して係数を合わせましょう。この反応では係数を全部1とすればいいですね。

$$SO_3 + H_2O \longrightarrow H_2SO_4$$ ◀完成！

ところで，金属元素の酸化物は常温で水と反応しないものが多かったのですが，非金属元素の酸化物はどうなのでしょうか？

結論としては，やはり物質によって反応性に差があります。ただし，ここでは細かいことを気にする必要はありません。

2 非金属元素の酸化物と塩基の反応

次に，非金属元素の酸化物を水ではなく塩基に加えてみましょう。

今度は $\overset{\delta+}{X}=\overset{\delta-}{O}$ と OH^- が出合います。先ほど，水分子は分子中の酸素原子が有している非共有電子対を頭にして $\delta+$ を攻撃する力があるといいましたが，水酸化物イオンも $\delta+$ の部分を攻撃する力があります。しかも，水とは比べものにならないぐらい強い力です。OH^- は H_2O とは異なり，全体としてマイナスの電荷をもっているため $\delta+$ の部分を攻撃する力が強いのですね。そこで，次の一連の過程が進行します。

$$>\overset{\delta+}{X}=\overset{\delta-}{O} + \begin{matrix} OH^- \\ OH^- \end{matrix} \longrightarrow -\underset{\underset{O-H}{|}}{\overset{|}{X}}-O^- + OH^- \longrightarrow -\underset{\underset{O^-}{|}}{\overset{|}{X}}-O^- + H_2O$$

上記過程において，いったん生じた構造 X-O-H は，オキソ酸の部分構造で H^+ を出しやすいため，すぐに別の OH^- と反応しています。

さて，最終的に生じた生成物は何でしょうか？

これは，炭酸イオン CO_3^{2-} や硫酸イオン SO_4^{2-} といったオキソ酸由来の陰イオンです。そして，この生じた陰イオンは陽イオンと組み合わさって塩を形成します。

つまり，**非金属元素の酸化物が塩基と反応すると，対応するオキソ酸の塩と水が生成**するのです。

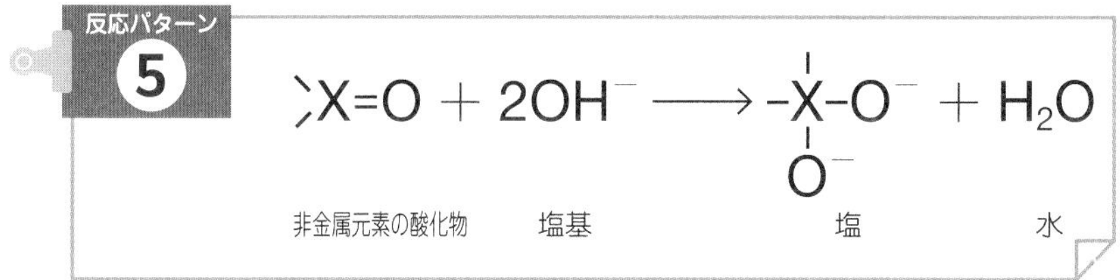

反応式のつくり方 **水酸化カルシウムと二酸化炭素の反応式**

❶ まず，水酸化カルシウムと二酸化炭素の化学式を書きます。

水酸化カルシウム：$Ca(OH)_2$　　二酸化炭素：CO_2

❷ 次に，二酸化炭素に対応するオキソ酸を思い出しましょう 参照 p.27 。

CO_2に対応するオキソ酸：炭酸H_2CO_3

❸ 炭酸由来の陰イオンは炭酸イオン$CO_3{}^{2-}$ですから，生成する塩は炭酸カルシウム$CaCO_3$とわかります。

❹ 反応物と生成物を書いたら，両辺を比較して係数を合わせましょう。この反応では係数を全部1とすればいいですね。

$Ca(OH)_2 + CO_2 \longrightarrow CaCO_3 + H_2O$ ◀完成！

入試突破のポイント

- **本文をよく読んで，各反応の 反応パターン1 ～ 反応パターン5 を理解しよう。**
- **中和反応，金属元素および非金属元素の酸化物の反応の化学反応式を書けるようにしよう。**

入試問題に Challenge!

解答➡p. 194

1 次の反応の化学反応式を書け。

問1 酸化カルシウムを水に加える。

[弘前大，岩手大，東北大，筑波大，千葉大，東大，お茶の水女大，新潟大，金沢大，富山大，岐阜大，山口大，高知大，九大，大分大，広島市大，学習院大，東京女大，早大]

問2 水酸化ナトリウム水溶液に二酸化炭素を通じる。

[弘前大，秋田大，東北大，東大，お茶の水女大，金沢大，島根大，岡山大，愛媛大，名城大，立命館大，神戸薬大，甲南大，防衛大]

問3 酸化銅(Ⅱ)に希硫酸を加える。

[千葉大，名大，京大，高知大，首都大，名古屋市大，法政大，愛知工大]

問4 水酸化カルシウムに塩酸を加える。 [筑波大，新潟大，青山学院大，早大]

問5 十酸化四リンに水を加えて加熱する。

[弘前大，秋田大，群馬大，千葉大，東大，名古屋工大，阪大，奈良女大，島根大，高知大，宮崎大，首都大，学習院大，慶大，東京都市大，早大，名城大，防衛大]

05 酸と塩基の反応(2)

学習項目 ❶ 塩 ❷ 酸(塩基)の強さ ❸ 弱酸(弱塩基)遊離反応

水素イオンH^+が移動する反応である酸塩基反応には,「弱酸(弱塩基)遊離反応」とよばれるパターンがあります。05 ではこのパターンの反応を学習しますが,まずその準備として「塩」とは何かを今一度見直しておきましょう。

STAGE 1 塩

塩は酸の陰イオンと塩基の陽イオンからなる化合物でした。そして,酸化物と水酸化物以外のイオン性物質はすべて塩に分類されると考えることができました 参照 p.23。

さて,それでは塩の化学式を見て,その塩が由来する酸と塩基,つまり「何の酸と何の塩基が中和反応すれば,その塩が生じるか」がすぐにわかりますか?

すべての塩について,この由来する酸と塩基を想定することができるのですが,これがわからないと「弱酸(弱塩基)遊離反応」が理解できません。そこで,次の  に取り組みましょう。

入試必須 知識のチェック!!

(例)にならって,①~④に当てはまる化学式を答えよ。

塩	(例) NaCl	KNO_3	NH_4Cl
由来する酸	HCl	①	③
由来する塩基	NaOH	②	④

□ 解説

何の酸と何の塩基が中和反応したときにできる塩なのかを考えましょう。

KNO_3:K^+とNO_3^-からなるので,これらの由来する酸と塩基を考えます。K^+

(K^+:塩基の陽イオン,NO_3^-:酸の陰イオン)

はKOH，NO_3^-はHNO_3に由来しますから，KOHとHNO_3との中和反応により生じる塩とわかり，①はHNO_3，②はKOHとなります。

$$HNO_3 + KOH \longrightarrow KNO_3 + H_2O$$

NH_4Cl：NH_4^+（塩基の陽イオン）とCl^-（酸の陰イオン）からなり，由来する酸と塩基は，NH_4^+がNH_3，Cl^-がHClです。したがって，③はHCl，④はNH_3となります。

$$HCl + NH_3 \longrightarrow NH_4Cl$$

□ **答え** ① HNO_3　② KOH　③ HCl　④ NH_3

STAGE

2 酸（塩基）の強さ

▶ 別冊 p. 30

酸と塩基についてのアレニウスの定義では，

酸：水溶液中で電離して水素イオン（オキソニウムイオン）H^+（H_3O^+）を生じる物質

塩基：水溶液中で電離して水酸化物イオンOH^-を生じる物質

とされます。

ところで，同じ酸でも塩化水素は水溶液中で完全に電離するのに対し，酢酸はほとんど電離しないことが知られています。

$$HCl \longrightarrow H^+ + Cl^- \quad (HCl + H_2O \longrightarrow Cl^- + H_3O^+)$$

$$CH_3COOH \rightleftarrows H^+ + CH_3COO^- \quad (CH_3COOH + H_2O \rightleftarrows CH_3COO^- + H_3O^+)$$

このように，酸にも**水溶液中で完全に電離する酸**と，**あまり電離しない酸**があります。酸の強さは水素イオンを出す力ですから，**前者**は「**強酸**（きょうさん）」とよばれ，**後者**は「**弱酸**（じゃくさん）」とよばれています。塩基にも同じことがいえます。

代表的な酸（塩基）については，酸（塩基）の強さを覚えておく必要がありますので，次の 入試必須 知識のチェック!! に取り組んで確認しましょう。

入試必須 知識のチェック!!

(例)にならって，①～⑬，ⓐ～ⓜをうめよ。なお，ⓐ～ⓜは「強」または「弱」で答えよ。

酸の名称	化学式	強さ	塩基の名称	化学式	強さ
(例)　塩化水素	HCl	強	水酸化ナトリウム	⑨	ⓘ
酢酸	①	ⓐ	水酸化バリウム	⑩	ⓙ
硫酸	②	ⓑ	水酸化銅(Ⅱ)	⑪	ⓚ
炭酸	③	ⓒ	アンモニア	⑫	ⓛ
硫化水素	④	ⓓ	水酸化カルシウム	⑬	ⓜ
リン酸	⑤	ⓔ			
シュウ酸	⑥	ⓕ			
亜硫酸	⑦	ⓖ			
硝酸	⑧	ⓗ			

□ 答え　① CH_3COOH　② H_2SO_4　③ H_2CO_3　④ H_2S
⑤ H_3PO_4　⑥ $(COOH)_2$ または $H_2C_2O_4$　⑦ H_2SO_3
⑧ HNO_3　⑨ $NaOH$　⑩ $Ba(OH)_2$　⑪ $Cu(OH)_2$
⑫ NH_3　⑬ $Ca(OH)_2$　ⓐ 弱　ⓑ 強　ⓒ 弱
ⓓ 弱　ⓔ 弱　ⓕ 弱　ⓖ 弱　ⓗ 強　ⓘ 強
ⓙ 強　ⓚ 弱　ⓛ 弱　ⓜ 強

塩基の強弱については，代表的な**強塩基はアルカリ金属と，BeとMg以外のアルカリ土類金属の水酸化物のみ**であり，**他の塩基は弱塩基**であるとしておけば覚えやすいでしょう。

（アルカリ金属：H以外の1族元素／アルカリ土類金属：Ca以下の2族元素）

STAGE 3

弱酸(弱塩基)遊離反応

▶ 別冊 p. 8

先に書いた塩化水素と酢酸の水溶液中での電離式をもう一度書いてみます。

$$HCl + H_2O \longrightarrow Cl^- + H_3O^+$$

$$CH_3COOH + H_2O \rightleftarrows CH_3COO^- + H_3O^+$$

今度は上の式を左右逆向きにして書いてみましょう。

$$Cl^- + H_3O^+ \longleftarrow HCl + H_2O$$

$$CH_3COO^- + H_3O^+ \rightleftarrows CH_3COOH + H_2O$$

これらの式を見ると，Cl^- は H_3O^+ から全く H^+ を受け取らない（全く右向きに反応が進んでいない）のに対して，CH_3COO^- は H_3O^+ から H^+ を受け取っていることがわかります。このように，**強酸由来の陰イオンはH^+を受け取る力が小さいのですが，弱酸由来の陰イオンはH^+を受け取る力が大きい**のです。これは大切な関係です。

(1) 弱酸遊離反応のしくみ

それでは，弱酸由来の陰イオンに強酸を加えるとどうなるでしょうか？

強酸は H^+ を出す力が大きくて，弱酸由来の陰イオンは H^+ を受け取る力があるのですから，強酸はこの陰イオンに H^+ をたくさん与えるはずです。

例えば，酢酸イオンを含む水溶液に塩酸を加えた場合を考えてみましょう。

この場合，HCl は強酸ですから H^+ を出す力が大きく，一方で CH_3COO^- は H^+ を受け取る力がありますから，次の反応が進行して弱酸である CH_3COOH が遊離します。

$$CH_3COO^- + HCl \longrightarrow CH_3COOH + Cl^-$$

（HCl から CH_3COO^- へ H^+）

このような理由で，**弱酸由来の塩に，強酸を加えると弱酸が遊離する**（飛び出す）のです。

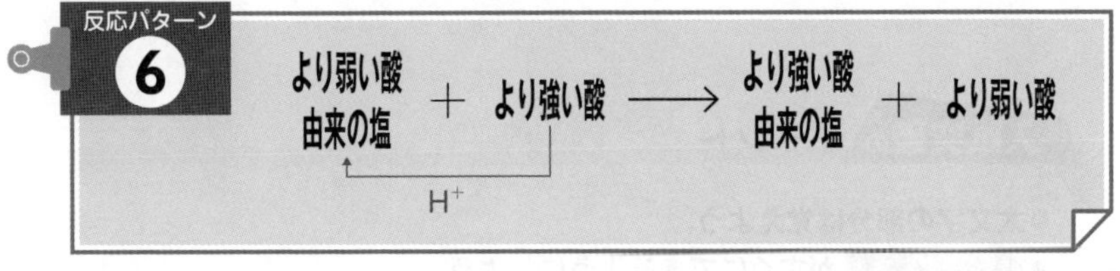

反応式のつくり方 **石灰石に塩酸を加えたときの反応式**

主成分は炭酸カルシウム

❶ まず，炭酸カルシウムと塩化水素の化学式を書きます。

炭酸カルシウム：$CaCO_3$　　塩化水素：HCl

❷ 次に，塩である炭酸カルシウムを構成イオンに分けて考えましょう。

化学反応式をつくるときは，**イオン性物質を常に陽イオンと陰イオンに分けて考える**ことが重要です。イオン性物質が全体としてどう変化するかではなく，「陽イオンはどうなるか，陰イオンはどうなるか」と分けて考えなければなりません。

$CaCO_3$ ➡ Ca^{2+}，CO_3^{2-}

❸ ここで，CO_3^{2-} は弱酸である炭酸H_2CO_3由来の陰イオンですからH^+を受け取る力があります。一方，HClは強酸でH^+を出す力が大きいです。そこで，次のイオン反応式で示される反応が進行します。

CO_3^{2-} ＋ $2HCl$ ⟶ H_2O ＋ CO_2 ＋ $2Cl^-$

遊離したH_2CO_3は，すぐにH_2OとCO_2に分解してCO_2の発泡が見られます。したがって，**化学反応式では，原則としてH_2CO_3と書かずにH_2O ＋ CO_2と書くことに注意**しましょう。

❹ 最後に，反応には直接関わっていないCa^{2+}を両辺に加えて陰イオンと組み合わせると，

$CaCO_3$ ＋ $2HCl$ ⟶ H_2O ＋ CO_2 ＋ $CaCl_2$ ◀完成！

入試突破のポイント

- **太文字の部分は覚えよう。**
- **入試必須 知識のチェック!! がすぐにできるようにしよう。**
- **弱酸遊離反応の 反応パターン6 を理解して，化学反応式を書けるようにしよう。**

入試問題にChallenge!

解答➡p. 194

1 次の反応の化学反応式を書け。

問1 硫化鉄(Ⅱ)に希硫酸を加える。

[北大，弘前大，秋田大，群馬大，埼玉大，千葉大，金沢大，信州大，三重大，滋賀医大，奈良女大，和歌山大，広島大，山口大，高知大，長崎大，宮崎大，名古屋市大，奈良県医大，学習院大，慶大，工学院大，東海大，星薬大，名城大，早大，大阪医大，関西学院大，崇城大，防衛大]

問2 亜硫酸ナトリウムに希硫酸を加える。

[千葉大，東京農工大，三重大，愛媛大，長崎大，高知大，宮崎大，東京電機大，大阪工大]

問3 塩化アンモニウムと水酸化カルシウムを混合して加熱する。

[北大，岩手大，東北大，秋田大，福島大，群馬大，筑波大，埼玉大，千葉大，東京農工大，お茶の水女大，電通大，横浜国大，新潟大，金沢大，信州大，岐阜大，静岡大，名大，滋賀医大，京大，奈良女大，岡山大，九大，長崎大，宮崎大，首都大，京都府大，大阪市大，学習院大，慶大，工学院大，日本女大，法政大，日本歯大，早大，神奈川大，名城大，同志社大，立命館大，関西学院大，甲南大，神戸薬大，岡山理大，防衛大]

06 酸化還元反応(1)

学習項目 ❶ 酸化数 ❷ 酸化剤と還元剤 ❸ 酸化剤と還元剤の半反応式 ❹ 酸化還元反応の反応式 ❺ もう一歩先へ

STAGE 1 酸化数

(1) 酸塩基反応と酸化還元反応の違い

酸塩基反応とは水素イオンH^+が移動する反応でした。

ところで，H^+の正体は何でしょうか？

ふつうの水素原子は陽子1個と電子1個からなっていて，そこから電子1個が失われるとH^+になることから，H^+は陽子(プロトン)そのものです。したがって，酸塩基反応とは陽子(プロトン)が移動する反応ともいえます。

この陽子の移動する酸塩基反応に対して，**電子e^-が移動する反応**を**酸化還元反応**(さんかかんげん)といいます。

ところで，酸塩基反応よりも酸化還元反応の方が苦手という人が多いのですが，おそらく，酸塩基反応では反応式を見るとすぐにH^+が何から何へ何個移動したかがわかるのに対し，酸化還元反応では電子e^-がどう移動したのかが反応式を見てもよくわからないことが，その原因の1つでしょう。

例えば，次の2つの反応式を比較してみましょう。

$$HCl + NH_3 \longrightarrow NH_4Cl \quad \cdots (i)$$

$$H_2 + F_2 \longrightarrow 2HF \quad \cdots (ii)$$

(i)式の反応は酸塩基反応であり，HClからNH_3へH^+が1個移っていることが反応式を見るとすぐにわかります。

一方，(ii)式の反応は酸化還元反応であり，H_2からF_2へe^-が移っているのですが，反応式を見ただけでは電子の移動がわかりません。

では，どうすれば電子e^-の移動を把握できるのでしょうか？

ここで利用されるのが**酸化数**(さんかすう)です。

(2) 電子e^-の移動と酸化数の関係

酸化数は，電子を余分にもっているとマイナスの値になり，電子が不足しているとプラスの値になります。
なぜなら電子はマイナス電荷をもつ

そこで，**酸化数の変化がわかれば，電子が何から何へ何個移動したかを把握することができる**のです。逆に，酸化数の変化がわからなければ酸化還元反応について何もわからないことになりますから，酸化還元反応を理解するためには，まず，酸化数の求め方を習得することが必要です。酸化数についての次の約束を覚えたら，酸化数を求める 入試必須 知識のチェック!! に取り組んでみましょう。

酸化数の約束

1	**単体中の原子の酸化数は0である**	例 H_2(Hは0) Cu(Cuは0)
2	**化合物中の{水素原子は+1**(注1) **酸素原子は−2**(注2)**}となる**	例 HCl(Hは+1) CO_2(Oは−2)
3	**化合物を構成する原子の酸化数の総和は0である**	例 H_2O(Hは+1，Oは−2) NH_3(Hは+1，Nは−3)
4	**単原子イオンの酸化数はイオンの価数に等しい**	例 Na^+(Naは+1) S^{2-}(Sは−2)
5	**多原子イオンを構成する原子の酸化数の総和は，そのイオンの価数に等しい**	例 OH^-(Hは+1，Oは−2) NH_4^+(Hは+1，Nは−3)

(注1) 水素化ナトリウムNaHのような金属元素の水素化合物では，水素原子の酸化数は−1となる。
(注2) 過酸化水素H_2O_2中の酸素原子の酸化数は−1となる。

入試必須 知識のチェック!!

次の物質において，下線部の原子の酸化数を記せ。

(1) $K\underline{Mn}O_4$　(2) $K_2\underline{Cr}_2O_7$　(3) $H_2\underline{O}_2$　(4) $\underline{S}O_2$　(5) $H_2\underline{S}O_4$
(6) $\underline{Cl}_2$　(7) $H_2\underline{C}_2O_4$　(8) $H_2\underline{S}$　(9) $H\underline{Cl}O_4$

□ 解説

(1) $K\underset{x}{\underline{Mn}}O_4$ ➡ K^+，$\underset{x}{\underline{Mn}}\underset{-2}{\underline{O}}_4{}^-$　$x+(-2)\times4=-1$　よって，$x=+7$

(2) $K_2\underset{x}{\underline{Cr}}_2O_7$ ➡ K^+，$\underset{x}{\underline{Cr}}_2\underset{-2}{\underline{O}}_7{}^{2-}$　$x\times2+(-2)\times7=-2$　よって，$x=+6$

(3) H_2O_2（O: x） ➡ H_2O_2中の酸素原子の酸化数は−1である。 よって，$x=-1$

(4) SO_2（S: x, O: -2） $x+(-2)\times2=0$ よって，$x=+4$

(5) H_2SO_4（H: $+1$, S: x, O: -2） $(+1)\times2+x+(-2)\times4=0$ よって，$x=+6$

(6) Cl_2（Cl: x） 単体中の原子の酸化数は0である。 よって，$x=0$

(7) $H_2C_2O_4$（H: $+1$, C: x, O: -2） $(+1)\times2+x\times2+(-2)\times4=0$ よって，$x=+3$

(8) H_2S（H: $+1$, S: x） $(+1)\times2+x=0$ よって，$x=-2$

(9) $HClO_4$（H: $+1$, Cl: x, O: -2） $(+1)+x+(-2)\times4=0$ よって，$x=+7$

□ 答え (1) +7 (2) +6 (3) −1 (4) +4 (5) +6 (6) 0
(7) +3 (8) −2 (9) +7

STAGE

2 酸化剤と還元剤

酸化還元反応において，e^-**を放出して相手を還元する物質**が**還元剤**(ざい)です。一方，e^-**を受け取って相手を酸化する物質**が**酸化剤**です。

還元剤（＝自身は酸化される ＝酸化数は増加する）　　**酸化剤**（＝自身は還元される ＝酸化数は減少する）

上の絵のように，e^-を放出する（マイナスをはき出す）と酸化数は増加します。一方，e^-を受け取る（マイナスを食べる）と酸化数は減少します。

したがって，反応においてe^-を受け取ったか与えたかは，酸化数を調べればわかります。そうすれば，反応において酸化剤や還元剤として働いた物質が判断できますね。次の 入試必須 知識のチェック!! に取り組んで確認しましょう。

入試必須 知識のチェック!!

次の下線部の原子の酸化数を答えよ。また，それぞれの酸化還元反応の酸化剤と還元剤を記せ。

(1) $\underline{I}_2 + \underline{S}O_2 + 2H_2O \longrightarrow H_2\underline{S}O_4 + 2H\underline{I}$

(2) $\underline{Cu} + 4H\underline{N}O_3 \longrightarrow \underline{Cu}(NO_3)_2 + 2\underline{N}O_2 + 2H_2O$

(3) $K_2\underline{Cr}_2O_7 + 7H_2SO_4 + 6\underline{Fe}SO_4 \longrightarrow \underline{Cr}_2(SO_4)_3 + 7H_2O + 3\underline{Fe}_2(SO_4)_3 + K_2SO_4$

□ 解説

(1) $\underset{x}{I_2}$ 単体なので酸化数は0 よって，$x=0$

SO_2（x，-2） $x+(-2)\times2=0$ よって，$x=+4$

H_2SO_4（$+1$，x，-2） $(+1)\times2+x+(-2)\times4=0$ よって，$x=+6$

HI（$+1$，x） $(+1)+x=0$ よって，$x=-1$

IとSの酸化数が変化 ➡ 酸化剤：I_2 還元剤：SO_2

（S：+4→+6と増加しているので，還元剤）

（I：0→−1と減少しているので，酸化剤）

(2) $\underset{x}{Cu}$ 単体なので酸化数は0 よって，$x=0$

HNO_3（$+1$，x，-2） $(+1)+x+(-2)\times3=0$ よって，$x=+5$

$Cu(NO_3)_2$ ➡ $\underset{x}{Cu^{2+}}$，NO_3^- よって，$x=+2$

NO_2（x，-2） $x+(-2)\times2=0$ よって，$x=+4$

CuとNの酸化数が変化 ➡ 酸化剤：HNO_3 還元剤：Cu

(3) $K_2Cr_2O_7$ ➡ K^+，$Cr_2O_7^{2-}$（x，-2） $x\times2+(-2)\times7=-2$ よって，$x=+6$

$FeSO_4$ ➡ $\underset{x}{Fe^{2+}}$，SO_4^{2-} よって，$x=+2$

$Cr_2(SO_4)_3$ ➡ $\underset{x}{Cr^{3+}}$，SO_4^{2-} よって，$x=+3$

$Fe_2(SO_4)_3$ ➡ $\underset{x}{Fe^{3+}}$，SO_4^{2-} よって，$x=+3$

CrとFeの酸化数が変化 ➡ 酸化剤：$K_2Cr_2O_7$ 還元剤：$FeSO_4$

□ 答え

(1) 酸化数：(左から順に) 0，+4，+6，−1 酸化剤：I_2 還元剤：SO_2

(2) 酸化数：(左から順に) 0，+5，+2，+4 酸化剤：HNO_3 還元剤：Cu

(3) 酸化数：(左から順に) +6，+2，+3，+3 酸化剤：$K_2Cr_2O_7$ 還元剤：$FeSO_4$

STAGE

3 酸化剤と還元剤の半反応式

別冊 p. 32

酸化還元反応が起きることを予想するには，まず20個程度の代表的な酸化剤と還元剤を覚えなければなりません。

また，酸化還元反応の反応式をつくるには，代表的な酸化剤と還元剤を覚え，さらにそれらが酸化剤や還元剤として作用した後に何に変化するのかを覚えたうえで，半(はん)反応式のつくり方を習得する必要があります。

半反応式：酸化剤と還元剤の各々の電子の授受を示した式

そこで，次の 入試必須 知識のチェック!! に取り組んで，代表的な酸化剤および還元剤と，それらが酸化剤や還元剤として作用した後に何に変化するのかを徹底的に覚えましょう。

入試必須 知識のチェック!!

次表の①～㉖をうめて表を完成させよ。

	名　称	反応前		反応後
代表的な酸化剤	過マンガン酸イオン（酸性溶液中）	MnO_4^-	⟶	Mn^{2+}
	二クロム酸イオン	①	⟶	②
	過酸化水素	③	⟶	④
	二酸化硫黄	⑤	⟶	⑥
	濃硝酸	⑦	⟶	⑧
	希硝酸	⑨	⟶	⑩
	熱濃硫酸	⑪	⟶	⑫
	塩素	⑬	⟶	⑭
	酸素	O_2	⟶	$2H_2O$
	オゾン	O_3	⟶	$O_2 + H_2O$
代表的な還元剤	ナトリウム	Na	⟶	Na^+
	硫化水素	⑮	⟶	⑯
	二酸化硫黄	⑰	⟶	⑱
	過酸化水素	⑲	⟶	⑳
	シュウ酸	㉑	⟶	㉒
	鉄(Ⅱ)イオン	㉓	⟶	㉔
	スズ(Ⅱ)イオン	Sn^{2+}	⟶	Sn^{4+}
	ヨウ化物イオン	㉕	⟶	㉖
	チオ硫酸イオン	$2S_2O_3^{2-}$	⟶	$S_4O_6^{2-}$

□ **答え** ① $Cr_2O_7^{2-}$ ② $2Cr^{3+}$ ③ H_2O_2 ④ $2H_2O$
⑤ SO_2 ⑥ S ⑦ HNO_3 ⑧ NO_2 ⑨ HNO_3
⑩ NO ⑪ H_2SO_4 ⑫ SO_2 ⑬ Cl_2 ⑭ $2Cl^-$
⑮ H_2S ⑯ S ⑰ SO_2 ⑱ SO_4^{2-} ⑲ H_2O_2
⑳ O_2 ㉑ $(COOH)_2$（または $H_2C_2O_4$ ） ㉒ $2CO_2$
㉓ Fe^{2+} ㉔ Fe^{3+} ㉕ $2I^-$ ㉖ I_2

代表的な酸化剤および還元剤と，それらが酸化剤や還元剤として作用した後に何に変化するのかを覚えたら，次に半反応式のつくり方を習得しましょう。

半反応式は，**酸化還元反応における酸化剤と還元剤の電子の授受を独立に示した式**のことです。半反応式にはいくつかのつくり方がありますが，最も簡単な方法は次のものです。このつくり方を覚えれば，半反応式が自力でつくれるようになります。

半反応式のつくり方

❶ 酸化剤，還元剤の反応後の変化先を書く
（変化先は p. 48 入試必須 知識のチェック!! で覚えたもの）
❷ 両辺の O の数を H_2O を加えて合わせる
❸ 両辺の H の数を H^+ を加えて合わせる
❹ 両辺の総電荷を e^- を加えて合わせる

このつくり方を用いて，過マンガン酸イオンの酸性溶液中における半反応式をつくってみます。

❶ まず，変化先を書きます。これは p.48 の 入試必須 知識のチェック!! で覚えたことです。

$$MnO_4^- \longrightarrow Mn^{2+}$$

❷ 次に，H_2O を加えて O の数を合わせます。

$$MnO_4^- \longrightarrow Mn^{2+} + 4H_2O$$

❸ さらに，H^+ を加えて H の数を合わせます。

$$MnO_4^- + 8H^+ \longrightarrow Mn^{2+} + 4H_2O$$

❹ 左辺には「−」が 1 個と「+」が 8 個あり，右辺には「2+」が 1 個あるので，左辺に，e^- を 5 個加えて両辺の総電荷を合わせます。

$$MnO_4^- + 8H^+ + 5e^- \longrightarrow Mn^{2+} + 4H_2O$$

これで過マンガン酸イオンの酸性溶液中における半反応式が完成です。結構，簡単ですね。

なお，$\underset{+7}{\underline{Mn}}O_4^-$ ⟶ $\underset{+2}{\underline{Mn}}^{2+}$ というMnの酸化数の変化にきちんと$5e^-$が対応していることに注意してください。

それでは，次の 入試必須 知識のチェック!! でさまざまな半反応式をつくってみましょう。

入試必須 知識のチェック!!

次の①～⑱の酸化剤，還元剤について半反応式を完成させよ。

	名　称	反応前		反応後
代表的な酸化剤	① 過マンガン酸イオン（酸性溶液中）	MnO_4^-	⟶	Mn^{2+}
	② 二クロム酸イオン	$Cr_2O_7^{2-}$	⟶	$2Cr^{3+}$
	③ 過酸化水素	H_2O_2	⟶	$2H_2O$
	④ 二酸化硫黄	SO_2	⟶	S
	⑤ 濃硝酸	HNO_3	⟶	NO_2
	⑥ 希硝酸	HNO_3	⟶	NO
	⑦ 熱濃硫酸	H_2SO_4	⟶	SO_2
	⑧ 塩素	Cl_2	⟶	$2Cl^-$
	⑨ 酸素	O_2	⟶	$2H_2O$
	⑩ オゾン	O_3	⟶	$O_2 + H_2O$
代表的な還元剤	⑪ ナトリウム	Na	⟶	Na^+
	⑫ 硫化水素	H_2S	⟶	S
	⑬ 二酸化硫黄	SO_2	⟶	SO_4^{2-}
	⑭ 過酸化水素	H_2O_2	⟶	O_2
	⑮ シュウ酸	$(COOH)_2$	⟶	$2CO_2$
	⑯ 鉄(Ⅱ)イオン	Fe^{2+}	⟶	Fe^{3+}
	⑰ ヨウ化物イオン	$2I^-$	⟶	I_2
	⑱ チオ硫酸イオン	$2S_2O_3^{2-}$	⟶	$S_4O_6^{2-}$

□ 答え
① $MnO_4^- + 8H^+ + 5e^- \longrightarrow Mn^{2+} + 4H_2O$
② $Cr_2O_7^{2-} + 14H^+ + 6e^- \longrightarrow 2Cr^{3+} + 7H_2O$
③ $H_2O_2 + 2H^+ + 2e^- \longrightarrow 2H_2O$
④ $SO_2 + 4H^+ + 4e^- \longrightarrow S + 2H_2O$
⑤ $HNO_3 + H^+ + e^- \longrightarrow NO_2 + H_2O$
⑥ $HNO_3 + 3H^+ + 3e^- \longrightarrow NO + 2H_2O$

⑦ $H_2SO_4 + 2H^+ + 2e^- \longrightarrow SO_2 + 2H_2O$
⑧ $Cl_2 + 2e^- \longrightarrow 2Cl^-$
⑨ $O_2 + 4H^+ + 4e^- \longrightarrow 2H_2O$
⑩ $O_3 + 2H^+ + 2e^- \longrightarrow O_2 + H_2O$
⑪ $Na \longrightarrow Na^+ + e^-$
⑫ $H_2S \longrightarrow S + 2H^+ + 2e^-$
⑬ $SO_2 + 2H_2O \longrightarrow SO_4^{2-} + 4H^+ + 2e^-$
⑭ $H_2O_2 \longrightarrow O_2 + 2H^+ + 2e^-$
⑮ $(COOH)_2 \longrightarrow 2CO_2 + 2H^+ + 2e^-$
⑯ $Fe^{2+} \longrightarrow Fe^{3+} + e^-$
⑰ $2I^- \longrightarrow I_2 + 2e^-$
⑱ $2S_2O_3^{2-} \longrightarrow S_4O_6^{2-} + 2e^-$

STAGE

4 酸化還元反応の反応式

▶ 別冊p. 10

半反応式を自力でつくれるようになりましたから，続いて酸化還元反応の反応式のつくり方を学びましょう。

例として，硫酸を加えて酸性にした(硫酸酸性の)二クロム酸カリウム水溶液を硫酸鉄(Ⅱ)水溶液に加えたときの反応式を取り上げてみます。

反応式のつくり方　二クロム酸カリウム(硫酸酸性)と硫酸鉄(Ⅱ)の反応式

❶ まず，二クロム酸カリウムと硫酸鉄(Ⅱ)の化学式を書きます。その上で，反応式をつくるときはイオン性物質を陽イオンと陰イオンに分けて考えることが重要でしたから，陽イオンと陰イオンに分けておきます。

二クロム酸カリウム：$K_2Cr_2O_7$ ➡ $2K^+$，$Cr_2O_7^{2-}$
硫　酸　鉄　(Ⅱ)：$FeSO_4$ ➡ Fe^{2+}，SO_4^{2-}

❷ 次に，半反応式の作成です。p.49の 半反応式のつくり方 にしたがって作成します。

$$\begin{cases} Cr_2O_7^{2-} + 14H^+ + 6e^- \longrightarrow 2Cr^{3+} + 7H_2O & \cdots ⓘ \\ Fe^{2+} \longrightarrow Fe^{3+} + e^- & \cdots ⓘⓘ \end{cases}$$

❸ ここで，還元剤であるFe^{2+}が放出したe^-はすべて酸化剤である$Cr_2O_7^{2-}$

に受け取られるため，e$^-$を消去するように半反応式を組み合わせれば全体の反応式がつくれるはずです。そこで，ⅱ式×6＋ⅰ式により，

$$Cr_2O_7^{2-} + 14H^+ + 6Fe^{2+} \longrightarrow 2Cr^{3+} + 7H_2O + 6Fe^{3+}$$

ここまでで，酸化還元反応の**イオン反応式**が完成です。

❹ これを「**化学反応式**」にするには，さらにイオン反応式中のイオンの相手のイオン（対イオン）を考えなければなりません。

ところで，イオン反応式の左辺は反応物ですから，どのような物質であるかが決まっています。ここでは二クロム酸カリウム$K_2Cr_2O_7$と硫酸鉄(Ⅱ)$FeSO_4$を反応させたのですから，$Cr_2O_7^{2-}$の対イオンはK^+で，Fe^{2+}の対イオンはSO_4^{2-}です。

それでは，左辺のH^+の対イオンは何でしょうか？

今の場合，「硫酸を加えて酸性にした(硫酸酸性)」のですから，左辺のH^+の対イオンはSO_4^{2-}です。もし，塩酸酸性だったらCl^-ですし，何も酸を入れてなければ，水の電離によるH^+なので対イオンはOH^-となります。

このように，左辺で対イオンを考えて必要な個数を加えてから，右辺にはそれと全く同じイオンを同じ個数加えます。

$$K_2Cr_2O_7 + 7H_2SO_4 + 6FeSO_4$$
$$\longrightarrow 2Cr^{3+} + 7H_2O + 6Fe^{3+} + 2K^+ + 13SO_4^{2-}$$

❺ あとは，右辺の陽イオンと陰イオンを組み合わせて化学反応式が完成です。

$$K_2Cr_2O_7 + 7H_2SO_4 + 6FeSO_4$$
$$\longrightarrow Cr_2(SO_4)_3 + 7H_2O + 3Fe_2(SO_4)_3 + K_2SO_4$$ ◀完成！

酸化還元反応の反応式は

酸化剤 ＋ e$^-$ ⟶ △
還元剤 ⟶ ▲ ＋ e$^-$
} **の半反応式の組み合わせ**

STAGE 5
もう一歩先へ

(1) H_2O_2 と SO_2 の注意点

H_2O_2 と SO_2 は代表的な酸化剤としても，代表的な還元剤としても登場した物質です。したがって，両物質とも酸化剤と還元剤のいずれにも働く可能性がありますが，

① **H_2O_2 は原則として酸化剤であり，MnO_4^- や $Cr_2O_7^{2-}$ などと反応する場合だけ例外的に還元剤として作用する物質です。**

② **SO_2 は原則として還元剤であり，H_2S などと反応する場合だけ例外的に酸化剤として作用する物質です。**

このことは，きちんと覚えておかなければなりません。

(2) MnO_4^- の注意点

また，MnO_4^- についてもいくらか複雑なことがあります。

MnO_4^- は代表的な酸化剤であり，変化先は Mn^{2+} でした。しかし**これは酸性溶液中でのことで，中性や塩基性溶液中での変化先は MnO_2(黒色沈殿)です**。そして，半反応式は，p.49の 半反応式のつくり方 にしたがって次のようになります。

$$MnO_4^- + 4H^+ + 3e^- \longrightarrow MnO_2 + 2H_2O$$

ところで，この半反応は酸性溶液中での反応ではなく，中性または塩基性溶液中での反応ですから，左辺(反応物)に H^+ があるのはやや正確さを欠きます。したがって，両辺に $4OH^-$ を加えて H^+ が H_2O 由来であることを明確に表現しておくと，より正確な半反応式になります。

$$MnO_4^- + 2H_2O + 3e^- \longrightarrow MnO_2 + 4OH^-$$

この方法は，酸性溶液中ではない半反応式の作成に一般に利用できます。中性または塩基性溶液中での正確な半反応式をつくる必要があるときは，この方法を用いるとよいでしょう。

もっとも，「半反応式」ではなく全体の「化学反応式」をつくるときは，このような半反応式の段階での考慮は結果的に不要です。なぜなら，対イオンの選択にあたって，H^+ が H_2O 由来であることが自然と考慮されるからです。

入試突破のポイント

- **太文字の部分は覚えよう。**
- **入試必須 知識のチェック!! をしっかり覚えよう。**
- **酸化還元反応の化学反応式を自力で書けるようにしよう。**

入試問題にChallenge!

解答➡p. 195

1 次の反応の化学反応式を書け。

問1 過酸化水素水に硫酸酸性の過マンガン酸カリウム水溶液を加える。

［北大，弘前大，岩手大，山形大，福島大，筑波大，千葉大，お茶の水女大，横浜国大，信州大，富山大，岐阜大，名大，奈良女大，岡山大，広島大，山口大，徳島大，香川大，高知大，首都大，東邦大，日本女大，愛知工大，大阪工大，関西学院大，防衛大］

問2 ヨウ化カリウム水溶液にオゾンを通じる。

［弘前大，東北大，秋田大，山形大，千葉大，東京医歯大，電通大，新潟大，奈良女大，和歌山大，首都大，横浜市大，名古屋市大，慶大，法政大，名城大，大阪工大］

問3 硫化水素水に二酸化硫黄を通じる。

［北大，東北大，秋田大，筑波大，群馬大，埼玉大，千葉大，東大，東京農工大，電通大，横浜国大，新潟大，金沢大，岐阜大，静岡大，名大，名古屋工大，三重大，滋賀医大，京大，阪大，島根大，和歌山大，岡山大，広島大，山口大，高知大，長崎大，宮崎大，横浜市大，大阪市大，青山学院大，学習院大，慶大，東京電機大，明治大，明治薬大，早大，同志社大，岡山理大，防衛大］

07 酸化還元反応(2)

学習項目
1 単体の反応　2 金属単体の反応…イオン化傾向　3 ハロゲンの単体の反応
4 酸素の反応…燃焼反応　5 自己酸化還元反応

STAGE

1 単体の反応

すでに学んだとおり，単体中の原子の酸化数はすべて0です。一方，化合物中の原子の酸化数は一般に0ではありません。したがって，単体が反応して化合物に変化すると，一般に酸化数が変化することになります。

つまり，**単体の反応は一般に酸化還元反応**なのです。反応しないことも多いでしょうが，反応するとすれば酸化還元反応を起こすことになるのです。

それでは，単体は還元剤として働いて電子を放出するのでしょうか，それとも酸化剤として働いて電子を受け取るのでしょうか？

これは，その元素が陽性か，陰性かで決まってきます。

例えば，金属元素は陽性（マイナスと仲が悪い）の元素ですから，**金属元素の単体は一般に還元剤として働き**電子を放出します。一方，**ハロゲンや酸素は**非常に陰性（マイナスと仲がいい）の大きい元素ですから，これらの元素の単体は**一般に酸化剤として働き**電子を受け取ります。

STAGE

2 金属単体の反応…イオン化傾向

▷ 別冊 p. 31

1 イオン化列

金属元素の単体は，上述のとおり反応において還元剤として働きます。

それでは，還元力（電子を放出する力）の強さはどうなっているのでしょうか？　すべて同じ強さなのでしょうか。それとも酸に「強」酸，「弱」酸があったように，還元剤にも「強」「弱」があるのでしょうか。

結論をいえば，還元力は物質によって差があります。すぐに電子を放出する強い還元剤もあれば，なかなか電子を放出しない弱い還元剤もあります。

ここで，金属単体を還元力の強さの順番に並べることを考えてみましょう。どうすれば，金属単体の還元力の強さの順番を調べることができるでしょうか？

還元力の強い金属単体は，それだけ電子を放出して陽イオンになりやすい単体だといえます。そこで，次のようにすれば金属単体の還元力の強さの順番を調べることができます。

(1) 金属単体の還元力の強さを比べる実験

ある金属Mの陽イオンM^+が存在している水溶液に，別の金属Nの単体を入れます。もし，Nの方がMよりも陽イオンになりやすければ，つまりNの方がMよりも還元力が強ければ，NがN^+となって溶けていき，M^+が電子を受け取ってMとなり，金属Mが析出してくるでしょう。

$N \longrightarrow N^+ + e^-$　　$M^+ + e^- \longrightarrow M$

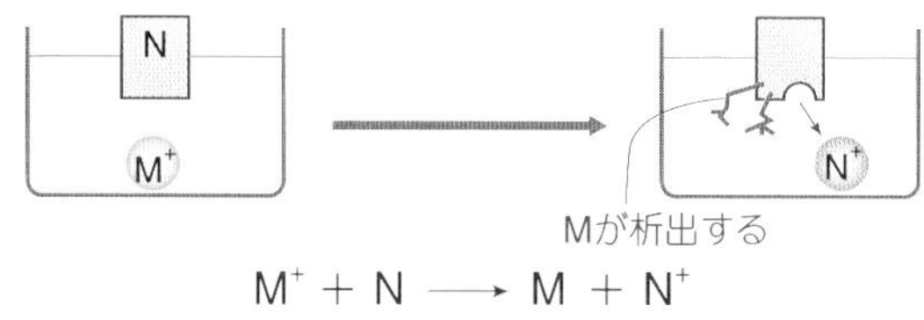

$$M^+ + N \longrightarrow M + N^+$$

(2) 実験の結果からわかること ➡ イオン化列

このようにしてさまざまな金属を調べると，金属単体の還元力の強さの順番が決まります。実験の結果，次のような順番になることが知られています。

> Li＞K＞Ca＞Na＞Mg＞Al＞Zn＞Fe＞Ni＞Sn＞Pb＞(H_2)＞Cu＞Hg＞Ag＞Pt＞Au

ここで，**金属単体が水溶液中で陽イオンになる性質**を，**その金属のイオン化(か)傾向(けいこう)**といい，**金属をイオン化傾向の大きなものから順に並べたもの**を**金属のイオン化列(かれつ)**といいます。このイオン化列は，まさに上で述べた金属単体の還元力の強さの順番のことです。イオン化列は大切な知識ですから覚えましょう。

利子	か	かる	な	ま	ある	あ	て	に	すん	な	ひ	ど	す	ぎる	借	金
Li	K	Ca	Na	Mg	Al	Zn	Fe	Ni	Sn	Pb	(H_2)	Cu	Hg	Ag	Pt	Au

(3) イオン化傾向と金属単体の反応性の関係

イオン化傾向は，金属単体の還元力の強さを示したものであることが理解できました。そうすると，酸化還元反応の起こりやすさとイオン化傾向には密接な関係があるはずです。なぜなら，強い還元剤の方が弱いものよりも反応しやすいからです。

そこで，空気中の酸素，水および酸と金属単体との反応性を次にまとめてみました。これを見ると，**イオン化傾向の大きな金属単体，つまり還元力の強い金属単体ほど反応性が大きい**ことがよくわかります。

なお，イオン化列の表の中でLi，K，Naはアルカリ金属の代表例として登場しているものです。したがって，他のアルカリ金属(Rb，Cs)もこれらと同様の反応性を示します。アルカリ土類金属のSrとBaも，Caと同様の反応性を示します。また，表の下の(注1)～(注5)の事実も大切な知識ですから，覚えてください。

イオン化列	Li	K	Ca	Na	Mg	Al	Zn	Fe	Ni	Sn	Pb	H_2	Cu	Hg	Ag	Pt	Au
還元力	大 ←																小
空気中のO_2との反応	常温で速やかに酸化される				空気中で加熱すると，酸化される									(注1)	加熱しても酸化されない		
水との反応	常温で反応する				高温の水蒸気と反応する(注2)				反応しない								
酸との反応	H^+と反応し，H_2を発生しながら溶ける(注3)(注4)												硝酸や熱濃硫酸に溶ける			王水に溶ける(注5)	

(注1) Hgを空気中で加熱するとHgOが生じる。さらに加熱して高温にすると，HgOが分解して，Hgに戻る。

$$\begin{cases} 2Hg + O_2 \longrightarrow 2HgO \\ 2HgO \longrightarrow 2Hg + O_2 \end{cases}$$

(注2) Mgは熱水でも反応する。

(注3) Pbは塩酸や硫酸にはほとんど溶けない。これは，水に難溶な塩である塩化鉛(Ⅱ)$PbCl_2$や硫酸鉛(Ⅱ)$PbSO_4$が表面に生じて，反応が進まなくなるからである。

(注4) Fe，Ni，Alは，濃硝酸や熱濃硫酸にはほとんど溶けない。これは，**表面に緻(ち)密な酸化被膜が生じて，金属内部を保護する**ためである。**この状態を不動態(ふどうたい)**という。

不動態が 手 に ある のう
Fe Ni Al (濃)

(注5) **王水(おうすい)**は，**濃硝酸と濃塩酸を1：3の体積比で混合したもの**であり，酸化力が非常に強い。

2 金属単体と水との反応

p.57の表中の金属単体と水との反応では，常温でも反応する金属 と 高温の水蒸気となら反応する金属 および 反応しない金属 を覚えておく必要があります。その上で，反応式を書けるようにしましょう。

(1) 常温の水でも反応する金属とH_2Oとの反応

反応式のつくり方　ナトリウムNaを水に加えたときの反応式

❶ まず，ナトリウムと水の半反応式を書きます。Naを水に加えると，Naは還元剤として働いて電子を放出します。そして，その電子を水が受け取ります。

$$\begin{cases} Na \longrightarrow Na^+ + e^- & \cdots \text{ⅰ} \\ 2H_2O + 2e^- \longrightarrow H_2 + 2OH^- & \cdots \text{ⅱ} \end{cases}$$

注 ⅱ式の水の酸化剤としての半反応式は次のようにしてつくることができます。
まず，水の電離によるH^+が電子を受け取ると考え，

$$2H^+ + 2e^- \longrightarrow H_2$$

次に，両辺に$2OH^-$を加えて水が電子を受け取った式に書き直すと，

$$2H_2O + 2e^- \longrightarrow H_2 + 2OH^-$$

となり，水の酸化剤としての半反応式が完成します。

❷ 最後に，ⅰ式×2＋ⅱ式より，e^-を消去して，

$$2Na + 2H_2O \longrightarrow H_2 + 2NaOH$$ ◀完成！

Naが水と反応すると，H_2を発生しながら水酸化ナトリウムが生成します。一般に**金属単体と水との反応では，ⅱ式の反応が起きるためH_2が発生**します。

(2) 高温の水蒸気となら反応する金属とH_2Oとの反応

反応式のつくり方　アルミニウムAlと「高温の水蒸気」との反応式

次の 08 で学習するとおり，水酸化物の熱分解反応をともないますから注意が必要です 参照 p.69。

❶ まず，アルミニウムと水の半反応式を書きます。

$$\begin{cases} Al \longrightarrow Al^{3+} + 3e^- & \cdots \text{ⅰ} \\ 2H_2O + 2e^- \longrightarrow H_2 + 2OH^- & \cdots \text{ⅱ} \end{cases}$$

❷ ⅰ式×2＋ⅱ式×3より，e^-を消去して，

$$2Al + 6H_2O \longrightarrow 2Al(OH)_3 + 3H_2$$

❸ そして，次式の熱分解反応をともなうことを考慮すると，

$$2Al(OH)_3 \longrightarrow Al_2O_3 + 3H_2O$$

結局，

$$2Al + 3H_2O \longrightarrow Al_2O_3 + 3H_2$$ ◀完成！

アルミニウムAlと「高温の水蒸気」との反応の場合，H_2を発生することはナトリウムNaと水との反応と同じですが，熱分解反応をともなうため**Alの水酸化物ではなく酸化物が生成**します。同様に，亜鉛Znおよび鉄Feと高温の水蒸気との反応式は，それぞれ，

$$Zn + H_2O \longrightarrow ZnO + H_2$$

$$3Fe + 4H_2O \longrightarrow Fe_3O_4 + 4H_2$$

となります。鉄の酸化物は有名なものが複数ありますが 参照 p.142，**Fe_3O_4が生成する**ことを覚えておかなければなりません。

なお，ニッケルNi以下の金属は高温の水蒸気とは反応しません。逆に，**これらの酸化物を水素とともに加熱すると単体が生じます。**

$$CuO + H_2 \longrightarrow Cu + H_2O$$

3 金属単体と酸との反応

次に金属単体と酸との反応を考えましょう。

(1) H_2よりもイオン化傾向が大きい金属単体と酸との反応

H_2よりもイオン化傾向が大きい金属Mに酸を加えると，

Mが放出した電子をH^+が受け取り，H_2を発生しながら金属Mが溶け出します。

$$2M \longrightarrow 2M^+ + 2e^- \quad 2H^+ + 2e^- \longrightarrow H_2$$

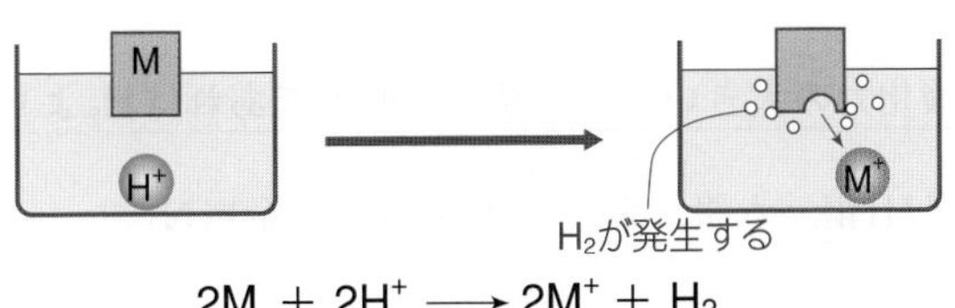

$$2M + 2H^+ \longrightarrow 2M^+ + H_2$$

このように，**H_2よりもイオン化傾向の大きい金属単体は，塩酸や希硫酸などの中のH^+と反応してH_2を発生しながら溶け出します**(ただし，鉛Pbはいくらか特別です 参照 p.57の表)。

反応式のつくり方　**亜鉛Znと希硫酸の反応式**

❶ まず，亜鉛とH^+の半反応式を書きます。Znを希硫酸に入れると，Znは還元剤として働いて電子を放出し，その電子を希硫酸中のH^+が受け取ります。

$$\begin{cases} Zn \longrightarrow Zn^{2+} + 2e^- & \cdots (i) \\ 2H^+ + 2e^- \longrightarrow H_2 & \cdots (ii) \end{cases}$$

❷ (i)式＋(ii)式より，e^-を消去して，

$$Zn + 2H^+ \longrightarrow Zn^{2+} + H_2$$

❸ 最後に，H^+の対イオンを加えます。反応物が硫酸ですからSO_4^{2-}ですね。これを両辺に1個ずつ加えましょう。

$$Zn + H_2SO_4 \longrightarrow ZnSO_4 + H_2$$ ◀完成！

この反応式から，H_2を発生しながらZnはZn^{2+}となって水溶液中に溶け出すことがわかります。

(2) H_2よりもイオン化傾向の小さい金属単体と酸との反応【銅Cu，水銀Hg，銀Ag】

H_2よりもイオン化傾向の小さい金属N(銅，水銀，銀)は，還元力が弱いためH^+を還元してH_2を発生させることができません。したがって，**塩酸や希硫酸などとは反応しません**。

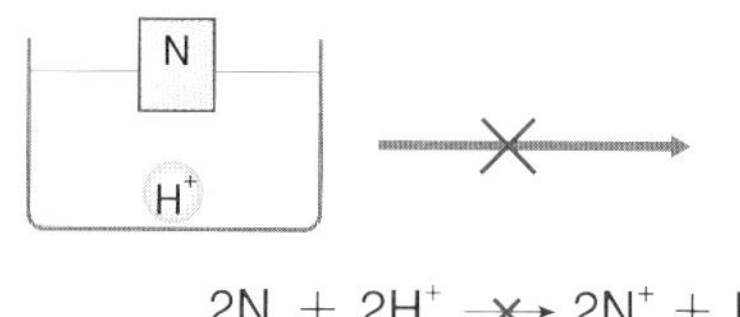

$$2N + 2H^+ \not\longrightarrow 2N^+ + H_2$$

もっとも，**酸化力の大きい硝酸や熱濃硫酸**（ともに代表的な酸化剤）**とであればH_2よりもイオン化傾向の小さい金属N(銅，水銀，銀)も反応します**。金属N(銅，水銀，銀)の還元力の弱さを酸化力の強さで補ってくれるイメージです。

ところで，この反応でもH_2が発生するのでしょうか？

違いますよね。この反応はH^+がe^-を受け取る反応ではありませんから，

H_2は発生しません。濃硝酸，希硝酸，熱濃硫酸が酸化剤として作用したときの変化先を思い出せば，それぞれ，NO_2，NO，SO_2が発生することがわかります 参照 p.48。

反応式のつくり方　銅Cuと濃硝酸の反応式

❶　まず，銅と濃硝酸の半反応式を書きます。Cuに濃硝酸を加えると，Cuは還元剤として働いて電子を放出し，その電子を硝酸分子(H^+ではありません)が受け取ります。

$$\begin{cases} Cu \longrightarrow Cu^{2+} + 2e^- & \cdots ⅰ \\ HNO_3 + H^+ + e^- \longrightarrow NO_2 + H_2O & \cdots ⅱ \end{cases}$$

❷　ⅰ式＋ⅱ式×2より，e^-を消去して，

$$Cu + 2HNO_3 + 2H^+ \longrightarrow Cu^{2+} + 2NO_2 + 2H_2O$$

❸　H^+の対イオンは何でしょうか。硝酸との反応なのですから，当然NO_3^-ですね。そこで，両辺に$2NO_3^-$を加えましょう。

$$Cu + 4HNO_3 \longrightarrow Cu(NO_3)_2 + 2NO_2 + 2H_2O$$ ◀完成！

【白金Pt，金Au】

なお，還元力の非常に小さい**白金や金は，王水にしか溶けない**ことも覚えておきましょう。

王水は濃硝酸と濃塩酸の体積比が**1：3**の混合物で，強い酸化力をもっています。

1 升(しょう)(硝) 3 円(えん)(塩)
※10合(ごう)＝1升(しょう)≒1.8L

STAGE
3 ハロゲンの単体の反応

別冊p. 46

続いて，非金属元素の単体であるハロゲンの単体の反応を検討します。

ハロゲンは非常に陰性の大きい元素ですから，ハロゲンの単体は酸化剤として働き，電子を受け取ってハロゲン化物イオンに変化します。

$$X_2 + 2e \longrightarrow 2X$$

では，ハロゲンの単体の酸化力（電子を受け取る力）の強さはどのような順番なのでしょうか？

金属単体のイオン化列の場合と同様に考えると**酸化力の強いハロゲン単体ほど，陰イオンになりやすい**はずです。そこで，次のようにしてみます。

(1) ハロゲンの単体の酸化力の強さを比べる実験

あるハロゲン化物イオンX^-が存在している水溶液に，別のハロゲンの単体Y_2を加えます。もし，Y_2の方がX_2よりも陰イオンになりやすければ，つまりY_2の方がX_2よりも酸化力が強ければ，Y_2が電子を受け取ってY^-となり，X^-が電子を放出してX_2となるでしょう。

$Y_2 + 2e \longrightarrow 2Y$

$2X \longrightarrow X_2 + 2e$

Y_2　X^-　→　X_2　Y^-

$$2X^- + Y_2 \longrightarrow X_2 + 2Y^-$$

実際に実験をしてみると，次の反応が起きます。

$2Br + Cl_2 \longrightarrow Br_2 + 2Cl$　…ⅰ

$2I^- + Br_2 \longrightarrow I_2 + 2Br$　…ⅱ

(2) 実験の結果からわかること

ハロゲンの単体の酸化力について，ⅰ式から $Cl_2 > Br_2$ であることが，またⅱ式から $Br_2 > I_2$ であることがわかりました。結論として，ハロゲンの単体の酸化力は以下のとおりですので，フッ素F_2も含めて覚えておきましょう。

$$F_2 > Cl_2 > Br_2 > I_2$$

周期表で上にある元素ほど電子と仲がよくて電気陰性度が大きいのですから，そこから推測すると，電子を受け取る力が前述の順番になるのももっともですね。

(3) ハロゲンの単体の酸化力の強さとハロゲンの単体の反応性の関係

金属単体の反応性が還元力の強さの順番（イオン化列）と密接に関係していたのと同様に，ハロゲンの単体の反応性もこの酸化力の強さの順番と密接に関係しています。

【ハロゲンの単体とH_2との反応】

$H_2 + F_2 \longrightarrow 2HF$ ←爆発的に起こる

$H_2 + Cl_2 \longrightarrow 2HCl$ ←光照射で爆発的に起こる

$H_2 + Br_2 \rightleftarrows 2HBr$

$H_2 + I_2 \rightleftarrows 2HI$

となっていて，酸化力の強さと反応性が対応していることがわかります。

【ハロゲンの単体と水との反応】

$2H_2O + 2F_2 \longrightarrow O_2 + 4HF$ …(＊)

$H_2O + Cl_2 \rightleftarrows HCl + HClO$

$H_2O + Br_2 \rightleftarrows HBr + HBrO$

I_2は反応しにくい

となっていて，やはり酸化力の強さと反応性が対応しています。

① なお，フッ素F_2は非常に酸化力が強いため，水から電子を奪います。

$$\begin{cases} F_2 + 2e^- \longrightarrow 2F^- & \cdots(\text{i}) \\ 2H_2O \longrightarrow O_2 + 4H^+ + 4e^- & \cdots(\text{ii}) \end{cases}$$

ⓘ式×2＋ⓘⓘ式で(＊)式の化学反応式がつくれます。**フッ素を水に通じると酸素が発生する**のですね。

② また，塩素Cl_2，臭素Br_2と水との反応は自己酸化還元反応の１種であり，p. 65で学習します。

③ なお，ヨウ素I_2は水と反応しにくく，また，無極性分子ですから水にはほとんど溶けません。ただし，**ヨウ化カリウムKI水溶液には，次の反応により三ヨウ化物イオンI_3^-を形成して溶ける**ことができます。

$I_2 + KI \longrightarrow KI_3$

この反応は酸化還元反応ではありませんが，ついでに覚えておきましょう。

STAGE

4 酸素の反応…燃焼反応

▶ 別冊p. 19

紙が燃えたり，木が燃えたりなど，**物質が酸素と反応して熱や光を発する反応**が**燃焼**(ねんしょう)**反応**です。燃焼反応は，酸素O_2が酸化剤として働く酸化還元反応です。

酸素は反応性の高い過激な分子ですから，燃焼反応が起きると，燃焼している物質の結合は切り離され，各原子と酸素原子が結合します。

その結果，(完全)燃焼反応では，「炭素原子はCO_2，水素原子はH_2Oになる」など，反応物を構成している元素(成分元素)ごとに燃焼時の変化先が決まってくるのです。

したがって，その変化先の酸化物を知っていれば，燃焼反応の反応式がつくれます。

反応物A ＋ O_2 ⟶ Aの成分元素の酸化物

燃焼反応による成分元素の変化先としては，次のものを覚えてください。

成分元素の酸化物(変化先)

C ➡ CO_2　　H ➡ H_2O　　S ➡ SO_2

反応式のつくり方　**エタノールが完全燃焼する反応の反応式**

❶ まず，エタノールの化学式を書きます。

エタノール：C_2H_5OH

❷ CがCO_2に，HがH_2Oに変化することを考えて，右辺の酸化物を書きます。

$C_2H_5OH + O_2 \longrightarrow 2CO_2 + 3H_2O$

❸ 最後に，O_2の係数を合わせると，

$C_2H_5OH + 3O_2 \longrightarrow 2CO_2 + 3H_2O$ ◀完成！

STAGE

5 自己酸化還元反応

▶ 別冊 p. 21

最後に少し変わった酸化還元反応を見ておきましょう。塩素を水に通じると次の反応が起きて塩素水が得られることが知られています。

$$Cl_2 + H_2O \rightleftarrows HCl + HClO$$

この反応では $\underset{0}{\underline{Cl}}_2$ の Cl の酸化数が，あるものは減って塩化水素 $H\underset{-1}{\underline{Cl}}$ となり，またあるものは増えて次亜塩素酸 $H\underset{+1}{\underline{Cl}}O$ となっています。このように，**酸化剤と還元剤が同一物質の酸化還元反応**を**自己酸化還元反応**といいます。

補足　次亜塩素酸は，HOCl と書く場合もあります。

$$Cl_2 + H_2O \rightleftarrows HCl + HOCl$$

このパターンの反応は，必要なものを暗記しておくのが 1 番効率的です。必要な反応は別冊付録に挙げてありますから必ず覚えておきましょう。

入試突破のポイント

- 太文字の部分は覚えよう。
- イオン化列を覚えて，金属単体の反応性の表 参照 p.57 を習得しよう。
- ハロゲンの単体の酸化力の順番を覚えて，水素や水との反応を覚えよう。
- 燃焼反応での各原子の変化先を覚えよう。
- 登場した反応式を自力で書けるようにしよう。

解答➡p. 196

1　次の反応の化学反応式を書け。

問1　銅に熱濃硫酸を加える。

［北大，岩手大，東北大，筑波大，群馬大，宇都宮大，埼玉大，千葉大，東京医歯大，東京海洋大，東京農工大，電通大，新潟大，富山大，金沢大，信州大，岐阜大，静岡大，名古屋工大，三重大，滋賀医大，京大，阪大，鳥取大，広島大，山口大，愛媛大，高知大，九大，大分大，宮崎大，鹿児島大，横浜市大，名古屋市大，奈良県医大，大阪府大，学習院大，慶大，工学院大，東海大，東京都市大，法政大，早大，愛知工大，福井工大，名城大，関西学院大］

問2　過酸化水素水に酸化マンガン(Ⅳ)を加える。

［北大，弘前大，東北大，群馬大，筑波大，埼玉大，東京農工大，東京海洋大，お茶の水女大，電通大，横浜国大，金沢大，岐阜大，名大，名古屋工大，神戸大，鳥取大，岡山大，広島大，山口大，徳島大，高知大，長崎大，札幌医大，横浜市大，大阪市大，学習院大，東京薬大，早大，大阪工大，同志社大，甲南大，岡山理大，防衛大］

問3　臭化カリウム水溶液に塩素を通じる。

［北大，阪大，神戸大，奈良女大，高知大，長崎大，首都大，青山学院大，学習院大，関西学院大，岡山理大］

問4　カルシウムを水に加える。

［北大，岩手大，千葉大，東大，滋賀医大，阪大，奈良女大，熊本大，工学院大，愛知工大，岡山理大］

問5　硫化水素と酸素を反応させる。　［名古屋工大，三重大，北海道工大］

08 加熱による反応

学習項目
❶ 揮発性酸遊離反応　❷ 熱分解反応
❸ 水和水を含む物質の加熱

STAGE
1 揮発性酸遊離反応

▶ 別冊 p. 22

塩化ナトリウムの固体を濃硫酸に加えてみます。そのままにしておくと，塩化ナトリウムが濃硫酸の中に溶けこんでいくだけです。しかし，加熱すると塩化水素が発生します。このとき，次の反応が起きています。

$$NaCl + H_2SO_4 \longrightarrow NaHSO_4 + HCl \quad \cdots ⓘ$$

この反応ではCl^-がH_2SO_4からH^+を受け取っていますが，Cl^-はH^+を受け取る能力が大きかったでしょうか。陰イオンについては，由来する酸の強さが弱いほど，H^+を受け取る力が大きいのでした 参照 p.41。Cl^-は強酸であるHCl由来の陰イオンですから，H^+を受け取る力は小さいはずです。

では，なぜ上のHClが発生する反応が進むのでしょうか？

(1) 揮発性酸遊離反応の起こる理由

これは，**H_2SO_4が不揮発性（ふきはつせい）（蒸発しにくい）の酸であるのに対しHClは揮発性（蒸発しやすい）の酸であるため，加熱によってHClが蒸発し，外へ逃げてしまうから**なのです。HClが加熱によって出ていくことがこの反応の駆動力になっています。なお，硫酸の沸点は338℃と高いため蒸発しません。

もっとも，Cl^-はH^+を受け取る力が弱いため，H_2SO_4からは「１個」しかH^+を受け取れません。したがって，上の反応では，硫酸水素ナトリウム$NaHSO_4$が生成することに注意してください。

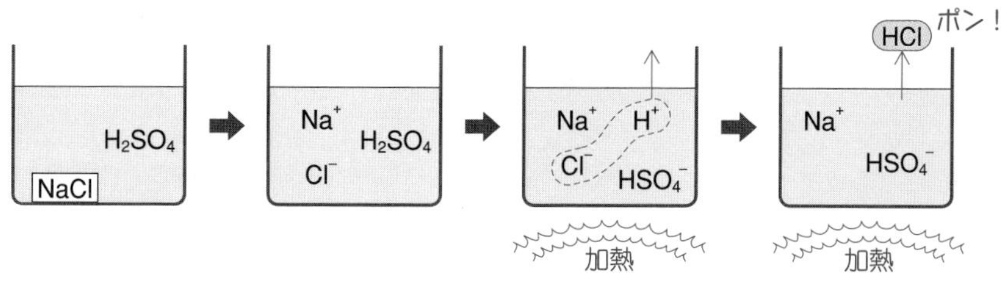

このとおり，揮発性の酸由来の塩に不揮発性の酸を加えて加熱すると，揮発性の酸が発生します。

前述の例ではNaCl　前述の例ではH_2SO_4　前述の例ではHCl

揮発性の酸由来の塩 ＋ 不揮発性の酸 $\xrightarrow{\text{加熱}}$ 不揮発性の酸由来の塩 ＋ 揮発性の酸

(2) 揮発性酸遊離反応のポイント

【揮発性の酸と不揮発性の酸の見分け方】

ある酸が揮発性か不揮発性かの見分け方については，

硫酸 ➡ 不揮発性

それ以外の塩化水素，硝酸などの有名な酸 ➡ 揮発性

と覚えておけば十分です。

【揮発性酸遊離反応の注意点】

ところで，ⓘ式のHClを発生させる反応において固体のNaClと濃硫酸を用いたのにも理由があります。それは，水がたくさんあると水がH^+を受け取ってしまい，Cl^-がH^+を受け取ることができなくなってしまうからなのです。

$$\begin{cases} H_2O + H^+ \longrightarrow H_3O^+ \\ Cl^- + H^+ \not\longrightarrow HCl \end{cases}$$

食塩「水」や「希」硫酸を用いるのではなく，「固体」のNaClと「濃」硫酸を用いることに注意しましょう。

STAGE

2 熱分解反応

▶ 別冊p. 23

ある種の炭酸塩，炭酸水素塩，水酸化物は，加熱すると二酸化炭素CO_2や水(水蒸気)H_2Oを発生しながら分解します。加熱によってCO_2やH_2Oが外へ逃げてしまう結果，反応が進むのです(アルカリ金属の炭酸塩のように熱分解反応が起きにくいものもあります)。**これらの反応は，一般に熱分解反応(ねつぶんかい)**とよばれています。代表的な熱分解反応のイオン反応式をまとめておきます。

反応パターン 11

❶ $CO_3^{2-} \xrightarrow{加熱} CO_2 + O^{2-}$
（CO_3^{2-}：炭酸塩，O^{2-}：酸化物）

❷ $2HCO_3^{-} \xrightarrow{加熱} H_2O + CO_2 + CO_3^{2-}$
（HCO_3^{-}：炭酸水素塩，CO_3^{2-}：炭酸塩）

❸ $2OH^{-} \xrightarrow{加熱} H_2O + O^{2-}$
（OH^{-}：水酸化物，O^{2-}：酸化物）

反応式のつくり方　炭酸水素カルシウム水溶液を加熱したときの反応式

❶ まず，炭酸水素カルシウムの化学式を書きます。

炭酸水素カルシウム：$Ca(HCO_3)_2$

❷ 次に，炭酸水素塩の熱分解反応のイオン反応式を考えます。

$2HCO_3^{-} \longrightarrow H_2O + CO_2 + CO_3^{2-}$

❸ この式に，反応には直接関わっていないCa^{2+}を両辺に1個ずつ加えて陽イオンと陰イオンを組み合わせると，

$Ca(HCO_3)_2 \longrightarrow H_2O + CO_2 + CaCO_3$ ◀完成！

反応式のつくり方　水酸化アルミニウムを強熱したときの反応式

❶ まず，水酸化アルミニウムの化学式を書きます。

水酸化アルミニウム：$Al(OH)_3$

❷ 次に，水酸化物の熱分解反応のイオン反応式を考えます。

$2OH^{-} \longrightarrow H_2O + O^{2-}$

❸ あとは，反応には直接関わっていないAl^{3+}を加えて係数を合わせると，

$2Al(OH)_3 \longrightarrow 3H_2O + Al_2O_3$ ◀完成！

STAGE 3 水和水を含む物質の加熱

結晶中において一定の割合で含まれている水は**水和水**(**結晶水**)とよばれます。

硫酸銅(Ⅱ)五水和物$CuSO_4 \cdot 5H_2O$は，Cu^{2+}とSO_4^{2-}と水和水を1：1：5の個数比で含む物質であり，次のような構造をしています。

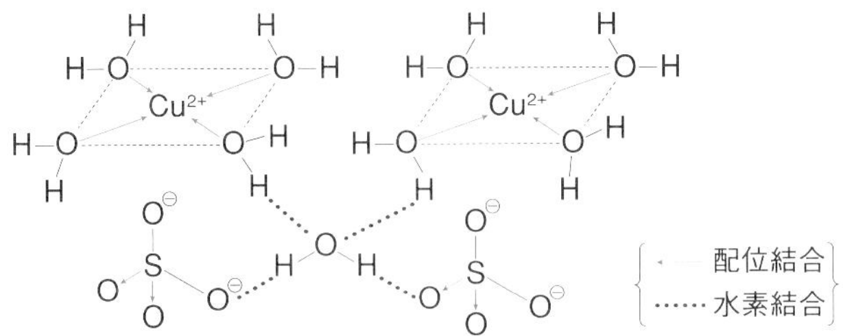

硫酸銅(Ⅱ)五水和物$CuSO_4 \cdot 5H_2O$の青色結晶を加熱すると，水和水が徐々に外へ出ていき，最終的には無水硫酸銅(Ⅱ)$CuSO_4$の白色結晶に変化します。このときの質量変化は右のグラフのようになっており，水和水が外へ出ていった分，質量が減っていきます(詳しくは，p.154の問題で扱います)。

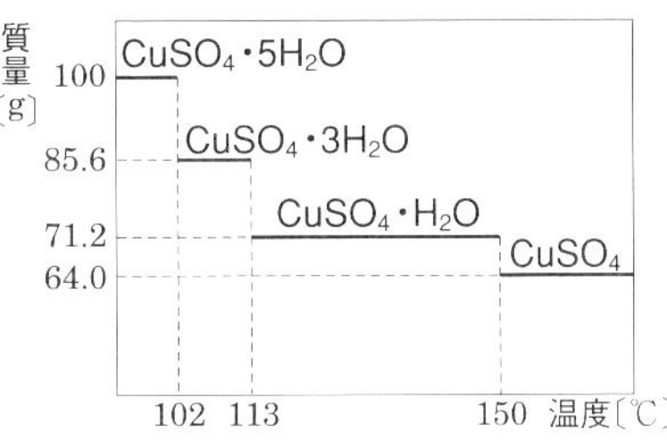

このように**水和水を含む物質を加熱すると，一般に水和水が外へ出ていく変化が起きます**。例えば，シュウ酸カルシウム一水和物$(COO)_2Ca \cdot H_2O$を加熱した場合にも同様な反応が起きます。なお，この場合，水和水がすべて外へ出ていった後も，次のようにシュウ酸イオン$(COO)_2{}^{2-}$などの熱分解反応が進みます。

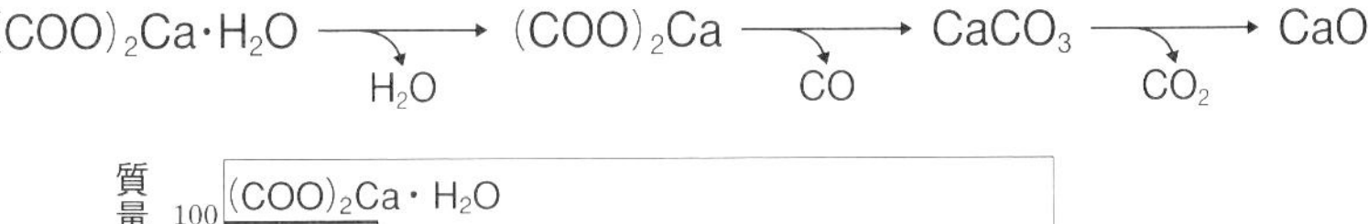

$$(COO)_2Ca \cdot H_2O \xrightarrow{\;-H_2O\;} (COO)_2Ca \xrightarrow{\;-CO\;} CaCO_3 \xrightarrow{\;-CO_2\;} CaO$$

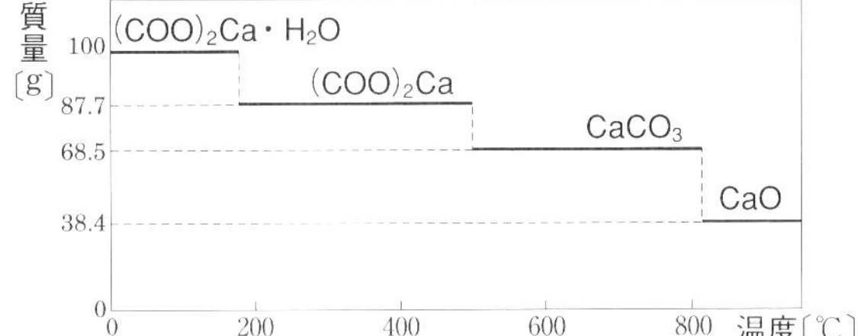

入試突破のポイント

- **太文字の部分は覚えよう。**
- **硫酸が不揮発性の酸であることを覚えた上で，揮発性酸遊離反応を理解しよう。**
- **熱分解反応の 反応パターン⑪ を覚えよう。**
- **硫酸銅(Ⅱ)五水和物の構造をしっかり見ておこう。**
- **登場した反応式を自力で書けるようにしよう。**

入試問題に Challenge!

解答➡p. 197

1 次の反応の化学反応式を書け。

問1 炭酸カルシウムを加熱する。

[弘前大，岩手大，東北大，秋田大，千葉大，東大，新潟大，金沢大，岐阜大，静岡大，奈良女大，広島大，愛媛大，高知大，長崎大，熊本大，宮崎大，横浜市大，青山学院大，早大，愛知工大，名城大，同志社大，関西医大]

問2 硝酸ナトリウムの固体に濃硫酸を加えて加熱する。

[東大，信州大，長崎大，奈良県医大，明治薬大]

問3 炭酸水素ナトリウムを加熱する。

[北大，弘前大，岩手大，福島大，宇都宮大，群馬大，筑波大，千葉大，信州大，岐阜大，静岡大，名古屋工大，阪大，奈良女大，鳥取大，愛媛大，長崎大，鹿児島大，首都大，奈良県医大，青山学院大，慶大，東京女大，日本女大，明治大，名城大，同志社大，防衛大]

さらに演習！ 『**鎌田の化学問題集 理論・無機・有機 改訂版**』第7章 無機化合物の分類・各種反応・イオン分析・気体の製法と性質 15 無機化合物の分類・各種反応

09 イオンの反応(1)

学習項目 ❶ 沈殿生成反応 ❷ 水に難溶なイオン結晶 ❸ 知識の整理

STAGE 1 沈殿生成反応

別冊p. 24

(1) イオン結晶が水に溶けやすい理由

イオン結晶は陽イオンと陰イオンから構成されており，極性が非常に大きな物質です。溶解の原則は，

極性の似たものどうしがよく溶け合う

ですから，イオン結晶は極性溶媒の水によく溶けるはずです。

実際，イオン結晶は構成イオンが水和(溶媒の水分子と結合すること)されやすく，水に溶けやすいものが多いのです。例えば，イオン結晶である食塩NaClは水によく溶けます。

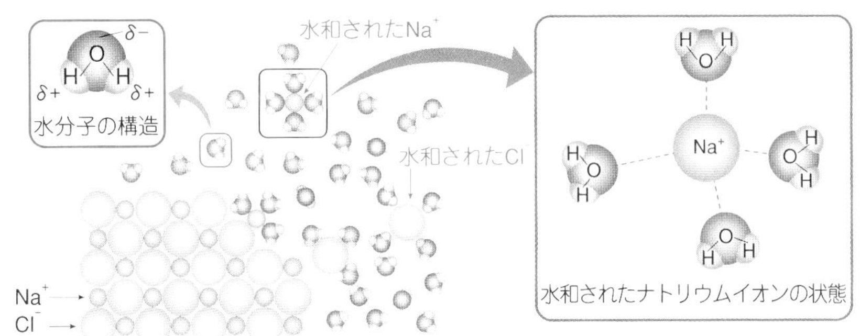

〈塩化ナトリウムNaClの水への溶解〉

しかしながら，例外的に水に難溶なイオン結晶もいくつか存在します。そして，水に溶けにくい理由はさまざまなため，水に難溶なイオン結晶を完全に予想することはできません。そのため，必要なものは覚えなければなりません。この暗記作業は次の STAGE 2 で取り組むことにして，ここでは沈殿生成反応を一般的に考えておきましょう。

(2) 沈殿生成反応の起こるしくみ

あるイオン結晶MXを溶かした水溶液と別のイオン結晶NYを溶かした水溶液とを混ぜてみます。もし，MYが水に溶けにくいイオン結晶であるとすれば，次の図のようにMYの沈殿が生成することになります。

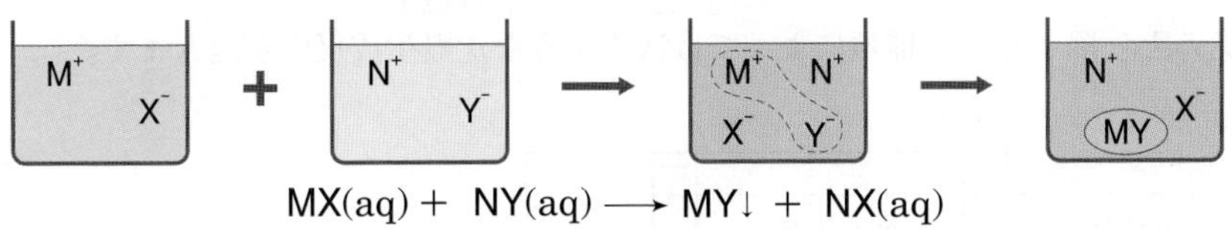

$$MX(aq) + NY(aq) \longrightarrow MY\downarrow + NX(aq)$$

このとおり，**溶解度の小さいイオン結晶を構成する陽イオンと陰イオンが出合ったときに沈殿生成反応が起きます**。

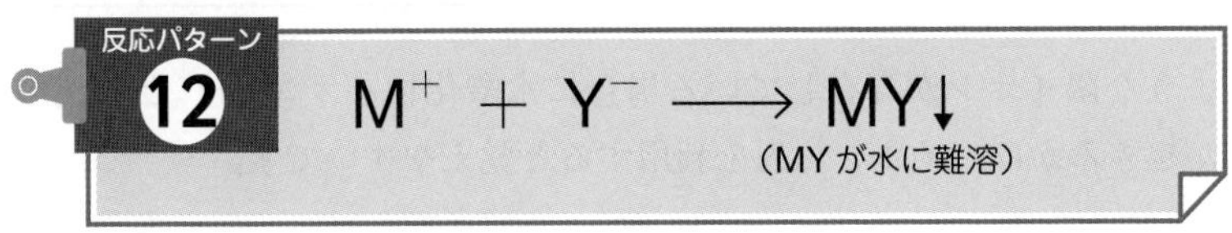

$$M^{+} + Y^{-} \longrightarrow MY\downarrow$$
（MYが水に難溶）

反応式のつくり方　**水酸化バリウム水溶液と硫酸カリウム水溶液を混合したときの反応式**

❶ まず，水酸化バリウムと硫酸カリウムの化学式を書きます。

水酸化バリウム：$Ba(OH)_2$ ➡ Ba^{2+}，$2OH^{-}$

硫酸カリウム：K_2SO_4 ➡ $2K^{+}$，SO_4^{2-}

❷ 次のSTAGE 2で水に難溶なイオン結晶を覚えたら，Ba^{2+}とSO_4^{2-}が出合って$BaSO_4$の沈殿が生じると予想できます。この沈殿生成反応をイオン反応式で書くと，

$$Ba^{2+} + SO_4^{2-} \longrightarrow BaSO_4$$

❸ 最後に，電離したまま反応に関与しないOH^{-}とK^{+}を加えて，陽イオンと陰イオンを組み合わせると，化学反応式が完成です。

$$Ba(OH)_2 + K_2SO_4 \longrightarrow BaSO_4 + 2KOH$$ ◀完成！

STAGE

2 水に難溶なイオン結晶

別冊 p. 33

1　水酸化物イオンOH^-との反応

水酸化ナトリウム水溶液やアンモニア水（それなりにOH^-が含まれています）を陽イオンの入っている水溶液に加えると，陽イオンの種類によっては次のような沈殿生成反応が起きます。

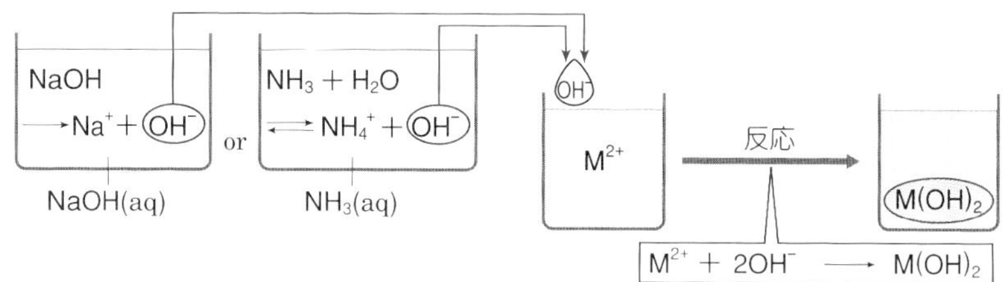

どのような陽イオンが存在している場合に水酸化物イオンOH^-との沈殿生成反応が起きるかは，イオン化列を利用すると覚えやすいです。

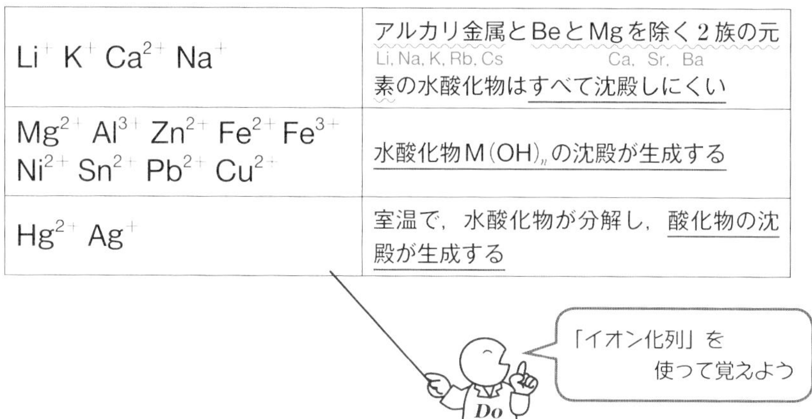

Li^+ K^+ Ca^{2+} Na^+	アルカリ金属（Li, Na, K, Rb, Cs）とBeとMgを除く２族の元素（Ca, Sr, Ba）の水酸化物はすべて沈殿しにくい
Mg^{2+} Al^{3+} Zn^{2+} Fe^{2+} Fe^{3+} Ni^{2+} Sn^{2+} Pb^{2+} Cu^{2+}	水酸化物$M(OH)_n$の沈殿が生成する
Hg^{2+} Ag^+	室温で，水酸化物が分解し，酸化物の沈殿が生成する

① **Ag^+を含む水溶液を塩基性にすると，水酸化銀(Ⅰ)AgOHではなく，酸化銀Ag_2Oが沈殿する**ことに注意してください。これは，常温で水酸化物の分解反応 参照 p.69 が起きると考えればいいでしょう（$2AgOH \xrightarrow{常温} Ag_2O\downarrow$（褐） $+ H_2O$）。

② また，水酸化マグネシウム$Mg(OH)_2$の溶解度はある程度大きく，水酸化カルシウム$Ca(OH)_2$の溶解度はそれほど大きくないので，濃度によっては，$Mg(OH)_2$が沈殿しなかったり，$Ca(OH)_2$が沈殿する場合があることも頭の隅に入れておいてください。

2 硫化物イオンS^{2-}との反応

硫化ナトリウム水溶液や硫化水素ガスを陽イオンの入っている水溶液に加えると，陽イオンの種類によっては次のような沈殿生成反応が起きます。

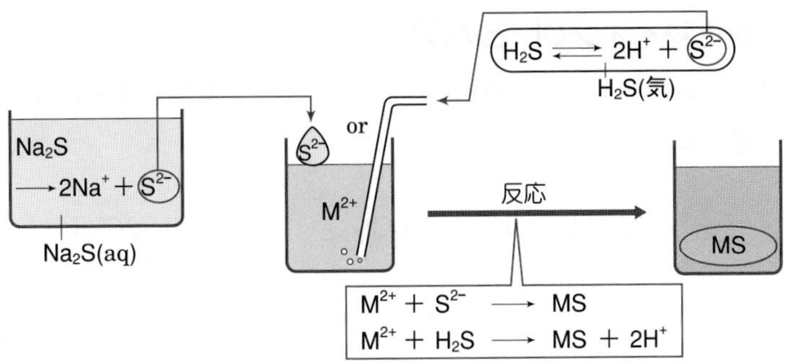

どのような陽イオンが存在している場合に硫化物イオンS^{2-}との沈殿生成反応が起きるかは，やはりイオン化列を利用すると覚えやすいです。

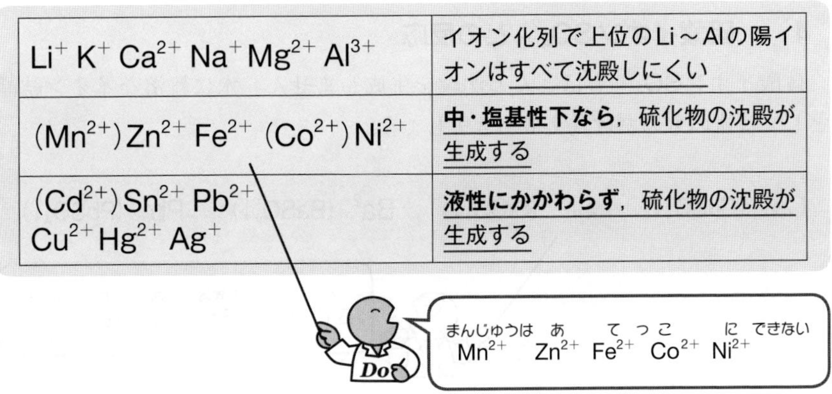

Li^+ K^+ Ca^{2+} Na^+ Mg^{2+} Al^{3+}	イオン化列で上位のLi～Alの陽イオンはすべて沈殿しにくい
(Mn^{2+}) Zn^{2+} Fe^{2+} (Co^{2+}) Ni^{2+}	**中・塩基性下なら**，硫化物の沈殿が生成する
(Cd^{2+}) Sn^{2+} Pb^{2+} Cu^{2+} Hg^{2+} Ag^+	**液性にかかわらず**，硫化物の沈殿が生成する

上の表のとおり，**硫化物の沈殿は，水溶液の液性によって生成しやすさが異なる**ことに注意してください。

この理由は，**$[H^+]$ の小さい塩基性水溶液中ほど次式の電離平衡が右に偏り（ルシャトリエの原理），硫化物イオン濃度 $[S^{2-}]$ が大きくなるため硫化物が沈殿しやすくなるから**です。このため，Zn^{2+}，Fe^{2+}，Ni^{2+} は，酸性水溶液中では硫化物の沈殿を生成せず，中・塩基性下でのみ硫化物の沈殿が生じます。また，このことは，ZnS，FeS，NiSは酸性水溶液中では溶けることも意味しています。

$$H_2S \rightleftarrows HS^- + H^+$$
$$HS^- \rightleftarrows S^{2-} + H^+$$

3　塩化物イオンCl^-との反応

塩化物イオンCl^-はほとんど沈殿を生成せず，水に難溶なイオン結晶としては次の3個を覚えておけば十分です。

Ag^+ ($AgCl\downarrow$)　Pb^{2+} ($PbCl_2\downarrow$)　Hg_2^{2+} ($Hg_2Cl_2\downarrow$)

$PbCl_2$は熱湯には溶ける

水銀(Ⅰ)イオン

4　硫酸イオンSO_4^{2-}との反応

硫酸イオンSO_4^{2-}もほとんど沈殿を生成しません。水に難溶なイオン結晶としては次のものだけ覚えておきましょう。

Ca^{2+} ($CaSO_4\downarrow$)　Sr^{2+} ($SrSO_4\downarrow$)　Ba^{2+} ($BaSO_4\downarrow$)　Pb^{2+} ($PbSO_4\downarrow$)

5 クロム酸イオンCrO_4^{2-}との反応

クロム酸イオンCrO_4^{2-}に関して，水に難溶なイオン結晶として覚えておかなければならないものは，次の3個です。

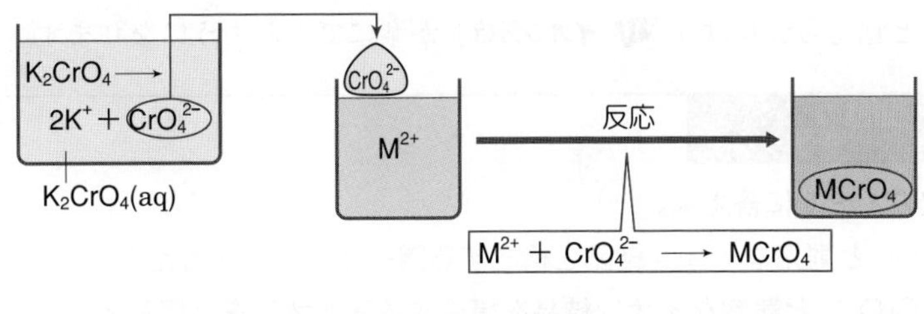

Pb^{2+} ($PbCrO_4\downarrow$)　Ba^{2+} ($BaCrO_4\downarrow$)　Ag^+ ($Ag_2CrO_4\downarrow$)

黄色い バナナ をクロムさん。 銀 で買って赤くなる
Ba^{2+}, Pb^{2+}　CrO_4^{2-}　Ag^+

3Do

6 炭酸イオンCO_3^{2-}との反応

炭酸イオンCO_3^{2-}は多くの陽イオンと反応して沈殿を生成しますが，その中でもアルカリ土類金属の陽イオンとの反応が重要です。

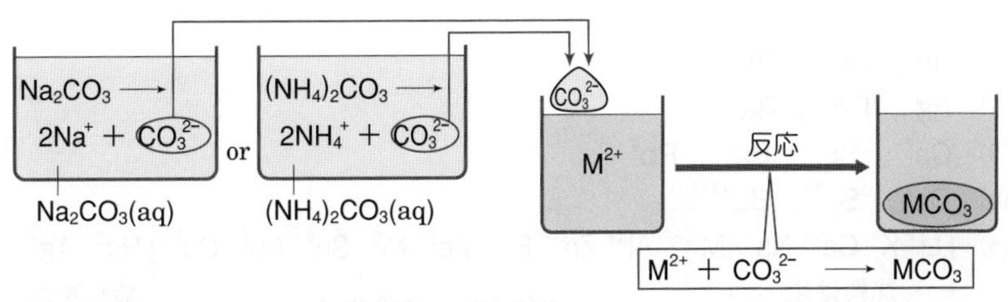

Mg^{2+} ($MgCO_3\downarrow$)　Ca^{2+} ($CaCO_3\downarrow$)　Sr^{2+} ($SrCO_3\downarrow$)　Ba^{2+} ($BaCO_3\downarrow$)

STAGE

3 知識の整理

STAGE 2 の水に難溶なイオン結晶が覚えられたかどうか，次の 入試必須 知識のチェック!! に取り組んで確認してください。間違えが1つもなくなるまで繰り返しましょう。きちんと覚えられれば「11 イオン分析」が楽にできるようになります。

入試必須 知識のチェック!!

次の(1)～(6)に答えよ。

(1) Cl^-と難溶なイオン結晶を構成する陽イオンを3個答えよ。

(2) CrO_4^{2-}と難溶なイオン結晶を構成する陽イオンを3個答えよ。

(3) SO_4^{2-}と難溶なイオン結晶を構成する陽イオンを4個答えよ。

(4) CO_3^{2-}と難溶なイオン結晶を構成する陽イオンの中で，重要なものを3個答えよ。

(5) 次の陽イオンをOH^-との反応性により，3つのグループに分けて，反応性を説明せよ。

Li^+ K^+ Ca^{2+} Na^+ Mg^{2+} Al^{3+} Zn^{2+} Fe^{2+} Fe^{3+} Ni^{2+} Sn^{2+} Pb^{2+} Cu^{2+} Hg^{2+} Ag^+

(6) 次の陽イオンをH_2Sとの反応性により，3つのグループに分けて，反応性を説明せよ。

Li^+ K^+ Ca^{2+} Na^+ Mg^{2+} Al^{3+} Zn^{2+} Fe^{2+} Ni^{2+} Sn^{2+} Pb^{2+} Cu^{2+} Hg^{2+} Ag^+

□ 答え

(1) Ag^+，Pb^{2+}，Hg_2^{2+}

(2) Ag^+，Pb^{2+}，Ba^{2+}

(3) Ca^{2+}，Sr^{2+}，Ba^{2+}，Pb^{2+}

(4) Ca^{2+}，Sr^{2+}，Ba^{2+}

(5)

Li^+ K^+ Ca^{2+} Na^+	Mg^{2+} Al^{3+} Zn^{2+} Fe^{2+} Fe^{3+} Ni^{2+} Sn^{2+} Pb^{2+} Cu^{2+}	Hg^{2+} Ag^+
沈殿は生成しにくい	水酸化物が沈殿する	酸化物が沈殿する

(6)

Li^+ K^+ Ca^{2+} Na^+ Mg^{2+} Al^{3+}	Zn^{2+} Fe^{2+} Ni^{2+}	Sn^{2+} Pb^{2+} Cu^{2+} Hg^{2+} Ag^+
沈殿は生成しにくい	中・塩基性下なら硫化物が沈殿する	液性にかかわらず硫化物が沈殿する

入試突破のポイント

- 入試必須 知識のチェック!! が完璧になるまでしっかり覚えよう。
- 硫化物が酸性水溶液中では沈殿しにくいことを理解しよう。
- 沈殿生成反応の反応式を書けるようにしよう。

入試問題に Challenge!

解答➡p. 198

1 次の反応のイオン反応式を書け。

問 1 硫酸銅(Ⅱ)水溶液に水酸化ナトリウム水溶液を加える。

［秋田大，東京農工大，お茶の水女大，新潟大，金沢大，信州大，島根大，岡山大，山口大，徳島大，高知大，大阪市大，北海道工大，東北薬大，学習院大，東邦大，法政大，早大，愛知工大，名城大，同志社大，関西学院大，神戸薬大］

問 2 硝酸鉛(Ⅱ)水溶液に硫化水素を通じる。

［東北大，秋田大，東京医歯大，大阪市大］

問 3 硝酸銀水溶液に水酸化ナトリウム水溶液を加える。

［弘前大，東北大，電通大，三重大，岡山大，高知大，琉球大，名古屋市大，千葉工大，慶大，法政大，神奈川大，名城大，同志社大，崇城大］

問 4 硝酸銀水溶液にクロム酸カリウム水溶液を加える。

［弘前大，山形大，東北大，筑波大，埼玉大，千葉大，広島大，横浜市大，青山学院大，日本女大，愛知工大，大阪工大］

問 5 硝酸銀水溶液に塩酸を加える。

［岩手大，群馬大，千葉大，東京海洋大，お茶の水女大，金沢大，信州大，名大，鳥取大，島根大，香川大，高知大，熊本大，鹿児島大，琉球大，横浜市大，学習院大，慶大，東京女大，日本女大，法政大，大阪工大，関西学院大，甲南大，神戸薬大］

10 イオンの反応(2)

❶ 錯イオン　❷ 錯イオン形成反応
❸ 錯イオン形成による沈殿の溶解

STAGE

1 錯イオン

金属元素の陽イオンに，非共有電子対をもつ分子や陰イオンがいくつか配位結合してできたイオンを錯(さく)イオンといいます。錯イオンにおいて，**金属イオンに配位結合している分子またはイオンを配位子(はいいし)**，**その数を配位数(はいいすう)**とよびます。

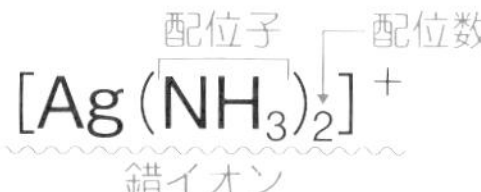

(1) 配位数と中心金属イオンの関係

配位数は中心金属イオンの種類によってだいたい決まっています。次のものは必要ですから覚えてください。

中心金属イオン	Ag^{+}	Zn^{2+}	Cu^{2+}	Fe^{2+}	Fe^{3+}
配位数	2	4	4	6	6

(2) 錯イオンの立体構造と配位数の関係

錯イオンの立体構造は，配位数によってだいたい決まっています。配位数が2なら直線形で，6なら正八面体形です。配位数が4のときは正四面体形と正方形の2通りがありますが，中心金属イオンがZn^{2+}なら正四面体形，Cu^{2+}なら正方形と覚えておくとよいでしょう。

	直線形	正四面体形	正方形	正八面体形
錯イオンの立体構造	Ag^{+}, NH_3 $[Ag(NH_3)_2]^{+}$	Zn^{2+}, NH_3 $[Zn(NH_3)_4]^{2+}$	Cu^{2+}, NH_3 $[Cu(NH_3)_4]^{2+}$	Fe^{3+}, CN^{-} $[Fe(CN)_6]^{3-}$
配位数	2	4	4	6

(3) 錯イオンの名称のつけ方

次に錯イオンの名称を学びましょう。錯イオンには次の命名法があり，それを習得すれば名称を自力でつけることができます。

錯イオンの命名法

配位数の数詞 ➡ 配位子名 ➡ 中心金属名(酸化数) ➡ (酸)イオン

配位数の数詞 → ①参照
配位子名 → ②参照
(酸)イオン ← 全体の電荷がプラスの錯イオンは「イオン」のみを，マイナスの錯イオンは「酸イオン」を語尾につける

① 配位数の数詞

数詞は次のものを覚えてください。有機化学でも用いるものですね。

1：モノ　2：ジ　3：トリ　4：テトラ　5：ペンタ　6：ヘキサ

② 配位子の名称

配位子名は，次の6個を覚えてください。

Cl^- ：**クロリド**	H_2O ：**アクア**	NH_3 ：**アンミン**
CN^- ：**シアニド**	OH^- ：**ヒドロキシド**	$S_2O_3^{2-}$ ：**チオスルファト**

それでは，具体例で練習してみましょう。

入試必須 知識のチェック!!

次の錯イオンの名称を答えよ。

(1) $[Cu(NH_3)_4]^{2+}$　　(2) $[Fe(CN)_6]^{4-}$

□ 解説

(1) まず配位数が4で配位子がNH_3だから「テトラアンミン」となる。次に，錯イオン全体の電荷が2＋で配位子の電荷は0だから，中心金属イオンはCu^{2+}とわかる。したがって，「銅(Ⅱ)」。最後に全体の電荷が＋の錯イオンだから「イオン」をつけて完成。

（注：配位子の電荷は0 ← NH_3は電気的に中性の分子）

$[Cu(NH_3)_4]^{2+}$ ← 錯イオン全体の電荷

（Cu：2＋，NH_3：0）

(2) 配位数が6で配位子がCN^-だから「ヘキサシアニド」となる。錯イオン全体の電荷は4−であり，一方，配位子CN^-の電荷は1−でそれが6個あるから，中心金属イオンはFe^{2+}とわかる。したがって，「鉄(Ⅱ)」。最後に全体の電荷が−の錯イオンだから「酸イオン」をつけて完成。

$$[Fe(CN)_6]^{4-}$$

2+　1−　→ 6

□ 答え (1) テトラアンミン銅(Ⅱ)イオン
(2) ヘキサシアニド鉄(Ⅱ)酸イオン

STAGE
2 錯イオン形成反応

▷ 別冊 p. 27，33

水溶液中での金属陽イオンは，水分子が結合して水和されており，一般にアクア錯イオンとなっています。例えば，硫酸銅(Ⅱ)水溶液中の銅(Ⅱ)イオンは正確にはテトラアクア銅(Ⅱ)イオン$[Cu(H_2O)_4]^{2+}$となっているのです。

(1) 錯イオン形成反応のしくみ

このような水溶液に中心金属イオンとの配位結合の相性がよい物質を加えると，配位子が水からその物質に交換されて錯イオン形成反応が起きます。

例えば，銅(Ⅱ)イオンを含む水溶液にアンモニア水を多量に加えると，銅(Ⅱ)イオンの配位子がH_2OからNH_3にかわり，錯イオンであるテトラアンミン銅(Ⅱ)イオンが生じます。この変化は，通常，配位子の水を省略して次のように表します。

$$Cu^{2+} + 4NH_3 \longrightarrow [Cu(NH_3)_4]^{2+}$$

反応パターン 13

M^+ ＋ **配位子** ⟶ **錯イオン**
中心金属陽イオン

⑵ 相性のよい金属イオンと配位子の組み合わせ

錯イオン形成反応が起きることを予想するには，金属イオンと配位子の相性を整理して覚えておかなければなりません。これについて次表にまとめましたので覚えてください(なお，配位子がチオ硫酸イオンの場合にジの代わりにビスが使われますが，気にしなくてよい)。

注 ① アンモニア水をいくらたくさん加えても，NH_3 は弱塩基ですから OH^- の濃度はそれほど大きくならないため，OH^- を配位子とする錯イオンは形成されないことに注意しましょう。アンモニア水をたくさん加えたときに生じ得る錯イオンは，NH_3 を配位子とする錯イオンです。

② OH^- と相性がいい金属イオンは，両性金属の陽イオンです 参照 p.134。

配位子	重要な錯イオン	
NH_3 (濃アンモニア水中で)	$[Ag(NH_3)_2]^+$	ジアンミン銀(Ⅰ)イオン
	$[Zn(NH_3)_4]^{2+}$	テトラアンミン亜鉛(Ⅱ)イオン
	$[Cu(NH_3)_4]^{2+}$(深青色)	テトラアンミン銅(Ⅱ)イオン
	$[Ni(NH_3)_6]^{2+}$(淡紫色)	ヘキサアンミンニッケル(Ⅱ)イオン
OH^- (強塩基性水溶液中で)	$[Zn(OH)_4]^{2-}$	テトラヒドロキシド亜鉛(Ⅱ)酸イオン
	$[Al(OH)_4]^-$	テトラヒドロキシドアルミン酸イオン
	$[Sn(OH)_4]^{2-}$ 実際には不定ですが，便宜的に4にしておきます	テトラヒドロキシドスズ(Ⅱ)酸イオン
	$[Pb(OH)_4]^{2-}$	テトラヒドロキシド鉛(Ⅱ)酸イオン
CN^-	$[Ag(CN)_2]^-$	ジシアニド銀(Ⅰ)酸イオン
	$[Fe(CN)_6]^{4-}$(淡黄色)	ヘキサシアニド鉄(Ⅱ)酸イオン
	$[Fe(CN)_6]^{3-}$(黄色)	ヘキサシアニド鉄(Ⅲ)酸イオン
$S_2O_3^{2-}$	$[Ag(S_2O_3)_2]^{3-}$	ビス(チオスルファト)銀(Ⅰ)酸イオン

・(NH_3) Cu^{2+} Zn^{2+} Ni^{2+} Ag^+ (あんまりや ド ア に 銀)

・Zn^{2+} Al^{3+} Sn^{2+} Pb^{2+} (両性) (OH^-) (あ あ そん な 寮生 推薦 合格)

STAGE
3 錯イオン形成による沈殿の溶解

すでに述べたとおり，塩化銀AgClは水に難溶な塩であり，その飽和水溶液中では次の溶解平衡が成立しています。

$$AgCl\downarrow \rightleftarrows Ag^{+} + Cl^{-} \quad \cdots(*)$$

この水溶液にNH_3を過剰に加えた場合，金属イオンと配位子の相性のよさから，Ag^{+}にNH_3が配位結合した錯イオンが形成されます。

そうすると，ジアンミン銀(Ⅰ)イオン$[Ag(NH_3)_2]^{+}$の生成にともなって銀イオン濃度$[Ag^{+}]$が小さくなるため，(＊)式の溶解平衡が右に移動して(ルシャトリエの原理)，塩化銀の沈殿がどんどん溶けていきます。このように，**錯イオン形成反応によって，沈殿を溶解することができる**のです。

反応式のつくり方 **水酸化亜鉛(Ⅱ)$Zn(OH)_2$に多量のアンモニア水を加えたときのイオン反応式**

❶ Zn^{2+}と配位子のNH_3は相性がよいため，テトラアンミン亜鉛(Ⅱ)イオン$[Zn(NH_3)_4]^{2+}$が形成されて$Zn(OH)_2$が溶けていきます。

$$Zn(OH)_2 + 4NH_3 \longrightarrow [Zn(NH_3)_4]^{2+} + 2OH^{-}$$ ◀完成！

なお，**イオン反応式を書くときは，沈殿は陽イオンと陰イオンに分けずに表記する**ことを守りましょう。(沈殿：電離していない物質)$Zn(OH)_2$は沈殿ですから，上式の左辺は$Zn^{2+} + 2OH^{-}$ではなく，$Zn(OH)_2$です。

入試突破のポイント

- 錯イオンを命名できるようにしよう。
- 相性のよい金属イオンと配位子の組み合わせを覚えよう。
- 錯イオン形成反応のイオン反応式を書けるようにしよう。

入試問題にChallenge!

解答➡p. 199

1 次の反応のイオン反応式を書け。

問1 水酸化アルミニウムに水酸化ナトリウム水溶液を加える。

［北大，弘前大，岩手大，東北大，群馬大，筑波大，お茶の水女大，電通大，新潟大，金沢大，信州大，滋賀医大，阪大，鳥取大，島根大，岡山大，徳島大，愛媛大，九大，長崎大，熊本大，鹿児島大，首都大，名古屋市大，早大，大阪工大，神戸薬大，崇城大］

問2 塩化銀に多量のアンモニア水を加える。

［北大，弘前大，岩手大，東北大，群馬大，埼玉大，お茶の水女大，富山大，新潟大，金沢大，信州大，岐阜大，名大，三重大，京大，神戸大，岡山大，広島大，徳島大，愛媛大，高知大，熊本大，宮崎大，名古屋市大，大阪市大，大阪府大，広島市大，学習院大，慶大，東海大，早大，関西学院大，甲南大，防衛大］

問3 酸化銀に多量のアンモニア水を加える。

［岩手大，秋田大，千葉大，電通大，静岡大，鳥取大，高知大，琉球大，横浜市大，学習院大，慶大，工学院大，東邦大，神奈川大，同志社大，甲南大，崇城大］

周期表の覚え方

●周期で覚える

スイ	ヘー						
H	He						

リー[*1]	ベ	ボ	ク	ノ		フ	ネ
Li	Be	B	C	N	O	F	Ne

ナナ	マガ	リ	シ	ップ	ス	クラ	ー
Na	Mg	Al	Si	P	S	Cl	Ar

ク	カルイ	スコッ	チ	ブ[*2]	クロデ	マン[*3]	テツ	ココ	ニ	ドウ	アリ
K	Ca	Sc	Ti	V	Cr	Mn	Fe	Co	Ni	Cu	Zn

●族で覚える

1族	2族	11族	12族	14族	17族	18族
Li リ[*4]	Be ベリ	Cu オリンピックのメダル	Zn 会えんね	C ク	F フッ[*6]	He ヘンナ
Na ナ	Mg マズ	Ag	Cd 過度す	Si サイ	Cl クラデ	Ne ネーちゃん
K コ	Ca カ	Au	Hg ぎる	Ge ゲロ	Br ブルーな	Ar アルヒ
Rb ロブ	Sr ステラ			Sn スン	I 私	Kr クルマで[*7]
Cs クス	Ba バリ[*5]			Pb ナリ		Xe キセカエ
						Rn ルンルン

＊1	リーベ	liebe　ドイツ語のlove
＊2	ブクロ	池袋の意
＊3	マンテツ	満州鉄道の意
＊4	リナ	人名
＊5	バリ	擬音語
＊6	フックラデ	ダイエット中だから
＊7	クルマで	変なネーちゃんだから

第3章

いろいろな知識を習得しよう

11 イオン分析

学習項目 ❶ 必要な知識 ❷ 陽イオンの系統分析 ❸ 陰イオンの分析

STAGE

1 必要な知識

▷ 別冊 p. 34

水溶液中にどのようなイオンが含まれているかを調べたいときがあります。例えば，清涼飲料水に含まれている成分イオンに興味があったり，飲料水の中に有毒な金属イオンが溶けこんでいないか心配なときなどです。

それでは，**水溶液中にどのようなイオンが含まれているかを調べる**には，つまり**イオン分析**を行うには，どのような知識が必要なのでしょうか？

必要な知識がなければイオン分析を行うことはできません。そこでまずは，必要な知識を整理しておきましょう。次の 1 ～ 6 の知識を習得できれば，イオン分析の準備は完了です。

1 沈殿生成反応

沈殿生成反応を利用すると，水溶液中に存在するイオンの情報が得られます。

例えば，Cl^- と沈殿生成反応を起こすのは Ag^+，Pb^{2+}，$Hg_2{}^{2+}$ ですから，塩酸を加えて沈殿が生成したら，この3個のイオンのうちのどれかが水溶液中に含まれていたとわかります。

2 イオン・化合物の色

今，2本の試験管が目の前にあって，一方には Zn^{2+} を，他方には Pb^{2+} を含む水溶液が入っているとします。そして，両方の試験管に硫化水素 H_2S を通じたところ，一方には黒色の沈殿が，他方には白色の沈殿が生成したとします。

すでに述べたとおり，中性下で硫化水素を通じた場合，Zn^{2+}，Pb^{2+} のいずれも硫化物の沈殿が生成します。したがって，単に硫化物の沈殿が生成することを知っているだけでは，どちらの試験管に Zn^{2+} または Pb^{2+} が含まれているのかの判別がつきません。しかしながら，ZnS の色が白色であり，一方 PbS

の色は黒色であることを知っていれば，この実験によりZn^{2+}の含まれている水溶液を見分けることができます。

このように，重要なイオンや化合物の色の知識はイオン分析を行うにあたって必須の知識です。次の 入試必須 知識のチェック!! に取り組んできちんと覚えてください。

入試必須 知識のチェック!!

次の①～㊴の色を答えよ。

水溶液中のイオン	① Fe^{2+} ② Fe^{3+} ③ Cu^{2+} ④ Cr^{3+} ⑤ Ni^{2+} ⑥ CrO_4^{2-} ⑦ $Cr_2O_7^{2-}$ ⑧ MnO_4^- ⑨ $[Cu(NH_3)_4]^{2+}$
ハロゲン化物	⑩ AgCl ⑪ $PbCl_2$ ⑫ Hg_2Cl_2 ⑬ AgBr ⑭ AgI
硫酸塩	⑮ $CaSO_4$ ⑯ $SrSO_4$ ⑰ $BaSO_4$ ⑱ $PbSO_4$
炭酸塩	⑲ 一般に
酸化物	⑳ CuO ㉑ Cu_2O ㉒ Ag_2O ㉓ MnO_2 ㉔ FeO ㉕ Fe_3O_4 ㉖ Fe_2O_3 ㉗ ZnO
水酸化物	㉘ 一般に ㉙ $Fe(OH)_2$ ㉚ 水酸化鉄(Ⅲ) ㉛ $Cu(OH)_2$ ㉜ $Cr(OH)_3$
クロム酸塩	㉝ $BaCrO_4$ ㉞ $PbCrO_4$ ㉟ Ag_2CrO_4
硫化物	㊱ 一般に ㊲ ZnS ㊳ CdS ㊴ MnS

□ **答え** ① 淡緑色 ② 黄褐色 ③ 青色 ④ 緑色 ⑤ 緑色
⑥ 黄色 ⑦ 橙赤色 ⑧ 赤紫色 ⑨ 深青色
⑩ 白色 ⑪ 白色 ⑫ 白色 ⑬ 淡黄色 ⑭ 黄色
⑮ 白色 ⑯ 白色 ⑰ 白色 ⑱ 白色 ⑲ 白色
⑳ 黒色 ㉑ 赤色 ㉒ 褐色 ㉓ 黒色 ㉔ 黒色
㉕ 黒色 ㉖ 赤褐色 ㉗ 白色 ㉘ 白色 ㉙ 緑白色
㉚ 赤褐色 ㉛ 青白色 ㉜ 灰緑色 ㉝ 黄色
㉞ 黄色 ㉟ 赤褐色(あるいは暗赤色) ㊱ 黒色
㊲ 白色 ㊳ 黄色 ㊴ 淡桃色

3 炎色反応

アルカリ金属やアルカリ土類金属などの塩の水溶液を，塩酸で洗浄した白金線の先端につけて，バーナーの**炎の中に入れると特有の発色**が見られます。**この現象**を**炎色反応**（えんしょく）といいます。

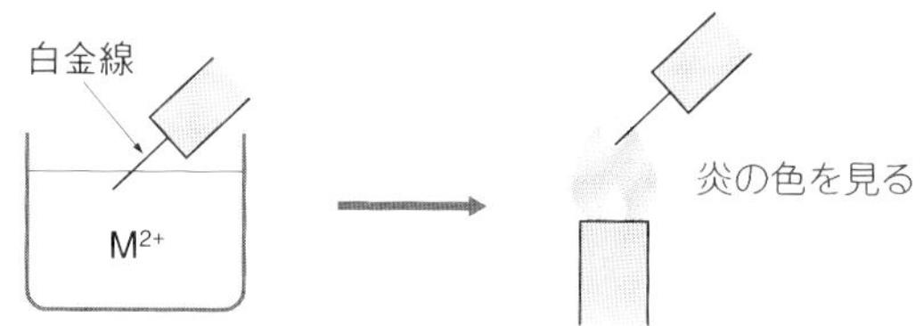

アルカリ金属の陽イオンは何を加えても沈殿しませんので，沈殿生成反応では分析できません。

このような場合に炎色反応を利用すると分析に便利です。炎色反応の色は元素によって決まっていますから，炎色反応の色を観察すれば何の元素が含まれているかが判別できます。次の 入試必須 知識のチェック!! で必要な炎色反応の色を覚えましょう。

入試必須 知識のチェック!!

次のイオンを含む水溶液の炎色反応の色を答えよ。

① Sr^{2+}　② Ba^{2+}　③ Li^{+}　④ Cu^{2+}　⑤ Ca^{2+}
⑥ K^{+}　⑦ Na^{+}

□ 答え　① 紅色（深赤色）　② 黄緑色　③ 赤色　④ 青緑色
⑤ 橙赤色　⑥ 赤紫色　⑦ 黄色

リアカー 無き K 村。 動力 借りようとうするもくれない。 馬力でいく
Li^{+} 赤 Na^{+} 黄 K^{+} 紫 Cu^{2+} 緑 Ca^{2+} 橙 Sr^{2+} 紅 Ba^{2+} 緑

4 沈殿を溶かす方法

次に沈殿を再溶解させる方法を学びましょう。これは，2種以上の沈殿が混ざって生成したときに，それらを再溶解させて再びイオン分析を進めるときに役立ちます。

沈殿を再溶解させる方法には，(1)**中和反応の利用**，(2)**弱酸遊離反応の利用**，(3)**錯イオン形成反応の利用**　などがあります。各反応の説明については，参照ページで確認してください。

(1) 中和反応の利用 参照 p.30

例えば，水酸化亜鉛の沈殿に塩酸を滴下すると，中和反応により沈殿が溶解します。

$$Zn(OH)_2\downarrow + 2H^+ \longrightarrow Zn^{2+} + 3H_2O$$

(2) 弱酸遊離反応の利用 参照 p.41

例えば，炭酸カルシウムの沈殿に塩酸を滴下すると，次の弱酸遊離反応により二酸化炭素の発泡をともないながら沈殿が溶解します。

$$CaCO_3\downarrow + 2H^+ \longrightarrow Ca^{2+} + H_2O + CO_2$$

(3) 錯イオン形成反応の利用 参照 p.84

例えば，水酸化銅(Ⅱ)の沈殿に過剰のアンモニア水を加えると錯イオン形成反応により沈殿が溶解して，$[Cu(NH_3)_4]^{2+}$を含む深青色の溶液になります。

$$Cu(OH)_2\downarrow + 4NH_3 \longrightarrow [Cu(NH_3)_4]^{2+} + 2OH^-$$

5 鉄イオンの検出

鉄の陽イオンには，酸化数が＋2の鉄(Ⅱ)イオンFe^{2+}と酸化数が＋3の鉄(Ⅲ)イオンFe^{3+}の2種類が存在します。そのため，この2種類の鉄イオンを判別するための検出法が必要になります。

この検出法には重要なものが2つあり，(1)**ヘキサシアニド鉄酸カリウムを用いる方法**，(2)**チオシアン酸カリウムを用いる方法**　です。

(1) ヘキサシアニド鉄酸カリウムを用いる方法

Fe^{2+}を含む水溶液にヘキサシアニド鉄(Ⅲ)酸カリウム$K_3[Fe(CN)_6]$を加

えると濃青色の沈殿が生成し，**Fe^{3+}を含む水溶液にヘキサシアニド鉄(Ⅱ)酸カリウム$K_4[Fe(CN)_6]$を加えると同じく濃青色の沈殿**が生成します。

このとおりFe^{2+}は「(Ⅲ)」と，Fe^{3+}は「(Ⅱ)」とだけしか濃青色沈殿を生成しませんので，ヘキサシアニド鉄酸カリウムを用いることにより２種類の鉄イオンを判別することができるのです。なお，この**２つの濃青色沈殿は同一物質**であることがわかっています。

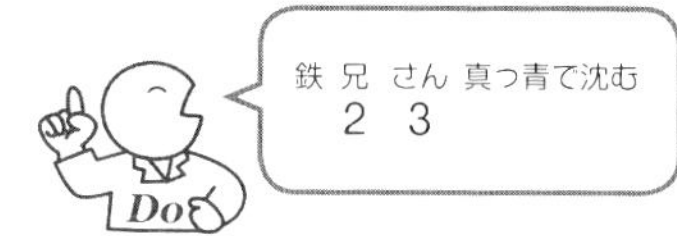

(2) チオシアン酸カリウムを用いる方法

Fe^{3+}を含む水溶液にチオシアン酸カリウムKSCNを加えると，沈殿は生成しませんが錯イオンを形成して血赤色溶液となります。**Fe^{2+}を含む水溶液に加えても変化しません**から，２種類の鉄イオンをすぐに区別することができます。

以上の２つの検出法をきちんと覚えておきましょう。

加える試薬	$K_4[Fe(CN)_6]$ ヘキサシアニド鉄(Ⅱ)酸カリウム	$K_3[Fe(CN)_6]$ ヘキサシアニド鉄(Ⅲ)酸カリウム	KSCN チオシアン酸カリウム
Fe^{2+} 淡緑色溶液	青白色沈殿	濃青色沈殿	変化なし
Fe^{3+} 黄褐色溶液	濃青色沈殿	暗褐色溶液	血赤色溶液

6 ハロゲン化銀の反応

ハロゲン化銀の反応もイオン分析の問題の中で扱われることが多いので，ここで整理しておきます。

(1) 水への溶解性

フッ化銀AgFのみ溶けやすく，塩化銀AgCl，臭化銀AgBr，ヨウ化銀Ag

Iは難溶です。AgClが難溶で有名なためハロゲン化銀には水に溶けないイメージがありますが，AgFは易溶ですので注意しましょう。

(2) **アンモニア水を加えた場合**

AgCl，AgBrの沈殿は，過剰のアンモニア水を加えると錯イオンを形成して溶けます 参照 p.84。

$$AgCl + 2NH_3 \longrightarrow [Ag(NH_3)_2]^+ + Cl^-$$

一方，AgIは溶解度が小さすぎて，アンモニア水を加えても溶けません。

(3) **チオ硫酸ナトリウム$Na_2S_2O_3$水溶液やシアン化カリウムKCN水溶液を加えた場合**

AgCl，AgBr，AgIのすべての沈殿を錯イオン形成反応により溶かすことができます。

$$AgCl + 2S_2O_3^{2-} \longrightarrow [Ag(S_2O_3)_2]^{3-} + Cl^-$$
$$AgCl + 2CN^- \longrightarrow [Ag(CN)_2]^- + Cl^-$$

それぞれ$S_2O_3^{2-}$ 2個，CN^- 2個を配位子とした錯イオンが生成しており，$[Ag(S_2O_3)_2]^{3-}$の電荷の3−は，(+1)+(−2)×2 で求まります。

加える試薬	水	NH_3（過剰）アンモニア	$Na_2S_2O_3$ チオ硫酸ナトリウム	KCN シアン化カリウム
AgF	可溶			
AgCl	AgCl（白色）	$[Ag(NH_3)_2]^+$（無色）	$[Ag(S_2O_3)_2]^{3-}$（無色）	$[Ag(CN)_2]^-$（無色）
AgBr	AgBr（淡黄色）	$[Ag(NH_3)_2]^+$（無色）	$[Ag(S_2O_3)_2]^{3-}$（無色）	$[Ag(CN)_2]^-$（無色）
AgI	AgI（黄色）	AgI（黄色）	$[Ag(S_2O_3)_2]^{3-}$（無色）	$[Ag(CN)_2]^-$（無色）

STAGE

2 陽イオンの系統分析

▷ 別冊 p. 35

Ag^+, Cu^{2+}, Fe^{3+} の各イオンを含む水溶液があるとします。

この水溶液についてイオン分析をしようとして，初めに何となくNaOH水溶液を加えたらどうなるでしょう？　Ag^+, Cu^{2+}, Fe^{3+} のすべての陽イオンが一度に沈殿してしまって分析がうまくできません。

このとおり，陽イオンの分析を適切に行うためには一定の手順にしたがう必要があるのです。

次の手順で大きく6つのグループに分ける系統分析方法が有名です。

	金属イオンの性質	金属イオン
1	塩酸を加えるとCl^-と沈殿する	Ag^+, Pb^{2+}, $Hg_2{}^{2+}$
2	酸性下でS^{2-}と沈殿する	Hg^{2+}, Cu^{2+}, Cd^{2+}
3	アンモニア塩基性でOH^-と沈殿する	Fe^{3+}, Al^{3+}, Cr^{3+}
4	塩基性でS^{2-}と沈殿する	Mn^{2+}, Zn^{2+}, Co^{2+}, Ni^{2+}
5	$CO_3{}^{2-}$と沈殿する	Ca^{2+}, Sr^{2+}, Ba^{2+}
6	上記の操作で沈殿しない	Na^+, K^+

このことをふまえて，入試必須 知識のチェック!! で学びましょう。

入試必須 知識のチェック!!

次の陽イオンの系統分析図の①～⑮，⑰～⑲に当てはまる化学式，⑯に当てはまる化合物名と⑳に当てはまる色を答えよ。また，㉑，㉒の操作の理由を説明せよ。

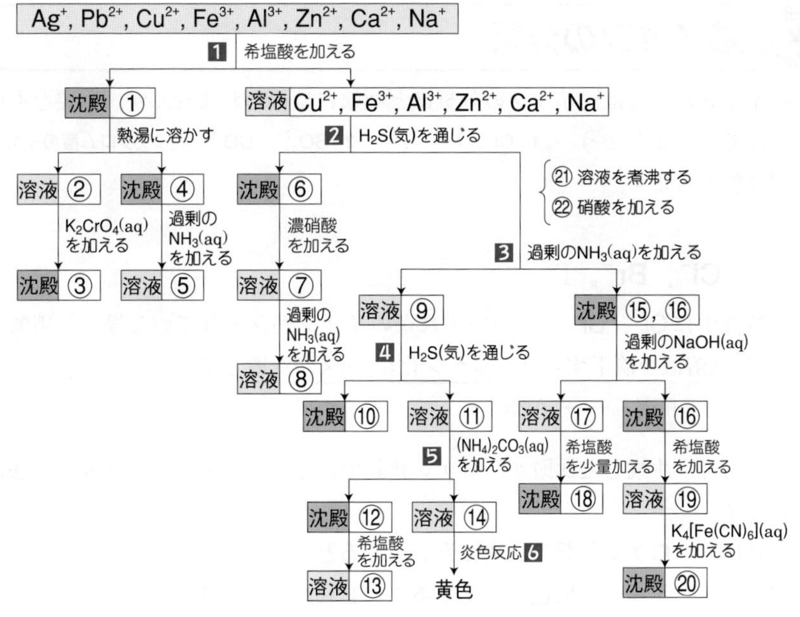

□ **答え**

① $AgCl\downarrow$, $PbCl_2\downarrow$　② Pb^{2+} ←$PbCl_2$は熱湯には溶ける

③ $PbCrO_4\downarrow$　④ $AgCl\downarrow$　⑤ $[Ag(NH_3)_2]^+$

⑥ $CuS\downarrow$ ←塩酸で酸性になっている水溶液にH_2Sを通じているから，酸性下でも沈殿する硫化物だけが沈殿する 参照 p.75

⑦ Cu^{2+}　⑧ $[Cu(NH_3)_4]^{2+}$

⑨ Ca^{2+}, Na^+, $[Zn(NH_3)_4]^{2+}$ ←Zn^{2+}はNH$_3$と配位結合して，錯イオンを形成する 参照 p.83

⑩ $ZnS\downarrow$ ←NH_3水で塩基性になっている水溶液にH_2Sを通じているから，中・塩基性下なら沈殿するZnSも沈殿する 参照 p.75

⑪ Ca^{2+}, Na^+　⑫ $CaCO_3\downarrow$

⑬ Ca^{2+} ←弱酸(H_2CO_3)遊離反応：$CaCO_3+2HCl \longrightarrow CO_2+H_2O+CaCl_2$

⑭ Na^+ ←炎色反応は黄色　⑮ $Al(OH)_3\downarrow$

⑯ 水酸化鉄(Ⅲ)↓　⑰ $[Al(OH)_4]^-$ ←$Al(OH)_3$は両性水酸化物

⑱ $Al(OH)_3\downarrow$ ← $[Al(OH)_4]^-+H^+ \longrightarrow Al(OH)_3+H_2O$ が起こる

⑲ Fe^{3+} ←中和反応

⑳ 濃青色↓ 参照 p.92

㉑ 溶液中のH_2Sを追い出すため。←気体の溶解度は温度が高いと小さくなる

㉒ Fe^{3+}がH_2Sによって還元されて生じたFe^{2+}を，酸化してもとのFe^{3+}に戻すため。←H_2Sは還元剤で，HNO_3は酸化剤であることを思い出そう。水酸化鉄(Ⅲ)の方が，$Fe(OH)_2$よりも溶解度が小さいので，次の操作で水酸化物を分離するのにFe^{3+}の方が都合がよい

陰イオンの分析

陰イオンの分析は陽イオンの分析ほど頻繁には扱われませんが，重要なものを学んでおきましょう。1 Cl^-，Br^-，I^-，2 SO_4^{2-}，CO_3^{2-}，3 **クロム酸のイオン**の順に整理します。

1 Cl^-，Br^-，I^-

水溶液中にCl^-，Br^-，I^-のいずれかのイオンが含まれている場合，**硝酸銀$AgNO_3$水溶液を滴下するとハロゲン化銀AgXが沈殿**します。

$$Ag^+ + X^- \longrightarrow AgX\downarrow$$

この場合，生成した沈殿がハロゲン化銀であることを確認する便利な方法があります。

それは，**ハロゲン化銀の沈殿に光を当てると**，光のエネルギーによって次の酸化還元反応が起こり**黒色に変化する**ことを利用する方法です。
Agの微結晶の色

$$2AgX \longrightarrow 2Ag + X_2$$

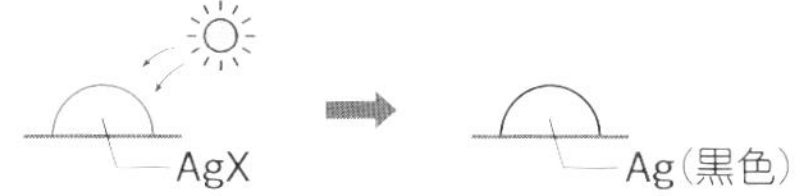

ハロゲン化銀のもつ**この性質**を**感光性**(かんこう)といい，写真にも利用されています参照 p.152。

2 SO_4^{2-}，CO_3^{2-}

水溶液中にSO_4^{2-}，CO_3^{2-}のいずれかのイオンが含まれている場合，**塩化バリウム$BaCl_2$水溶液を滴下すると$BaSO_4$または$BaCO_3$が沈殿**します。

$$Ba^{2+} + SO_4^{2-} \longrightarrow BaSO_4\downarrow$$
$$Ba^{2+} + CO_3^{2-} \longrightarrow BaCO_3\downarrow$$

これらの沈殿はどちらも白色であり見た目だけでは$BaSO_4$の沈殿と$BaCO_3$の沈殿の区別がつきません。

そこで，沈殿に塩酸を滴下する方法により区別します。硫酸塩は強酸である硫酸由来の塩ですから塩酸と反応しませんが，炭酸塩は弱酸である炭酸由来の塩であり強酸の塩酸とは弱酸遊離反応を起こして，以下のとおりCO_2を発泡しながら溶けるため区別できるのです。

$$BaSO_4\downarrow + 2H^+ \not\longrightarrow \text{反応しない}$$

$$BaCO_3\downarrow + 2H^+ \longrightarrow Ba^{2+} + H_2O + CO_2\uparrow$$

3 クロム酸のイオン

クロム酸のイオンには**黄色のクロム酸イオンCrO_4^{2-}**と**橙赤色の二クロム酸イオン$Cr_2O_7^{2-}$**があります。そして，これら2つのイオンは，水溶液中で次の化学平衡にあることがわかっています。

$$2CrO_4^{2-} + 2H^+ \rightleftarrows Cr_2O_7^{2-} + H_2O$$

ルシャトリエの原理から，**溶液を酸性にする**（H^+を増加させる）**と平衡が右に移動して$Cr_2O_7^{2-}$が増加し橙赤色になり，一方，溶液を塩基性にする**（H^+を減少させる）**と平衡が左に移動してCrO_4^{2-}が増加し黄色になります**。

色の変化がはっきりしているため平衡移動の実験でよく用いられる反応です。これらの変化の反応式もきちんと書けるようにしましょう。

$$2CrO_4^{2-} + 2H^+ \longrightarrow Cr_2O_7^{2-} + H_2O$$

$$Cr_2O_7^{2-} + 2OH^- \longrightarrow 2CrO_4^{2-} + H_2O$$

［**作り方**
$$\begin{cases} Cr_2O_7^{2-} + H_2O \longrightarrow 2H^+ + 2CrO_4^{2-} & \cdots ⅰ \\ H^+ + OH^- \longrightarrow H_2O(\text{中和}) & \cdots ⅱ \end{cases}$$
ⅰ＋ⅱ×2より，両辺の$2H^+$を消去。］

入試突破のポイント

- **重要なイオンや化合物および炎色反応の色を覚えよう。**
- **鉄イオンの検出とハロゲン化銀の反応を覚えよう。**
- **陽イオン分析の流れを理解しよう。**

入試問題にChallenge!

解答➡p. 200

1　次図は，K^+，Ag^+，Ca^{2+}，Zn^{2+}，Cu^{2+}，Fe^{3+}のイオンを含む水溶液から，各イオンを分離する操作である。下の**問1～4**に答えよ。

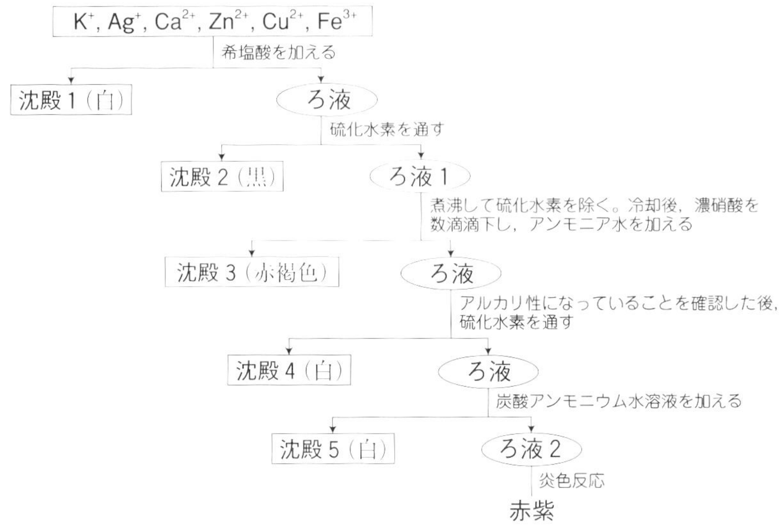

問1　沈殿1，2，4，5の化学式と沈殿3の化合物名を示せ。

問2　ろ液1に濃硝酸を加える理由を記せ。

問3　ろ液2に含まれている金属イオンは何か。

問4　沈殿2に硝酸を加えたところ，青色溶液になった。この溶液にアンモニア水を加えていくと，青白色の沈殿が生じ，さらに過剰のアンモニア水を加えると，深青色の溶液となった。これらの過程を化学反応式またはイオン反応式で示して，簡単に説明せよ。　（千葉大）

2　次のア～クの金属イオンのうち，4種類の金属イオンを含む青色の希硝酸溶液がある。この試料溶液中に含まれている金属イオンを調べるために次の**操作1～4**を行った。次図を参考にして，**問1～8**に答えよ。

ア：Na^+　イ：K^+　ウ：Ag^+　エ：Ca^{2+}　オ：Cu^{2+}

カ：Pb^{2+}　キ：Zn^{2+}　ク：Fe^{3+}

操作 1　試料溶液に希塩酸を加えたところ，沈殿が生成したのでろ過すると，白色の**沈殿Ⅰ**と青色の**ろ液Ⅰ**が得られた。続いて，ろ紙上の**沈殿Ⅰ**に熱湯を注いだ。ろ紙に残った白色沈殿を**沈殿Ⅱ**，そのろ液を**ろ液Ⅱ**とする。**沈殿Ⅱ**に過剰量のアンモニア水を加えると沈殿は溶解した。一方，**ろ液Ⅱ**にクロム酸カリウム水溶液を加えたところ，クロム酸カリウム水溶液による着色以外，新たな沈殿の生成はなかった。

操作 2　**ろ液Ⅰ**に，硫化水素(H_2S)を通すと沈殿が生じたのでろ過すると，黒色の**沈殿Ⅲ**と無色の**ろ液Ⅲ**が得られた。

操作 3　**ろ液Ⅲ**を煮沸してから，室温になるまで放置した。その後，少量のアンモニア水を加えて弱アルカリ性にしたところ，沈殿が生じたのでろ過すると白色の**沈殿Ⅳ**と無色の**ろ液Ⅳ**が得られた。

操作 4　**ろ液Ⅳ**に炭酸アンモニウム水溶液を加えたが，変化はなかった。この溶液の一部を白金線につけ炎色反応を行うと，黄色の炎が観察された。

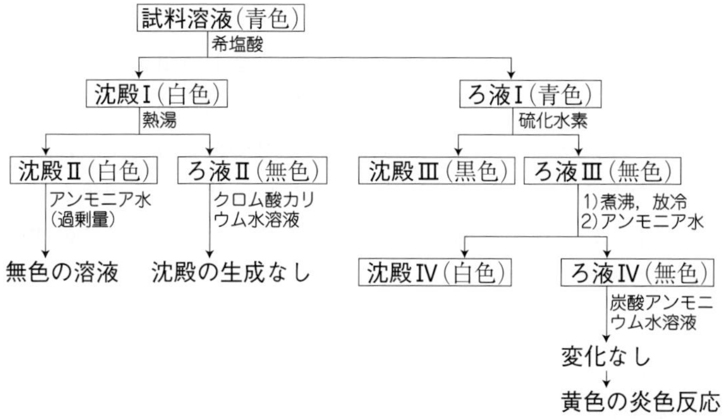

問 1　**沈殿Ⅱ**の金属イオンは何か，**ア〜ク**の記号で答えよ。また，この金属イオンの水溶液では，水酸化ナトリウム水溶液を加えると褐色の沈殿が生じる。この反応をイオン反応式で記せ。

問 2　**ろ液Ⅱ**にクロム酸カリウム水溶液を加えたのは，何イオンの有無の確認を目的としたものか，**ア〜ク**の記号で答えよ。

問 3　**沈殿Ⅲ**の金属イオンは何か，**ア〜ク**の記号で答えよ。また，この金属イオンの水溶液では，水酸化ナトリウム水溶液を加えると青白色の沈殿が生じる。この反応をイオン反応式で記せ。

問4　**操作3**で下線部の操作をした理由を「溶解度」という語句を入れ，30字以内で記せ。

問5　沈殿Ⅳの金属イオンは何か，**ア〜ク**の記号で答えよ。また，この金属の酸化物は，塩酸にも水酸化ナトリウム水溶液にも溶ける。この金属酸化物の化学式を記せ。また，このような酸化物を一般に何というかを記せ。

問6　沈殿Ⅳに過剰量の水酸化ナトリウム水溶液を加えると，**沈殿Ⅳ**は，錯イオンを生成し溶解した。生成した錯イオンの化学式を記せ。

問7　ろ液Ⅳに炭酸アンモニウム水溶液を加えたのは，何イオンの有無の確認を目的としたものか，**ア〜ク**の記号で答えよ。

問8　ろ液Ⅳに含まれる金属イオンは何か，**ア〜ク**の記号で答えよ。

（岡山大）

3　次の文章を読み，行われた**実験**(1)〜(6)にもとづき，下の**問1〜5**に答えよ。

Al^{3+}，Fe^{3+}，Cu^{2+}，Ag^{+}，Ba^{2+}の金属イオンを1種類ずつ溶解した5つの水溶液を準備した。前述の金属イオンの並び順とは異なるように5つの水溶液を(a)，(b)，(c)，(d)，(e)とし，(b)のみは水溶液を2つに分けた。次に述べる**実験**(1)〜(6)を行ったところ，それぞれに述べられている化学的な現象が見られた。

実験(1)　水溶液(a)に希塩酸を加えたら沈殿①を生じた。さらにこの沈殿に日光を当てたところ，その金属イオンは還元され変色した。

実験(2)　水溶液(b)に硫化水素を通じたら沈殿②を生じた。

実験(3)　カルシウムと同族の元素を含む水溶液(c)に炭酸イオンを含む水溶液を加えたら沈殿③を生じた。

実験(4)　**実験(2)**を行ったとき，近くにあった水溶液(d)に間違って硫化水素を通じてしまった。そこで，この水溶液を十分に煮沸した後，少量の濃硝酸を加え，さらにアンモニア水を加えたら，金属イオンはもとの酸化数の沈殿④となった。

実験(5)　水溶液(e)に水酸化ナトリウム水溶液を加えたら白色の沈殿⑤を生じた。さらに過剰の水酸化ナトリウム水溶液を加えたら沈殿⑤は溶けた（水溶液㋐）。

実験(6)　水溶液(b)ではイオンはアクア錯イオンとして存在している。この水溶液にアンモニア水を加えたら青白色の沈殿⑥を生じた。さらにアンモニア水を加えたら深青色の水溶液(**水溶液㋑**)になった。

問1　**沈殿①**，**沈殿②**，**沈殿③**の色とその化学式を記せ。また，**沈殿④**について色とその化合物名を記せ。

問2　**沈殿①**に日光を当てたときに変色した。その変化を化学反応式で表せ。

問3　**実験(4)**で，下線部の化学操作はどのような目的で行われたのかについて述べよ。

問4　**実験(5)**で，**沈殿⑤**が溶けて**水溶液㋐**の中に存在するイオンを化学式で表せ。

問5　**実験(6)**で，青白色の**沈殿⑥**の化学式と深青色の水溶液(**水溶液㋑**)に存在するイオンの化学式をそれぞれ表せ。さらに深青色を示すイオンの名称を記せ。

(静岡大)

4　[A]～[O]の15種類のイオンについて，次の(a)～(j)の説明をもとに，**問1～10**に答えよ。

(a)　[A]，[B]，[C]は酸化剤として働く陰イオンであり，[D]～[O]はLi^{+}，Na^{+}，Al^{3+}，K^{+}，Mn^{2+}，Fe^{2+}，Fe^{3+}，Cu^{2+}，Zn^{2+}，Ag^{+}，Cd^{2+}，Pb^{2+}の陽イオンのいずれかである。

(b)　[A]は赤紫色，[B]は黄色，[C]は橙色のイオンである。

(c)　(1)<u>[A]は酸性水溶液中で強い酸化剤として働き，[D]と反応して[E]を生じ，[A]は[G]に還元される</u>。[D]の水酸化物の沈殿は淡緑色で酸化されやすく，容易に赤褐色の沈殿[X]に変化する。[E]と塩化物イオンの化合物は黄褐色の固体である。また，[E]はチオシアン酸イオンと反応して血赤色を呈する。

(d)　中性で[A]を還元すると黒褐色の粉末を生じる。(2)<u>この粉末に濃塩酸を加えて加熱すると，刺激臭のある黄緑色の気体を発生する</u>。

(e)　[C]の水溶液に塩基を加えると[B]を生成するが，酸を加えると再び[C]に戻る。[B]の水溶液に[L]を加えると，赤褐色の沈殿[Y]を生じる。

(f)　[D]，[E]，[F]，[H]，[L]，[M]，[N]の水溶液にアンモニア水を少量加えると沈殿を生じるが，(3)<u>さらに加えると[F]，[H]，[L]から生じた沈殿は溶ける</u>。また，(4)<u>[H]，[M]，[N]</u>

から生じた沈殿は水酸化ナトリウム水溶液を過剰に加えると溶ける。

(g) [F]は青緑色の炎色反応を示す。[F]を還元して得られる金属は塩酸や希硫酸には溶けないが，硝酸や(5)熱濃硫酸には溶ける。

(h) [D]，[F]，[G]，[H]，[M]，[O]のアルカリ性水溶液に硫化水素ガスを通じると，それぞれ黒色，黒色，淡赤色，白色，黒色，黄色の沈殿を生じる。これらのうち，[D]，[G]，[H]から生じた沈殿は塩酸に溶ける。

(i) [L]と[M]の水溶液に希塩酸を加えると，共に白色沈殿を生じる。(6)[L]から生じた沈殿はチオ硫酸ナトリウム水溶液に溶け，[M]から生じた沈殿は熱湯に溶ける。また，[M]は硫酸ナトリウムにより白色沈殿[Z]を生じる。

(j) [I]，[J]，[K]は1価の陽イオンである。炎色反応は，[I]は深赤色，[J]は赤紫色，[K]は黄色である。

問1 下線部(1)のイオン反応式を書け。

問2 下線部(2)で生成する気体について正しいものを(イ)～(ニ)の中からすべて選び，記号で答えよ。

(イ) この気体は空気より重い。

(ロ) この気体は水に全く溶けない。

(ハ) この気体には同素体がある。

(ニ) この気体は還元性を示す。

問3 [B]，[C]の化学式を書け。

問4 [L]以外に[B]と反応して沈殿を生成する陽イオンを[D]～[O]から1つ選び，記号で答えよ。

問5 下線部(3)で[H]から生成するイオンを形がわかるように描け。

問6 下線部(4)で[H]から生成するイオンの名称を書け。

問7 下線部(5)の化学反応式を書け。

問8 下線部(6)で生成するイオンの化学式を書け。

問9 [I]，[J]，[K]を第1イオン化エネルギーの大きい順に並べ，記号で答えよ。

問10 [X]の化合物名と，[Y]，[Z]の化学式を書け。 （早大）

12 気体の製法と性質

学習項目
1 気体の製法の反応　2 気体の性質と検出
3 気体の発生装置・乾燥剤・捕集装置

STAGE

1 気体の製法の反応

▶ 別冊 p. 36

実験ではさまざまな気体を用いますので，実験室での気体の製法を知っておくことは重要です。入試でも繰り返し気体の製法に関する問題が出題されています。ここでは，13種類の気体の代表的な製法を説明して，その化学反応式をつくれるようにしてもらいます。第２章で具体的に扱った反応については参照ページを確認してください。

1 水素 H_2

亜鉛(固)に希硫酸を注いで発生させます 参照 p.59。

$$Zn + H_2SO_4 \longrightarrow ZnSO_4 + H_2$$

2 酸素 O_2

① **酸化マンガン(Ⅳ)(固)に過酸化水素水を滴下して発生**させます。**酸化マンガン(Ⅳ)MnO_2は，この反応の触媒**として機能しています。触媒は反応速度を大きくするだけで消費されませんから，反応式には書き入れません。

$$2H_2\underset{-1}{\underline{O}}_2 \longrightarrow 2H_2\underset{-2}{\underline{O}} + \underset{0}{\underline{O}}_2$$

この反応は自己酸化還元反応の一種です。

② **塩素酸カリウム(固)に酸化マンガン(Ⅳ)(固)を加え加熱して発生**させます。この反応においても**酸化マンガン(Ⅳ)MnO_2は触媒**として機能しています。これも自己酸化還元反応の一種です。

$$2K\underset{+5}{\underline{Cl}}\underset{-2}{\underline{O}}_3 \longrightarrow 2K\underset{-1}{\underline{Cl}} + 3\underset{0}{\underline{O}}_2$$

なお，**試薬が固体だけの場合，加熱しないと反応が進みにくいことが多い**ので，この反応には**加熱が必要**です。

3　窒素N_2

濃い亜硝酸アンモニウム水溶液を加熱して発生させます。亜硝酸アンモニウムNH_4NO_2は，アンモニウムイオンNH_4^+と亜硝酸イオンNO_2^-からなる塩で

亜硝酸はHNO_2

あり，水溶液を加熱するとNH_4^+からNO_2^-に電子が渡されてN_2が発生します。

$$\underset{-3}{N}H_4\underset{+3}{N}O_2 \longrightarrow \underset{0}{N_2} + 2H_2O$$

4　塩素Cl_2

① 酸化マンガン(Ⅳ)(固)に濃塩酸を加えて加熱して発生させます。この反応では，酸化マンガン(Ⅳ)MnO_2は酸化剤として機能しています。なお，塩素

酸素の発生法でのMnO_2の働きが触媒だったのとは異なる

原子Clは陰性が強く簡単には電子を離さないため加熱が必要です。

$$\begin{cases} MnO_2 + 4H^+ + 2e^- \longrightarrow Mn^{2+} + 2H_2O & \cdots (i) \\ 2Cl^- \longrightarrow Cl_2 + 2e^- & \cdots (ii) \end{cases}$$

(i)式＋(ii)式より，

$$MnO_2 + 4H^+ + 2Cl^- \longrightarrow Mn^{2+} + 2H_2O + Cl_2$$

両辺にH^+の対イオンであるCl^-を2個加えて，

$$MnO_2 + 4HCl \longrightarrow MnCl_2 + 2H_2O + Cl_2$$

② さらし粉(固)に塩酸を注いで発生させます。

さらし粉：$CaCl(ClO)\cdot H_2O$

補足　さらし粉は塩化物イオンCl^-と次亜塩素酸イオンClO^-の2種類の陰イオンを含んでいます。このように**2種類以上の陽イオンまたは陰イオンを含む塩**を**複塩**（ふくえん）といいます。さらし粉は複塩の一種です。

さらし粉と塩酸の反応は酸化還元反応であり，次の反応式になります。

$$Ca\underset{-1}{Cl}(\underset{+1}{Cl}O)\cdot H_2O + 2HCl \longrightarrow CaCl_2 + \underset{0}{Cl_2} + 2H_2O$$

いくらか複雑な反応式ですからつくり方を検討しておきましょう。

まず，塩素と水の反応を思い出してください（参照 p.65）。

$$Cl_2 + H_2O \rightleftarrows HCl + HClO$$

その上で，さらし粉と塩酸の反応が上の反応の逆反応になっていることを意識するとよいでしょう。

$$Cl^- + ClO^- + 2H^+ \longrightarrow Cl_2 + H_2O$$

5 塩化水素HCl

食塩NaCl(固)に濃硫酸を加えて加熱して発生させます。揮発性酸遊離反応です 参照 p.67。

$$NaCl + H_2SO_4 \longrightarrow NaHSO_4 + HCl$$

6 硫化水素H_2S

硫化鉄(Ⅱ)(固)に希硫酸または希塩酸を注いで発生させます。弱酸遊離反応により弱酸であるH_2Sが生成します 参照 p.41。

$$FeS + H_2SO_4 \longrightarrow FeSO_4 + H_2S$$
$$FeS + 2HCl \longrightarrow FeCl_2 + H_2S$$

7 アンモニアNH_3

塩化アンモニウム(固)と水酸化カルシウム(固)を混合し，加熱して発生させます。弱塩基遊離反応により弱塩基であるNH_3が生成します 参照 p.43。また，この場合，試薬が固体だけなので**加熱が必要**です。水溶液中で反応させると，生成物のNH_3が水溶液中に溶けてしまうため，固体どうしで反応させるのです。

$$2NH_4Cl + Ca(OH)_2 \longrightarrow CaCl_2 + 2H_2O + 2NH_3$$

8 二酸化硫黄SO_2

① **銅(固)に濃硫酸を加えて加熱して発生**させます。濃硫酸を加熱して熱濃硫酸（代表的な酸化剤）とすることで酸化還元反応を進めます 参照 p.66。

$$Cu + 2H_2SO_4 \longrightarrow CuSO_4 + 2H_2O + SO_2$$

② **亜硫酸ナトリウム(固)に希硫酸を注いで発生**させます。亜硫酸H_2SO_3は弱酸ですから，亜硫酸ナトリウムNa_2SO_3は弱酸由来の塩です。一方，硫酸H_2SO_4は強酸ですから，弱酸遊離反応によりH_2SO_3が生成し，分解してSO_2が発生します 参照 p.43。

$$Na_2SO_3 + H_2SO_4 \longrightarrow Na_2SO_4 + H_2O + SO_2$$

9 一酸化窒素NO

銅(固)に希硝酸を注いで発生させます。銅は金属元素の単体ですから還元剤であり，希硝酸は代表的な酸化剤です。そのため，酸化還元反応が起きます。

$$\begin{cases} HNO_3 + 3H^+ + 3e^- \longrightarrow NO + 2H_2O & \cdots ⓘ \\ Cu \longrightarrow Cu^{2+} + 2e^- & \cdots ⓘⓘ \end{cases}$$

ⓘ式×2+ⓘⓘ式×3より，

$$3Cu + 2HNO_3 + 6H^+ \longrightarrow 3Cu^{2+} + 2NO + 4H_2O$$

両辺にH^+の対イオンであるNO_3^-を6個加えて，

$$3Cu + 8HNO_3 \longrightarrow 3Cu(NO_3)_2 + 2NO + 4H_2O$$

10　二酸化窒素NO_2

銅(固)に濃硝酸を注いで発生させます（参照 p.61）。

$$Cu + 4HNO_3 \longrightarrow Cu(NO_3)_2 + 2NO_2 + 2H_2O$$

11　一酸化炭素CO

熱した濃硫酸にギ酸を滴下して発生させます。濃硫酸には脱水作用があり，この反応では脱水剤として機能しています（参照 p.169）。そのため，ギ酸HCOOHの分子内から水分子H_2Oが引きぬかれるのです。

$$HCOOH \longrightarrow H_2O + CO$$

12　二酸化炭素CO_2

石灰石(固)に塩酸を注いで発生させます。弱酸遊離反応によりH_2CO_3が生成し，分解してCO_2が発生します（参照 p.42）。

$$CaCO_3 + 2HCl \longrightarrow CaCl_2 + H_2O + CO_2$$

13　フッ化水素HF

ホタル石(固)に濃硫酸を加えて加熱して発生させます。ホタル石はフッ化カルシウムCaF_2を含んでおり，蛍のように光る石です。

HFは揮発性の酸で，H_2SO_4は不揮発性の酸です。そのため，水がほとんどない状態でCaF_2とH_2SO_4を混合して加熱すると，次の揮発性酸遊離反応が起きてHFが生成します（参照 p.67）。

$$CaF_2 + H_2SO_4 \longrightarrow CaSO_4 + 2HF$$

気体	製法	反応
水素 H_2	亜鉛に希硫酸を注ぐ	Zn(固) + $H_2SO_4 \longrightarrow ZnSO_4 + H_2\uparrow$
酸素 O_2	①酸化マンガン(Ⅳ)に過酸化水素水を注ぐ	$2H_2O_2 \longrightarrow 2H_2O + O_2\uparrow$ 酸化マンガン(Ⅳ)は，いずれも触媒
	②塩素酸カリウムに酸化マンガン(Ⅳ)を加えて熱する	$2KClO_3$(固) $\longrightarrow 2KCl + 3O_2\uparrow$
窒素 N_2	亜硝酸アンモニウム水溶液を熱する	$NH_4NO_2 \longrightarrow N_2\uparrow + 2H_2O$
塩素 Cl_2	①酸化マンガン(Ⅳ)に濃塩酸を加えて熱する 酸化マンガン(Ⅳ)は酸化剤	MnO_2(固) + $4HCl$ $\longrightarrow MnCl_2 + 2H_2O + Cl_2\uparrow$
	②さらし粉$CaCl(ClO)\cdot H_2O$に塩酸を注ぐ	$CaCl(ClO)\cdot H_2O$(固) + $2HCl$ $\longrightarrow CaCl_2 + 2H_2O + Cl_2\uparrow$
塩化水素 HCl	塩化ナトリウムに濃硫酸を加えて熱する	$NaCl$(固) + H_2SO_4 $\longrightarrow NaHSO_4 + HCl\uparrow$
硫化水素 H_2S	硫化鉄(Ⅱ)に希硫酸または希塩酸を注ぐ	FeS(固) + $H_2SO_4 \longrightarrow FeSO_4 + H_2S\uparrow$ FeS(固) + $2HCl \longrightarrow FeCl_2 + H_2S\uparrow$
アンモニア NH_3	塩化アンモニウムに水酸化カルシウムを加えて熱する	$2NH_4Cl$(固) + $Ca(OH)_2$(固) $\longrightarrow CaCl_2 + 2H_2O + 2NH_3\uparrow$
二酸化硫黄 SO_2	①銅に濃硫酸を加えて熱する	Cu(固) + $2H_2SO_4$ $\longrightarrow CuSO_4 + 2H_2O + SO_2\uparrow$
	②亜硫酸ナトリウムに希硫酸を注ぐ	Na_2SO_3(固) + H_2SO_4 $\longrightarrow Na_2SO_4 + H_2O + SO_2\uparrow$
一酸化窒素 NO	銅に希硝酸を注ぐ	$3Cu$(固) + $8HNO_3$ $\longrightarrow 3Cu(NO_3)_2 + 4H_2O + 2NO\uparrow$
二酸化窒素 NO_2	銅に濃硝酸を注ぐ	Cu(固) + $4HNO_3$ $\longrightarrow Cu(NO_3)_2 + 2H_2O + 2NO_2\uparrow$
一酸化炭素 CO	熱した濃硫酸にギ酸を滴下する 濃硫酸は触媒。脱水作用をもつ	$HCOOH \longrightarrow H_2O + CO\uparrow$
二酸化炭素 CO_2	炭酸カルシウムに塩酸を注ぐ	$CaCO_3$(固) + $2HCl$ $\longrightarrow CaCl_2 + H_2O + CO_2\uparrow$
フッ化水素 HF	ホタル石CaF_2に濃硫酸を加えて熱する	CaF_2(固) + H_2SO_4 $\longrightarrow 2HF\uparrow + CaSO_4$

STAGE 2

気体の性質と検出

別冊p. 37

1 気体の性質

気体の性質といってもいろいろありますが，ここでは(1)**色**，(2)**水溶液の液性**，(3)**臭い**，(4)**毒性** について整理しましょう。

(1) 色

空気の色からも想像できるとおり，ほとんどの気体は無色です。そこで有色の気体とその色だけを覚えてください。重要なものは4つしかありません。

F_2：淡黄色　Cl_2：黄緑色　NO_2：赤褐色　O_3：淡青色

(2) 水溶液の液性

ある気体が水に溶けるかどうかと，その溶液の液性は大切です。次の 入試必須 知識のチェック!! の □ 解説 を読んで理解した上で覚えてください。

入試必須 知識のチェック!!

次の気体の中から酸性気体と塩基性気体をすべて選べ。

H_2，O_2，N_2，Cl_2，HCl，H_2S，NH_3，SO_2，NO，NO_2，CO，CO_2

□ 解説

水に溶けて酸性を示す気体としては，まず，酸そのものである「HCl，H_2S」が該当します。

また，非金属元素の酸化物は酸性酸化物であり，水と反応するとオキソ酸が生じますので「SO_2，NO_2，CO_2」も酸性気体です 参照 p.34 。ただし，「CO，NO」は水と反応しない中性気体ですから注意しましょう。

さらに「Cl_2」も水と反応して酸性を示します 参照 p.63 。

$$Cl_2 + H_2O \rightleftarrows HCl + HClO$$

塩基性気体は「NH_3」だけであり，残りは水と反応しない中性気体です。

□ 答え
- 酸性気体：Cl_2，HCl，H_2S，SO_2，NO_2，CO_2
- 塩基性気体：NH_3

酸性気体：Cl_2，HCl，H_2S，SO_2，NO_2，CO_2，HF
中性気体：CO，NO，H_2，O_2，N_2
塩基性気体：NH_3

(3) **臭い**

CO_2を除く酸性気体，NH_3，オゾンO_3には臭いがあります。H_2Sは腐った卵から発生する気体で独特の腐卵臭があります。臭いのある気体も覚えてください。

刺激臭：NH_3，Cl_2，HCl，NO_2，SO_2，HF
腐卵臭：H_2S
特異臭：O_3

(4) **毒性**

CO_2を除く酸性気体，NH_3，オゾンO_3，COが有毒な気体です。COは赤血球中のヘモグロビンと結合し酸素の運搬を阻害します。「一酸化炭素中毒」という言葉を誰しも聞いたことがあるでしょう。

有毒：Cl_2，HCl，H_2S，SO_2，NO_2，HF，NH_3，O_3，CO

2 気体の検出

ある気体が存在しているかどうかを調べる方法を気体の検出法といいます。気体の検出法の中でも重要なものを学んでおきます。単に覚えるだけではなく，気体の検出が可能となる理由，つまり起きている反応を理解しましょう。

(1) CO_2

石灰水にCO_2を通じると$CaCO_3$の沈殿が生成して白濁します 参照 p.36。
（石灰水：水酸化カルシウム$Ca(OH)_2$水溶液）

$$Ca(OH)_2 + CO_2 \longrightarrow CaCO_3\downarrow + H_2O$$

ここで，もしいつまでもCO_2を通じ続けるとどうなるでしょうか？

CO_2を通じ続けると水溶液中に炭酸H_2CO_3（$= H_2O + CO_2$）が増え，その結果，H_2CO_3から

CO_3^{2-} へ H^+ が移動して，ともに HCO_3^- に変化します。

$$CO_3^{2-} + H_2O + CO_2 \longrightarrow 2HCO_3^-$$

その結果，

$$CaCO_3\downarrow + H_2O + CO_2 \longrightarrow Ca(HCO_3)_2 \quad \cdots(*)$$

炭酸水素カルシウム $Ca(HCO_3)_2$ は水に溶けやすいため，**CO_2 を通じ続けると $CaCO_3$ の白濁が消失して無色に戻る**変化が観察されます。

なお，この水溶液を加熱すると（＊）式の反応の逆反応が進んで $CaCO_3$ の白濁が再度生じます 参照 p.69 。

(2) NO

NO は無色の気体ですが，空気に触れるとすぐに酸化されて赤褐色の NO_2 に変化します。

$$\underset{\text{無色}}{2NO} + O_2 \longrightarrow \underset{\text{赤褐色}}{2NO_2}$$

(3) H_2S，SO_2

水溶液中で H_2S と SO_2 が出合うと，反応して硫黄 S がコロイド状に遊離し白濁します 参照 p.54 。

$$2H_2S + SO_2 \longrightarrow 3S + 2H_2O$$

(4) Cl_2

① **Cl_2 を青色リトマス紙に触れさせると，リトマス紙が赤変後，脱色されて白くなる変化が見られます**。この変化が見られる理由は以下のとおりです。

青色リトマス紙には若干の水分が含まれているため，Cl_2 に触れると次の反応が起きます。

$$Cl_2 + H_2O \rightleftarrows HCl + HClO$$

ここで生成した酸のため，リトマス紙はまず赤色に変化します。その後，**次亜塩素酸 HClO の脱色作用のために脱色され，徐々に白色になる**のです 参照 p.160 。赤いバラに Cl_2 を触れさせると白色になるのも同じ理由です。

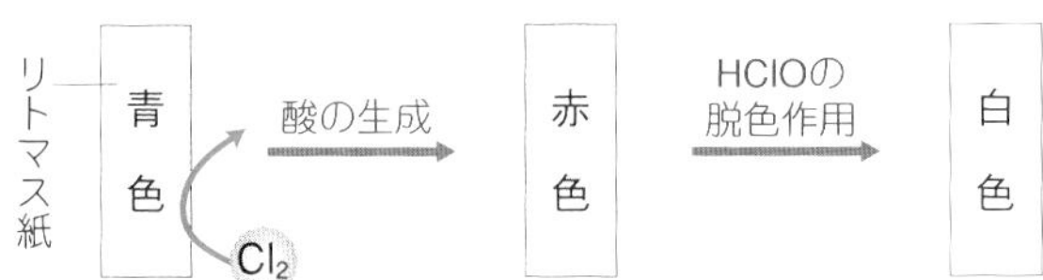

② **Cl_2をヨウ化カリウムデンプン紙に触れさせると紙が青紫色に変化します。**

ヨウ化カリウムデンプン紙にはヨウ化物イオンI^-が含まれているため，酸化力のあるCl_2に触れるとI_2が遊離します 参照 p.62。

$$Cl_2 + 2I^- \longrightarrow 2Cl^- + I_2$$

そして，**遊離したI_2とデンプンが出合うとヨウ素デンプン反応の青紫色を呈する**のです。

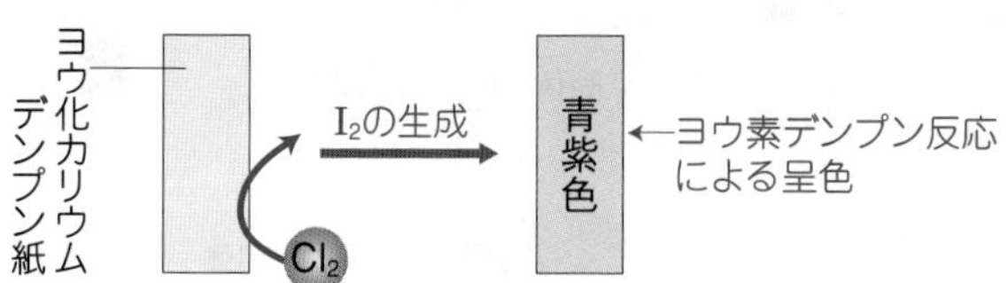

(5) O_3

O_3もCl_2と同様に代表的な酸化剤ですから，ヨウ化物イオンI^-を酸化してI_2を遊離させることにより，**ヨウ化カリウムデンプン紙を青紫色に変化**させます 参照 p.54。

(6) NH_3，HCl

両方の気体が触れ合うと，固体の塩化アンモニウムNH_4Clの微結晶が生じて白煙があがります。

$$NH_3 + HCl \longrightarrow NH_4Cl$$

STAGE 3 気体の発生装置・乾燥剤・捕集装置

別冊p. 37

1 気体の発生装置

気体を発生させるためには，適切な発生装置を用いる必要があります。例えば，加熱が必要な反応であれば，ガスバーナーを用いなければなりません。次に３つの発生装置を示しましたので，ある気体を発生させるのに，どの装置を用いるべきなのかを，試薬の状態や加熱の必要性によって判断できるようにしましょう。

固体と固体(通常，加熱を要する)　…装置(A)
固体と液体
- 加熱を要する　…装置(B)
- 加熱を要しない　…装置(C)

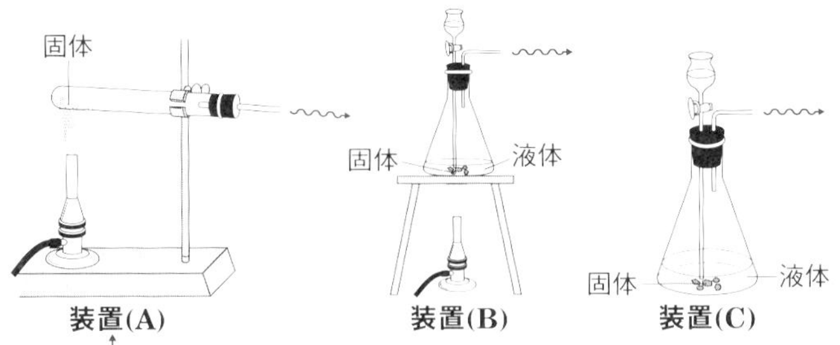

固体どうしの反応装置(A)は，発生した蒸気が凝縮して液体になり加熱部に流れこんで試験管が急に冷やされて割れないように，試験管の口を下げておく

2　気体の乾燥剤

気体の乾燥剤は気体に含まれる不純物の水蒸気を除去するために用います。

したがって，**乾燥剤は「乾燥させたい気体」と反応しないものを選ぶ**必要があります。目的の気体が乾燥剤と反応してしまっては元も子もありません。そのため，乾燥剤の性質と乾燥させたい気体の性質を把握して，適切な乾燥剤を選択できなければなりません。代表的な乾燥剤とその性質を次表にまとめます。

乾燥剤	性質	乾燥に不適当な気体
① 濃H_2SO_4(液)	酸性	塩基性の気体，H_2S (還元性のため)
② P_4O_{10}(固)	酸性	塩基性の気体
③ ソーダ石灰(CaO ＋ $NaOH$)(固)	塩基性	酸性の気体
④ $CaCl_2$(固)	中性	NH_3

①，②　濃硫酸は酸性の乾燥剤です。また，非金属元素の酸化物は酸性酸化物ですからP_4O_{10}も酸性の乾燥剤です。**酸性の乾燥剤は塩基性気体とは酸塩基反応を起こしてしまいますから，NH_3などの塩基性気体の乾燥には不適当**です。

③　CaOは塩基性酸化物であり，$NaOH$は塩基ですから，ソーダ石灰は塩基性の乾燥剤です。**塩基性の乾燥剤は酸性気体の乾燥には不適当**です。

④ **$CaCl_2$は**中性の乾燥剤で押し入れの中の湿気取りなどに日常的に利用されているものです。ただし，NH_3を吸収してしまうため，$CaCl_2$は**NH_3の乾燥には不適当**です。

3 気体の捕集装置

発生した気体を集める方法には上方置換(じょうほうちかん)，下方置換(かほう)，水上置換(すいじょう) があります。

① **水に溶けにくい気体は水上置換** で集めます。

この方法が最も確実に気体を捕集できるからです。この**水に溶けにくい気体は中性気体**といい換えることもできます。

p.107の気体では，
水 産 地で農 工
H_2 O_2 N_2 NO CO

② 一方，酸性気体と塩基性気体は水にある程度溶けてしまいますので，水上置換は適当ではありません 参照 p.108。

それでは，水に溶ける気体はどのように捕集するのでしょうか？

このような場合，**空気より軽い気体は上方置換**（密度が小さい気体），空気より**重い気体は下方置換**（密度が大きい気体）で集めます。

気体の密度を比較するには，分子量を比べます。空気はおよそ窒素N_2 80%，酸素O_2 20%の混合気体であり，その平均分子量は約28.8（$=28\times0.80+32\times0.20$）ですから，**水に溶ける気体であって，分子量が28.8よりも小さい気体は上方置換，大きい気体は下方置換** で捕集します。

代表的な気体の捕集法を次にまとめておきます。

上方置換：NH_3
下方置換：H_2S，HCl，NO_2，SO_2，Cl_2，CO_2
水上置換：H_2，O_2，N_2，NO，CO

入試突破のポイント

- 気体の製法を覚えて化学反応式を書けるようにしよう。
- 気体の検出法を理解しよう。
- 適切な発生装置，乾燥剤，捕集装置を選択できるようにしよう。

入試問題にChallenge!

解答➡p. 204

1 次図の(A)～(E)は記述した気体を発生させる装置を示したものである。ただし，気体の精製法は省略してある。下の**問1～4**に答えよ。

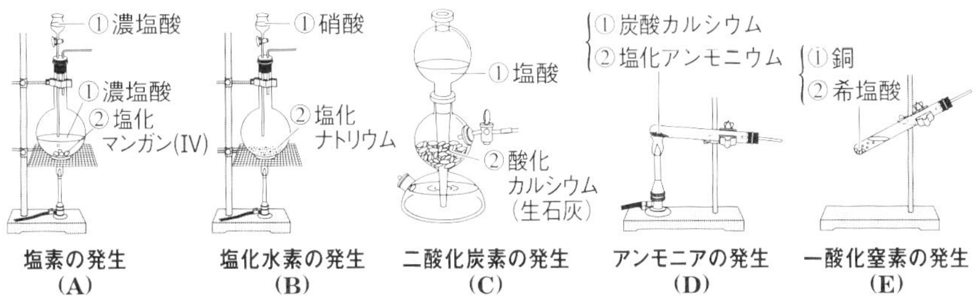

問1 図(A)～(E)のいずれにおいても，用いた2つの試薬①，②のうち1つは不適当である。不適当な試薬をそれぞれの図の①，②から1つ選び，その番号と，正しい試薬名を書け。

問2 図(A)～(E)のそれぞれにおいて，捕集方法として最も適当なものを，次の①～③から1つ選び，その番号を書け。

① 上方置換　② 水上置換　③ 下方置換

問3 図(A)～(E)のそれぞれにおいて，気体発生が酸化還元反応によるものには○，そうでないものには×の符号を書け。

問4 図(A)～(E)の気体の検出方法について，最も適当なものを次の①～⑥から1つ選び，その番号を書け。

① 空気に触れさせる。　② 塩酸を近づける。　③ 硫酸に触れさせる。
④ 石灰水に通じる。　⑤ アンモニア水を近づける。
⑥ 湿ったヨウ化カリウムデンプン紙を近づける。　(弘前大)

2 次の反応で発生する８種類の**気体A～H**を捕集してその性質を調べた。下の**問１～８**に答えよ。ただし，気体は十分に乾燥してあり，不純物を含まないものとする。

気体A：酸化マンガン(Ⅳ)に濃塩酸を加えて加熱する。
気体B：塩化ナトリウムに濃硫酸を加えて加熱する。
気体C：塩素酸カリウムと酸化マンガン(Ⅳ)を混ぜ合わせて加熱する。
気体D：硫化鉄(Ⅱ)に希硫酸を加える。
気体E：銅に濃硫酸を加えて加熱する。
気体F：水酸化カルシウムと塩化アンモニウムを混ぜ合わせて加熱する。
気体G：銅に濃硝酸を加える。
気体H：炭酸カルシウムに希塩酸を加える。

問１　**気体F**の乾燥剤として最適なものを，次の(ア)～(エ)から１つ選び記号で答えよ。

(ア)　塩化カルシウム　　(イ)　ソーダ石灰　　(ウ)　十酸化四リン
(エ)　濃硫酸

問２　上方置換で捕集される気体は何か。気体の分子式で答えよ。

問３　触媒を用いた反応例はどれか。発生する気体の分子式で答えよ。

問４　気体分子が，極性をもつものを３例選び，それぞれ気体の分子式で答えよ。

問５　酸化還元反応によって生成する気体はどれか。すべて選び出し，それぞれ気体の分子式で答えよ。

問６　硝酸銀水溶液に**気体B**を通じたところ白色沈殿を生じた。この懸濁液にさらに**気体F**を通じると沈殿は溶解した。

この下線部の変化で生成した陽イオンの化学式と名称を示せ。

問７　**気体D**の水溶液に**気体E**を通じたら白濁した。このときの変化を化学反応式で示せ。

問８　Ni^{2+}，Cu^{2+}およびZn^{2+}を含む水溶液に，**気体B**を通じた後，さらに**気体D**を通じると沈殿が生じた。

この下線部の変化をイオン反応式で示せ。　(金沢大)

さらに演習！　『**鎌田の化学問題集** 理論・無機・有機 **改訂版**』第７章 無機化合物の分類・各種反応・イオン分析・気体の製法と性質　16 イオンの反応と分析・気体の製法と性質

13 1族…アルカリ金属

学習項目 ❶ 単体と化合物の性質　❷ 重要な反応　❸ NaOHの工業的製法
❹ Na_2CO_3の工業的製法…アンモニアソーダ法(ソルベー法)

STAGE 1 単体と化合物の性質

別冊p. 38

水素Hを除く1族元素を**アルカリ金属**といいます。アルカリ金属の性質に関して，覚えなければならない部分を[1]～[16]にしましたので，そこに適するものをうめながら読んでいきましょう。

❶ 融点・密度

アルカリ金属の単体は金属結晶である。この結晶は金属結晶の中でも，特に融点が[1 **高** or **低**]く，密度が[2 **大きい** or **小さい**]。融点は，周期表で[3 **上** or **下**]にある元素の単体ほど高く，密度は周期表で[4 **上** or **下**]にある元素の単体ほど大きい。また，結晶は非常にやわらかく，ナイフで切断できるほどである。

❷ 炎色反応

アルカリ金属は特有の炎色反応を示す。Li, Na, Kの各元素の炎色反応は，それぞれ[5 **色**]，[6 **色**]，[7 **色**]である。

❸ 反応性

アルカリ金属はイオン化エネルギーが[8 **大きく** or **小さく**]，イオン化傾向が[9 **大きい** or **小さい**]ため電子を放出して陽イオンになりやすい。そのため，空気中の酸素と常温で[10 **反応式**(Naで)]の反応を起こして急激に酸化される。また，水中では水と[11 **反応式**(Naで)]の反応を起こす。そのため，保存するときには空気や水と接触させないため[12 **名称**]の中に入れておく必要がある。周期表で下にある元素ほどイオン化エネルギーが[13 **大きい** or **小さい**]ので反応性が[14 **大きい** or **小さい**]。

❹ 代表的な化合物

アルカリ金属の化合物である水酸化ナトリウムNaOHは[15 **用語**]性があり，空気中に放置すると水分を吸収して溶ける。これに対して，無色透明な炭酸ナトリウム十水和物$Na_2CO_3 \cdot 10H_2O$には［16 **用語**］性があり，空気中に放置すると水和水(結晶水)の一部を失って，白色粉末状の炭酸ナトリウム一水和物$Na_2CO_3 \cdot H_2O$となる。

答え

1 低　2 小さい　3 上　4 下

アルカリ金属の単体の融点は非常に低く，Li以外は100℃以下です。

また，密度も非常に小さく，Li，Na，Kは水(1.0 g/cm³)よりも小さい値です。密度が4.0 g/cm³よりも小さい金属は**軽金属**(けい)とよばれますが，アルカリ金属の単体はすべて軽金属に分類されます。細かい数値は覚えなくてよいですが，次表を参照して融点と密度の傾向を覚えておきましょう。

元素	Li	Na	K	Rb	Cs
融点〔℃〕	高 181	98	64	39	28 低
密度〔g/cm³〕	小 0.53	0.97	0.86	1.53	1.87 大

5 赤色　6 黄色　7 赤紫色

アルカリ金属はすべて特有の炎色反応を示します 参照 p.90。

8 小さく　9 大きい　10 $4Na + O_2 \longrightarrow 2Na_2O$
11 $2Na + 2H_2O \longrightarrow 2NaOH + H_2$　12 石油　13 小さい
14 大きい

アルカリ金属は，イオン化エネルギーが小さく，イオン化傾向が大きいため，電子を放出して陽イオンになりやすく，還元力が非常に大きい金属です。このため，酸素や水と常温で酸化還元反応を起こします 参照 p.57。

また，周期表で下にある元素ほどイオン化エネルギーが小さい(電子を奪われやすい)ため還元力が大きく，酸化還元反応の反応性が大きくなります。

15 潮解　16 風解

空気中に放置すると空気中の水分を吸収して溶ける性質を**潮解性**(ちょうかい)といいます。NaOH以外に$CaCl_2$なども潮解性を示します。どちらの物質も乾燥剤に利用されることを思い出しましょう 参照 p.112。

一方，空気中に放置すると水和水(結晶水)の一部を失う性質を**風解性**(ふうかい)といいます。無色透明な$Na_2CO_3 \cdot 10H_2O$を空気中に放置すると，風解して白色粉末状の炭酸ナトリウム一水和物$Na_2CO_3 \cdot H_2O$となります。

STAGE

2 重要な反応

別冊 p. 38

(1) ナトリウムと酸素の反応

ナトリウムは金属単体ですから還元剤であり，一方，酸素は代表的な酸化剤であるため，酸化還元反応が起きます。ナトリウムは還元力が非常に大きく，常温でもこの反応が起きる結果，空気中ですぐに金属光沢(こうたく)を失ってしまいます。

$$4Na + O_2 \longrightarrow 2Na_2O$$

(2) ナトリウムと水の反応

ナトリウムは非常に還元力が大きいので，常温の水とも次のように反応します 参照 p.58 。

$$2Na + 2H_2O \longrightarrow 2NaOH + H_2$$

(3) 水酸化ナトリウムと塩酸の反応

水酸化ナトリウムは塩基であり，塩酸は酸ですから，中和反応が起きます 参照 p.30 。

$$NaOH + HCl \longrightarrow NaCl + H_2O$$

(4) 水酸化ナトリウムと二酸化炭素の反応

水酸化ナトリウムは塩基であり，二酸化炭素は酸性酸化物ですから，酸性酸化物と塩基の反応が起きます 参照 p.37 。この反応により，水酸化ナトリウムは空気中の二酸化炭素を吸収します。

$$2OH^- + CO_2 \longrightarrow CO_3^{2-} + H_2O$$

より，

$$2NaOH + CO_2 \longrightarrow Na_2CO_3 + H_2O$$

(5) 炭酸ナトリウムと塩酸の反応

炭酸ナトリウムは弱酸由来の塩ですから，強酸の塩酸を加えると弱酸遊離反応が起き，二酸化炭素の発泡が見られます 参照 p.42 。

$$CO_3^{2-} + 2H^+ \longrightarrow H_2O + CO_2$$

より，

$$Na_2CO_3 + 2HCl \longrightarrow 2NaCl + H_2O + CO_2$$

もっとも，加える塩酸の量が少なくpHが一定程度以上の場合には，次の反応で止まります。

$$Na_2CO_3 + HCl \longrightarrow NaCl + NaHCO_3$$

STAGE

3 NaOHの工業的製法

▶ 別冊p. 38

セッケン，紙，合成繊維の製造など化学工業で大量に利用されている**水酸化ナトリウムNaOHは，食塩水を電気分解することによって工業的に製造**されています。

実験室での合成法とは異なり，一般に工業的製法は品質のいい製品を大量に安く合成するために，さまざまな工夫が重ねられています。原料物質は安価な方がよいので，食塩水は適当なものといえるでしょう。

1 イオン交換膜法

NaOHの現在の工業的製法であるイオン交換膜法の概略図を次に示しました。

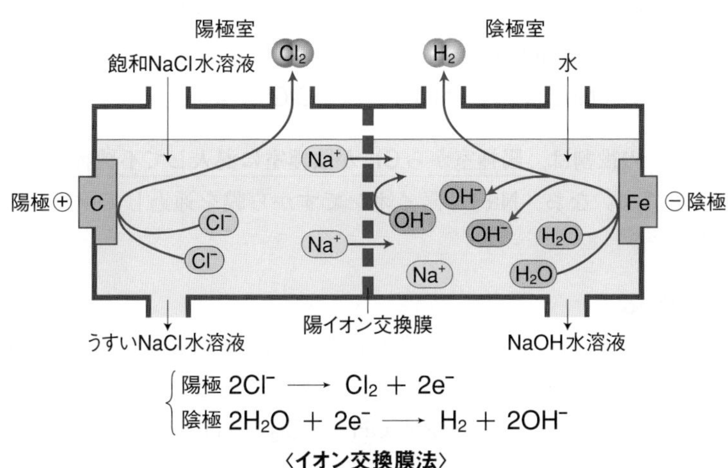

陽極 $2Cl^- \longrightarrow Cl_2 + 2e^-$

陰極 $2H_2O + 2e^- \longrightarrow H_2 + 2OH^-$

〈イオン交換膜法〉

(1) イオン交換膜法における両極での反応

① 陽極室

陽極室には，Na^+，Cl^-，H_2Oが入っています。

この中で最も電子を取られやすいのはCl^-ですから，電圧をかけると次の反応が起きます。

$$2Cl^- \longrightarrow Cl_2 + 2e^- \quad \cdots ⓘ$$

② **陰極室**

陰極室にはNa^+，OH^-，H_2Oが入っています。純水ですと電気伝導度が悪いので，NaOHをあらかじめ少しだけ溶かしてあるのです。

この中で最も電子を受け取りやすいのはH_2Oですから，電圧をかけると次の反応が起きます 参照 p.38 。

$$2H_2O + 2e^- \longrightarrow H_2 + 2OH^- \quad \cdots (ii)$$

(2) 陽イオン交換膜の役割

陽イオンのみを通す膜

① 陽イオン交換膜の役割の１つは，**陰極室で生成したOH^-が拡散して，陽極室に入りこむのを防ぐこと**です。陽極室では酸性気体の塩素が発生しており，次の反応が起きています。

$$Cl_2 + H_2O \rightleftarrows HCl + HClO$$

ここにOH^-が入りこむと，次の反応によって消費されてしまい，せっかくの製品であるNaOHが失われ不都合なのです。

$$Cl_2 + 2NaOH \longrightarrow NaCl + NaClO + H_2O$$

② もう１つの役割は，**陽極室からCl^-が陰極室に混入して不純物となるのを防ぐこと**です。なお，Na^+は陽イオンですから膜を通過して陰極室に移動できます。

(3) 全体の反応

以上のことを考慮しつつ，(i)式＋(ii)式よりe^-を消去して両辺に$2Na^+$を加えると，この製法の全体像が次のように理解できます。

$$\underset{\text{陽極室で消費}}{2NaCl} + 2H_2O \longrightarrow \underset{\text{陰極室で生成}}{2NaOH} + Cl_2 + H_2$$

Na_2CO_3の工業的製法 …アンモニアソーダ法(ソルベー法)

別冊p. 39

ガラスやセッケンの原料として大量に利用されている**炭酸ナトリウム Na_2CO_3 の工業的製法はアンモニアソーダ法(ソルベー法)**とよばれており，**岩塩 NaCl と石灰石 $CaCO_3$ を原料**としています。どちらも比較的安価な原料です。

① この2つの物質からNa_2CO_3を製造するのにまず思いつく方法は，次の反応を起こすことでしょう。

$$2NaCl + CaCO_3 \longrightarrow Na_2CO_3 + CaCl_2 \quad \cdots(*)$$

しかしながら，この反応を直接に進めることはできません(むしろ，逆反応であれば$CaCO_3$の沈殿生成反応として進みます)。そのため，いくつかの反応を組み合わせることにより全体として(＊)式の反応を進め，Na_2CO_3を製造しています。

② アンモニアソーダ法(ソルベー法)の優れている点は，中間生成物を無駄にしないでリサイクルしているところにあります。

この2点を十分意識しながら反応の流れを見てください。次ページに，覚えなければならない部分を[1]～[9]にして反応の流れ図をまとめましたので，適するものをうめながら取り組んでください。

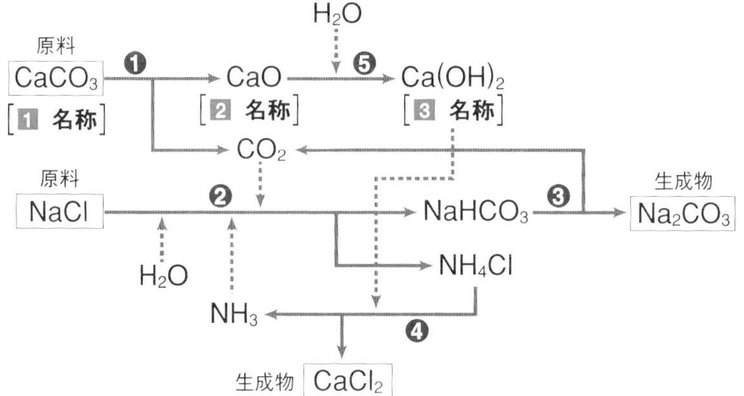

❶　原料である$CaCO_3$を加熱する。炭酸塩を加熱すると，一般に，酸化物と二酸化炭素に分解する。

[4 **反応式**]

❷　NH_3を飽和食塩水に溶かして，NaClが溶解しているNH_3水とする。この溶液にCO_2を吹きこむと次の中和反応によりCO_2はNH_3水に吸収される。

[5 **イオン反応式**]

$NaHCO_3$の溶解度はあまり大きくないので，一部，次の反応により沈殿する。

$$Na^+ + HCO_3^- \longrightarrow NaHCO_3\downarrow$$

結局，全体としては，次式となる。

[6 **反応式**]

❸　$NaHCO_3$を加熱して，目的物であるNa_2CO_3を製造する。

[7 **反応式**]

❹　$Ca(OH)_2$を用いて，弱塩基遊離反応によりNH_4ClからNH_3を回収する。

[8 **反応式**]

❺　塩基性酸化物であるCaOに水を加えて，水酸化物とする。このとき，大量の熱が発生する。

[9 **反応式**]

答え

1 石灰石　**2** 生石灰　**3** 消石灰

なお，消石灰$Ca(OH)_2$の水溶液が石灰水です。

4 $CaCO_3 \longrightarrow CaO + CO_2$

炭酸塩の熱分解反応です 参照 p.69。

5 $NH_3 + H_2O + CO_2 \longrightarrow NH_4^+ + HCO_3^-$

6 $NH_3 + H_2O + CO_2 + NaCl \longrightarrow NaHCO_3 + NH_4Cl$

原料の$NaCl$を水に溶かして飽和食塩水とします。この水溶液に，水によく溶ける気体であるNH_3を溶かします。ここにCO_2を通じると，次の中和反応が起きる結果たくさんのCO_2が溶けます。

$$NH_3 + \underbrace{H_2O + CO_2}_{\text{炭酸}} \longrightarrow NH_4^+ + HCO_3^-$$

$NaHCO_3$の溶解度はそれほど大きくないので，一部，次の反応により沈殿します。

$$Na^+ + HCO_3^- \longrightarrow NaHCO_3$$

結局，全体の反応は，次のようになります。やや複雑な反応ですが，内容を理解して，つくれるようにしてください。

$$NH_3 + H_2O + CO_2 + NaCl \longrightarrow NaHCO_3 + NH_4Cl$$

7 $2NaHCO_3 \longrightarrow Na_2CO_3 + H_2O + CO_2$

炭酸水素塩の熱分解反応です 参照 p.69。

8 $2NH_4Cl + Ca(OH)_2 \longrightarrow CaCl_2 + 2NH_3 + 2H_2O$

NH_4Clは弱塩基由来の塩であり$Ca(OH)_2$は強塩基ですから，弱塩基遊離反応によりNH_3が発生します 参照 p.43。

9 $CaO + H_2O \longrightarrow Ca(OH)_2$

酸化カルシウムは金属元素の酸化物ですから塩基性酸化物です。アルカリ金属とBeとMg以外のアルカリ土類金属の酸化物は，常温で水と反応して水酸化物になります 参照 p.37。

入試突破のポイント

- STAGE 1 を繰り返し読もう。
- NaOHの工業的製法を理解しよう。
- アンモニアソーダ法を理解して，反応式を書けるようにしよう。

入試問題にChallenge!

解答➡p. 205

1 アルカリ金属は，天然では多くが岩石や海水中に塩またはイオンとして存在する。これらの元素の酸化物は[a]酸化物であり，水と反応して水酸化物となり，酸と反応して塩をつくる。

(1)ナトリウムはアルカリ金属の1つである。その水酸化物の水溶液は[b]金属であるアルミニウムと反応して[c]を発生する。

ナトリウムの炭酸塩はガラスなどの原料として重要であり，工業的には次の方法でつくられる。まず，(2)塩化ナトリウムの飽和水溶液にアンモニアを十分吸収させてから二酸化炭素を吹きこんで白色沈殿を得る。そして(3)この白色沈殿を約200℃で焼いて目的物を得る。吹きこむ二酸化炭素の一部はアルカリ土類金属の1つであるカルシウムの炭酸塩(石灰石)を熱分解して得る。このナトリウムの炭酸塩の製造法は[d]とよばれる。また，(4)炭酸ナトリウムは水に溶解すると塩基性を示す。

問1 [a]〜[d]に該当する語句を次の㋐〜㋠から1つずつ選べ。

㋐ 水素　㋑ ハーバー法　㋒ 吸熱　㋓ 中性　㋔ 酸化

㋕ オストワルト法　㋖ ウィンクラー法　㋗ 二酸化炭素

㋘ 酸性　㋙ 過酸化水素　㋚ 窒素　㋛ 両性　㋜ 発熱

㋝ 酸素　㋞ 還元　㋟ ソルベー法　㋠ 塩基性

問2 下線部(1)のナトリウム以外のアルカリ金属を3つ元素記号で記せ。

問3 ナトリウムは石油中で保存する。その理由を50字以内で述べよ。

問4 下線部(2)，(3)のそれぞれの反応について，化学反応式で示せ。

問5 [d]の製造法が優れている点の1つは反応生成物の再利用にある。反応の結果，生成するアンモニウム塩からアンモニアを再び得る方法を化学反応式で示せ。

問6 下線部(4)について，化学反応式を用いて示せ。　(首都大)

2 次図のような装置を用い，イオン交換膜の左側(a槽)に1.0 mol/Lの食塩水2.0 Lを，右側(b槽)に0.10 mol/Lの水酸化ナトリウム水溶液2.0 Lを入れて電気分解を行った。

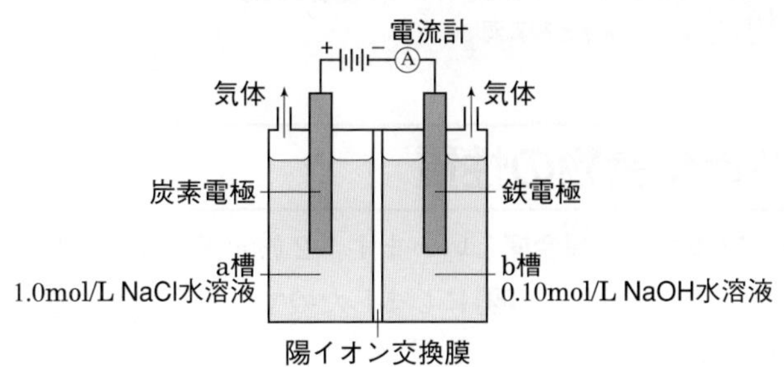

2.0 Aの電流で電気分解をある時間行ったところ，イオン交換膜の両側の水槽から27℃，1.0×10^5 Paで合わせて4.98 Lの気体が発生した。下の**問1～6**に答えよ。なお，陽イオン交換膜は，陽イオンのみを通すことができる高分子の膜である。また，両極から発生した気体は，槽の水溶液には溶けないものとする。なお，気体定数は8.3×10^3 Pa・L/(mol・K)であり，電子1 molの電気量は9.65×10^4 Cとする。発生する気体は理想気体の状態方程式にしたがうと仮定する。計算の結果は，**問6**を除いて有効数字2桁で答えること。必要であれば次の数値を用いよ。

$\log_{10} 2=0.30$　　$\log_{10} 3=0.48$

問1　イオン交換膜の左側(a槽)から発生した気体の分子式を記せ。

問2　イオン交換膜の右側(b槽)から発生した気体の分子式を記せ。

問3　電気分解で流れた電子の物質量〔mol〕を求めよ。

問4　電気分解を行った時間〔秒〕を求めよ。

問5　電気分解後のイオン交換膜の右側(b槽)の水酸化物イオンの濃度〔mol/L〕を求めよ。

問6　電気分解後のイオン交換膜の右側(b槽)のpHを小数点以下第1位まで求めよ。

(名古屋工大)

14 2族…アルカリ土類金属

学習項目 ❶ 単体と化合物の性質 ❷ 重要な反応 ❸ 石灰水と鍾乳洞

STAGE

1 単体と化合物の性質

▷ 別冊 p. 39

2族元素を**アルカリ土類金属**(どるい)といいます。2族元素の性質に関して，覚えなければならない部分を[1]～[12]にしましたので，そこに適するものをうめながら読んでいきましょう。

❶ 融点・密度

アルカリ土類金属の単体は金属結晶である。この結晶は，金属結晶としては比較的融点が［1 **高** or **低**］く，密度も比較的［2 **大きい** or **小さい**］。

❷ 炎色反応

アルカリ金属と同様に，Ca以下のアルカリ土類金属は特有の炎色反応を示す。Ca，Sr，Baの各元素の炎色反応は，それぞれ［3 **色**］，［4 **色**］，［5 **色**］である。

一方，BeとMgは炎色反応を示さない。この点で他のアルカリ土類金属と区別される。

❸ 反応性

アルカリ土類金属はイオン化エネルギーが［6 **大きく** or **小さく**］，イオン化傾向が［7 **大きい** or **小さい**］ため，電子を放出して陽イオンになりやすく酸化還元反応を起こしやすい。ただし，アルカリ金属の単体と比べると反応性はいくらか低い。

❹ 代表的な化合物

アルカリ土類金属の化合物は多方面に利用されている。

例えば，$CaSO_4 \cdot 2H_2O$は［8 **名称**］の主成分であり，焼くと$CaSO_4 \cdot \frac{1}{2}H_2O$と表される［9 **名称**］となる。この［9 **名称**］は，適量の水を加えると体積を増しながら硬化して，再び［8 **名称**］となる。この性質を利用して壁の塗装やギプスなどに用いられている。

[10 化学式]には潮解性があり乾燥剤に用いられ，また凝固点降下現象を利用して融雪剤にも使われる。

[11 化学式]は海水から食塩を除いたものである「にがり」に含まれ，豆腐の凝固剤に利用されている。

また，[12 化学式]はX線の吸収力が大きくX線造影剤に用いられる。

答え

1 低　2 小さい

BeとMg以外のアルカリ土類金属の単体の融点は比較的低く1000℃以下です。典型元素の金属単体の融点は遷移元素の単体と比較すると低くなっています。例えば，鉄，銅などの遷移元素の単体の融点は1000℃以上です。

また，密度も比較的小さく，軽金属に分類されます。

もっとも，アルカリ金属の単体と比較すると融点は高く，密度も大きいです。

3 橙赤色　4 紅色(深赤色)　5 黄緑色

Be，Mg以外のアルカリ土類金属は特有の炎色反応を示します 参照 p.90。なお，アルカリ金属とアルカリ土類金属以外にもCuのように炎色反応を示す元素が存在することに注意しましょう。

6 小さく　7 大きい

Ca，Sr，Baの単体は，アルカリ金属の単体同様に大きな還元力があります。このため酸素や水と常温で酸化還元反応を起こします 参照 p.57。

8 セッコウ　9 焼きセッコウ　10 $CaCl_2$　11 $MgCl_2$
12 $BaSO_4$

STAGE

2 重要な反応

別冊p. 39

(1) マグネシウムの還元作用

マグネシウムは，空気中で加熱すると，強く発光しながら燃焼します。この反応は花火やフラッシュランプに利用されます。

$$2Mg + O_2 \longrightarrow 2MgO$$

また，マグネシウムは二酸化炭素と酸化還元反応を起こし，二酸化炭素を還元します。

$$2Mg + CO_2 \longrightarrow 2MgO + C$$

(2) 水酸化カルシウムと二酸化炭素の反応

二酸化炭素は酸性酸化物ですから，塩基である**石灰水に通じると**，酸性酸化物と塩基の反応が起き**炭酸カルシウム$CaCO_3$の沈殿が生成して白濁**します。

（石灰水：水酸化カルシウム$Ca(OH)_2$水溶液）

これは，二酸化炭素の検出に用いられる反応です（参照 p.36）。

$$Ca(OH)_2 + CO_2 \longrightarrow CaCO_3 + H_2O$$

(3) カルシウムと水の反応

カルシウムは非常に還元力が大きいので，常温の水と次のように反応します（参照 p.66）。

$$Ca + 2H_2O \longrightarrow Ca(OH)_2 + H_2$$

(4) 酸化カルシウムと水の反応

酸化カルシウムは金属元素の酸化物であり塩基性酸化物です。**アルカリ金属と，BeとMg以外のアルカリ土類金属の酸化物は，常温で水と反応して水酸化物になります**（参照 p.37）。この反応では大量の熱が発生するので，お酒を温める簡易な装置に利用されています。

$$CaO + H_2O \longrightarrow Ca(OH)_2$$

(5) 炭酸カルシウムの熱分解反応

ある種の炭酸塩を加熱すると熱分解反応が起きます（参照 p.71）。

$$CaCO_3 \longrightarrow CaO + CO_2$$

STAGE

3 石灰水と鍾乳洞

石灰水$Ca(OH)_2$は二酸化炭素の検出に用いられることで有名な試薬ですが，この石灰水と二酸化炭素の反応と，自然界で鍾乳洞（しょうにゅうどう）や鍾乳石（せき）が生成する反応とは深い関係があります。

(1) 石灰水と二酸化炭素が関連する反応

まず，石灰水と二酸化炭素が関連する反応を簡単に振り返っておきます 参照 p.109。

石灰水$Ca(OH)_2$にCO_2を通じると，炭酸カルシウム$CaCO_3$の沈殿が生成して白濁します。

$$Ca(OH)_2 + CO_2 \longrightarrow CaCO_3\downarrow + H_2O$$

その後もCO_2を通じ続けると，$CaCO_3$が水に易溶な炭酸水素カルシウム$Ca(HCO_3)_2$に変化して，白濁が消失し無色に戻ります。

$$CaCO_3\downarrow + H_2O + CO_2 \longrightarrow Ca(HCO_3)_2$$

この水溶液を加熱すると，上の反応の逆反応である炭酸水素塩の熱分解反応が進んで再び白濁します。

$$Ca(HCO_3)_2 \longrightarrow CaCO_3\downarrow + H_2O + CO_2$$

(2) 鍾乳洞や鍾乳石の生成

それでは鍾乳洞の話に移りましょう。

今，石灰岩$CaCO_3$からなる地層を想定します。例えば，珊瑚（さんご）などの主成分は$CaCO_3$ですから，海底が隆起してできた地層には**石灰岩が多く含まれています。そこにCO_2を含んだ地下水が流れ続けると，次の反応が起きて石灰岩が溶け，洞窟ができます。これが鍾乳洞**です。

$$CaCO_3\downarrow + H_2O + CO_2 \longrightarrow Ca(HCO_3)_2$$

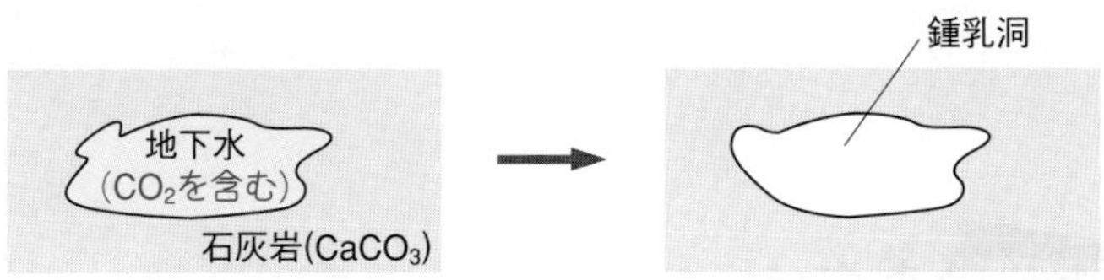

鍾乳洞の上からは$Ca(HCO_3)_2$を含んだ地下水がしたたり落ちてきます。もちろん若干の地下水は蒸発します。その結果，次の反応が起きて，少しずつ鍾

乳石や石筍が成長するのです。**鍾乳洞の上からつららのように垂れ下がっているものが鍾乳石**で，**下から突き出しているものが石筍**です。

$$Ca(HCO_3)_2 \longrightarrow CaCO_3\downarrow + H_2O + CO_2$$

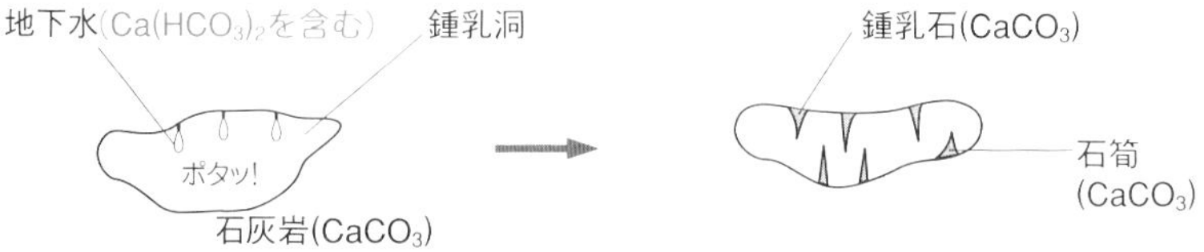

地下水（$Ca(HCO_3)_2$を含む）
鍾乳洞
ポタッ!
石灰岩（$CaCO_3$）
鍾乳石（$CaCO_3$）
石筍（$CaCO_3$）

入試突破のポイント

- STAGE 1 を繰り返し読もう。
- 鍾乳洞や鍾乳石の生成を理解しよう。

入試問題にChallenge!

解答➡p. 207

次の文章を読んで下の**問1～8**に答えよ。なお，原子量はC=12，O=16，Ca=40とする。

カルシウムは，地殻を構成する元素の中で酸素，[イ]，[ロ]，鉄についでその存在比が大きい元素である。セメント，大理石，貝殻，セッコウなど身近にもカルシウム化合物は多い。大理石，貝殻などの主成分は，炭酸カルシウムである。カルシウムの単体は，銀白色のやわらかい軽金属であり，常温で水と反応して水素を発生して[ハ]を生じる。カルシウムのフッ化物に硫酸を加えて加熱すると[ニ]が発生する。

問1　上の文章中の[イ]，[ロ]に適当な元素名を，[ハ]，[ニ]に適当な化合物名を書け。

問2　カルシウムの電子配置を次の**〔例〕**を参考にして，K，L…殻の電子数で示せ。

〔例〕　O：$[K]^2$ $[L]^6$

問3　金属カルシウム1 cm^3に含まれるカルシウムの原子数は何個か。なお，金属カルシウムの密度を1.55 g/cm^3，アボガドロ定数を6.02×10^{23}/molとする。

問4　炭酸カルシウムを強熱すると分解する。これを化学反応式で書け。

問5　炭酸カルシウムと塩酸の反応を化学反応式で書け。

問6　炎色反応で，カルシウムは何色を呈するか。

問7　セッコウの化学式を書け。

問8　無水塩化カルシウムは吸湿性が強く，湿った空気中では水分を吸収してべとべとしてくる。このように，空気中の水分を吸収して自らそれに溶ける現象を何とよぶか。

（早大）

2　アルカリ土類金属のうち，カルシウムとバリウムおよび，それらの化合物は互いによく似た性質や反応性を示すことが知られている。このことを念頭におき，バリウム化合物に関する次の文章を読み，下の**問1～7**に答えよ。

実験1　酸化バリウムに水を加えると，激しく反応して**化合物A**の水溶液が得られた。

実験2　**化合物A**の水溶液に希塩酸を加えて完全に中和すると，**化合物B**の水溶液が得られた。

実験3　炭酸バリウム1molに対して2molの希塩酸を作用させると，気体を発生しながら炭酸バリウムが溶けて**化合物B**の水溶液が得られた。

実験4　500 cm^3のビーカーを用いて硫酸銅(Ⅱ)五水和物0.500gを約300 cm^3の水に溶解し，濃塩酸2 cm^3を加えた後(注1)，溶液を加熱した。あらかじめ加熱した**化合物B**の1%水溶液100gを別のビーカーに用意し，(1)この**化合物B**の水溶液を先に用意した硫酸銅(Ⅱ)水溶液に撹拌しながらゆっくり加えた。生じた**化合物C**の沈殿が沈降するのを待って，(2)上澄み液に**化合物B**の水溶液を1～2滴加えたが，沈殿がさらに生じることはなかった。この沈殿を含む溶液を湯浴上で1時間加熱した後，ろ紙を用いてろ過し，ビーカーの中の沈殿を完全に集めた。(3)水で沈殿を十分洗浄した後，あらかじめ質量を測定した磁製るつぼ(注2)に，沈殿をろ紙ごと入れた。ガスバーナーで磁製るつぼを加熱してろ紙を完全に灰にし，乾燥した場所で室温に戻した後に(4)沈殿と灰の入った磁製るつぼの質量を測定した。

(注1)　この操作は，バリウムの炭酸塩や水酸化物などが生成物と一緒に沈殿することを防ぐためのものであり，**化合物C**の生成反応と直接の関係はない。

(注2)　沈殿を強く熱する場合に使用する小型容器

問1　**化合物A**および**B**の名称を記せ。

問2　**実験1～3**のそれぞれの反応を化学反応式で示せ。

問3　下線部(1)で**化合物C**が生成する反応をイオン反応式で示せ。

問4　下線部(2)の操作の目的は何か。次のⓐ～ⓓから適当なものを選び記号で答えよ。

ⓐ　上澄み液中にBa^{2+}が残っていないことを確認するため

ⓑ　上澄み液中にSO_4^{2-}が残っていないことを確認するため

ⓒ　上澄み液中にCu^{2+}が残っていないことを確認するため

ⓓ　上澄み液中にCl^-が残っていないことを確認するため

問5　下線部(3)の操作の後，次図に示すように洗浄液が入ったビーカー(A)を空のビーカー(B)に取り替え，少量の水で再び沈殿を洗浄した。下線部(3)の洗浄が不十分であると，ビーカー(B)にたまった洗浄液にはどのような陰イオンが含まれると考えられるか。また，その陰イオンを検出するためには，ビーカー(B)にたまった洗浄液にどのような陽イオンを加えればよいか。それぞれ化学式で答えよ。

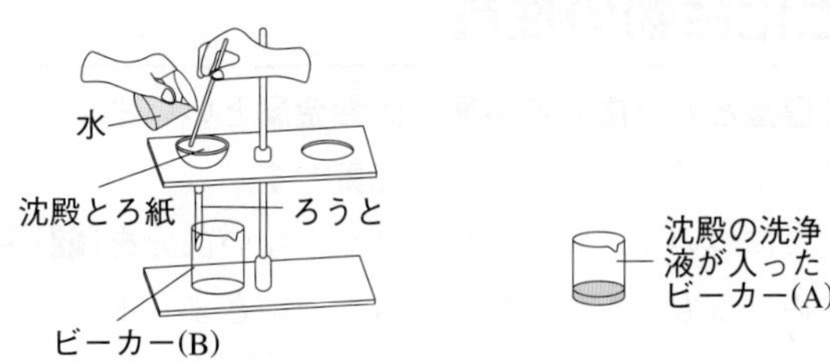

問6　下線部(4)の質量から磁製るつぼ自身の質量を差し引くと沈殿の質量が求まる。沈殿の質量を有効数字３桁で求めよ。ただし，灰になったろ紙の質量および生成した沈殿の水に対する溶解は無視できるものとする。また，沈殿をろ紙とともに強く熱することにより，沈殿の還元は生じていないものとする。なお，原子量はH＝1.00，O＝16.0，S＝32.0，Cu＝64.0，Ba＝137.0とする。

問7　**化合物C**は医療現場でよく利用されているなじみの深い化合物である。どのような目的に利用されているか例を１つ記せ。

（長崎大）

15 両性金属とその化合物

学習項目 ❶ 単体と化合物の性質 ❷ 重要な反応 ❸ Alの工業的製法

STAGE 1 単体と化合物の性質

酸だけでなく塩基とも反応する金属を**両性**(りょうせい)**金属**といいます。**周期表で金属元素と非金属元素の境界線付近に位置する元素です。**

両性金属の性質について，覚えなければならない部分を[1]～[7]にしましたので，そこに適するものをうめながら読んでいきましょう。

❶ 代表的な両性金属

酸とも塩基とも反応する性質を両性といい，そのような化合物は両性化合物とよばれ，両性酸化物，両性水酸化物などがある。また，両性化合物をつくる金属を両性金属という。代表的な両性金属には

[1 **元素記号**]，[2 **元素記号**]

がある。

❷ アルミニウムの融点・密度

Alは融点が660℃と金属単体の中では比較的低く，密度がかなり[3 **大きい** or **小さい**]。アルミニウム缶，アルミホイル，建築材料など多種多様な用途に利用されており，現代生活に欠かせない金属である。

❸ アルミニウムの化合物

Alは空気中の酸素と結合して，表面に薄い酸化被膜を形成する。この被膜が内部を保護するので，さびや腐食に強い性質を示す。Alの表面を人工的に酸化して，緻密(ちみつ)な酸化被膜をつけた製品は[4 **名称**]とよばれ，日本で発明された。

$AlK(SO_4)_2 \cdot 12H_2O$は[5 **名称**]とよばれる複塩であり，結晶は[6 **用語**]形をしている。この物質は粘土コロイドを凝析させる水の浄化剤などに利用されている。

④ 亜鉛とその化合物

Znは融点が420℃で，密度が7.13 g/cm³の金属である。単体は乾電池の負極，メッキや合金の材料などに利用されている。

化合物であるZnOやZnSは［7 色］の顔料(着色剤)として用いられる。

答え

1，2 Al，Zn(順不同)

AlとZnが両性金属であることは覚えなければなりません。これらの陽イオンは，OH^-と錯イオンを形成しましたね 参照 p.83。これは偶然ではなく，OH^-と錯イオンを形成することで，両性金属ならではの反応が起きるからです。両性酸化物には，Al，Zn，Sn，Pbの酸化物があります。

3 小さい

Alの密度は2.70 g/cm³であり，金属単体としてはかなり小さな値です。この軽さを活かして，Alは建築材料や航空機材料など多種多様な用途に利用されています。

4 アルマイト　5 ミョウバン　6 正八面体

Alの表面を人工的に酸化して，緻密な酸化被膜をつけて内部を保護した製品は**アルマイト**とよばれています。

また，**ミョウバン**はAl^{3+}，K^+，$SO_4{}^{2-}$からなる複塩であり，結晶は正八面体形をしています。ミョウバンのように2種類以上の陽イオンまたは陰イオンを含む塩を複塩といい，他にさらし粉$CaCl(ClO)\cdot H_2O$などがあります。泥水にミョウバンを加えると，粘土コロイドが負の電荷をもつ疎水コロイドであるため，価数の大きい陽イオンであるAl^{3+}が凝析に有効に働いて，粘土コロイドが沈殿し水が浄化されます。

7 白色

ZnO，ZnSはどちらも水に難溶な塩であり，白色顔料に用いられます。顔料としてはCdSの黄色顔料(カドミウムイエロー)も有名です。

STAGE

2 重要な反応

▶別冊p. 40, 41

1　両性金属の単体の反応

(1) アルミニウムと塩酸の反応

Alは水素よりもイオン化傾向が大きいため，Alに塩酸を加えると次の反応が起きます。

$$2Al + 6H^+ \longrightarrow 2Al^{3+} + 3H_2$$

より，

$$2Al + 6HCl \longrightarrow 2AlCl_3 + 3H_2$$

ただし，**Alは不動態を形成しますから，濃硝酸や熱濃硫酸とは反応が進まない**ことに注意してください 参照 p.57。

(2) 亜鉛と塩酸の反応

Znも水素よりもイオン化傾向が大きいため，Alと同様に塩酸を加えると次の反応が起きます。

$$Zn + 2H^+ \longrightarrow Zn^{2+} + H_2$$

より，

$$Zn + 2HCl \longrightarrow ZnCl_2 + H_2$$

(3) アルミニウムと水酸化ナトリウム水溶液の反応

Alは両性金属であり，OH^-と錯イオンを形成します。そのため，AlはNaOH水溶液中で次の酸化還元反応をともなう錯イオン形成反応を起こします。

$$\begin{cases} Al + 4OH^- \longrightarrow [Al(OH)_4]^- + 3e^- & \cdots (i) \\ 2H_2O + 2e^- \longrightarrow H_2 + 2OH^- & \cdots (ii) \end{cases}$$

(i)式×2＋(ii)式×3より，

$$2Al + 2OH^- + 6H_2O \longrightarrow 2[Al(OH)_4]^- + 3H_2$$

両辺にOH^-の対イオンであるNa^+を2個加えて，

$$2Al + 2NaOH + 6H_2O \longrightarrow 2Na[Al(OH)_4] + 3H_2$$

(4) 亜鉛と水酸化ナトリウム水溶液との反応

Znも両性金属であり，OH^-と錯イオンを形成します。そのため，Alと同様にNaOH水溶液中で次の酸化還元反応をともなう錯イオン形成反応を起こします。

$$\begin{cases} Zn + 4OH^- \longrightarrow [Zn(OH)_4]^{2-} + 2e^- & \cdots (i) \\ 2H_2O + 2e^- \longrightarrow H_2 + 2OH^- & \cdots (ii) \end{cases}$$

ⅰ式+ⅱ式より，

$$Zn + 2OH^- + 2H_2O \longrightarrow [Zn(OH)_4]^{2-} + H_2$$

両辺にOH^-の対イオンであるNa^+を２個加えて，

$$Zn + 2NaOH + 2H_2O \longrightarrow Na_2[Zn(OH)_4] + H_2$$

2　両性酸化物の反応

(1)　酸化アルミニウムと塩酸の反応

Al_2O_3は金属元素の酸化物ですから酸化物イオンO^{2-}を含んでおり，塩酸を加えると次の反応が起きます 参照 p.33。

$$Al_2O_3 + 6HCl \longrightarrow 2AlCl_3 + 3H_2O$$

(2)　酸化亜鉛と塩酸の反応

ZnOも金属元素の酸化物ですから酸化物イオンO^{2-}を含んでおり，Al_2O_3と同様に塩酸を加えると次の反応が起きます。

$$ZnO + 2HCl \longrightarrow ZnCl_2 + H_2O$$

(3)　酸化アルミニウムと水酸化ナトリウム水溶液の反応

Alは両性金属ですから，Al_2O_3は両性酸化物です。

ふつう，金属元素の酸化物は塩基性酸化物ですから，酸とは反応しますが塩基とは反応しません 参照 p.24。ところが，両性酸化物は塩基とも反応するのです。これも，Al^{3+}がOH^-と錯イオンを形成するからこそ進む反応です。

反応式のつくり方

❶ Al_2O_3にはAl^{3+} ２個とO^{2-} ３個があります。NaOH水溶液中で２個のAl^{3+}は，次のように錯イオンを形成します。

$$2Al^{3+} + 8OH^- \longrightarrow 2[Al(OH)_4]^- \quad \cdots (i)$$

❷ このとき，水中に流れ出した３個のO^{2-}は水と反応します 参照 p.32。

$$3O^{2-} + 3H_2O \longrightarrow 6OH^- \quad \cdots (ii)$$

❸ ⅰ式+ⅱ式より，全体の反応式は，

$$Al_2O_3 + 2NaOH + 3H_2O \longrightarrow 2Na[Al(OH)_4]$$

(4) 酸化亜鉛と水酸化ナトリウム水溶液の反応

Znも両性金属ですから，ZnOは両性酸化物であり，Al_2O_3と同様に次のとおり水酸化ナトリウム水溶液と反応します。

$$Zn^{2+} + 4OH^- \longrightarrow [Zn(OH)_4]^{2-} \quad \cdots ⓘ$$

$$O^{2-} + H_2O \longrightarrow 2OH^- \quad \cdots ⓘⓘ$$

ⓘ式＋ⓘⓘ式より，全体の反応式は，

$$ZnO + 2NaOH + H_2O \longrightarrow Na_2[Zn(OH)_4]$$

3 両性水酸化物の反応

(1) 水酸化アルミニウムと塩酸の反応

$Al(OH)_3$に塩酸を加えると，次の中和反応が起きます参照 p.30。

$$Al(OH)_3 + 3HCl \longrightarrow AlCl_3 + 3H_2O$$

(2) 水酸化亜鉛と塩酸の反応

$Zn(OH)_2$に塩酸を加えると，$Al(OH)_3$と同様に次の中和反応が起きます。

$$Zn(OH)_2 + 2HCl \longrightarrow ZnCl_2 + 2H_2O$$

(3) 水酸化アルミニウムと水酸化ナトリウム水溶液の反応

Alは両性金属ですから，$Al(OH)_3$は両性水酸化物です。

ふつう，水酸化物は酸とは反応しますが塩基とは反応しません。ところが，両性水酸化物は塩基とも反応するのです。これも，Al^{3+}がOH^-と錯イオンを形成するからこそ進む反応です。

$$Al(OH)_3 + NaOH \longrightarrow Na[Al(OH)_4]$$

(4) 水酸化亜鉛と水酸化ナトリウム水溶液の反応

Znも両性金属ですから，$Zn(OH)_2$は両性水酸化物であり，$Al(OH)_3$と同様に次のとおり水酸化ナトリウム水溶液と反応します。

$$Zn(OH)_2 + 2NaOH \longrightarrow Na_2[Zn(OH)_4]$$

4 テルミット反応

鉄の酸化物に粉末のアルミニウムの単体を混合して点火すると，多量の熱を発生しながらアルミニウムが鉄の酸化物を還元して，**溶融(ようゆう)した鉄の単体が生成**します。この反応は**テルミット反応**とよばれ，溶接などに利用されています。

$$2Al + Fe_2O_3 \longrightarrow Al_2O_3 + 2Fe$$

STAGE

3 Alの工業的製法

▶ 別冊p. 40

Alの単体は原料鉱物である**ボーキサイト中のAl_2O_3を溶融塩電解**(ようゆうえんでんかい)**(融解塩電解**(ゆうかいえんでんかい)**)することによって，工業的に製造**されています。

この製造工程は大きく２つに分けられ，

第１の工程：ボーキサイトから純粋な酸化アルミニウム(アルミナ)Al_2O_3を取り出す工程

第２の工程：Al_2O_3を溶融塩電解(融解塩電解)によって還元し，単体のAlを取り出す工程

です。このような理解にもとづいて，次の文章を[**1**]～[**9**]をうめながら読んでいきましょう。

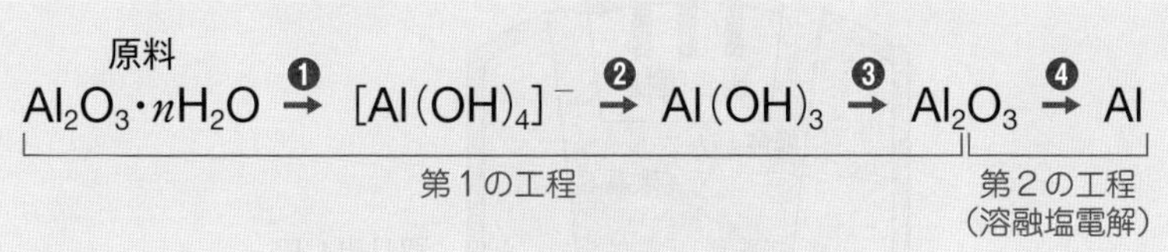

❶ 原料である[**1** **名称**]を濃NaOH水溶液に溶かす。

[**2** **反応式**]

Al_2O_3は両性金属であるAlの酸化物なので[**3** **用語**]であり，塩基とも反応する。一方，Fe_2O_3のような金属元素の酸化物は[**4** **用語**]であるから，塩基とは反応しない。

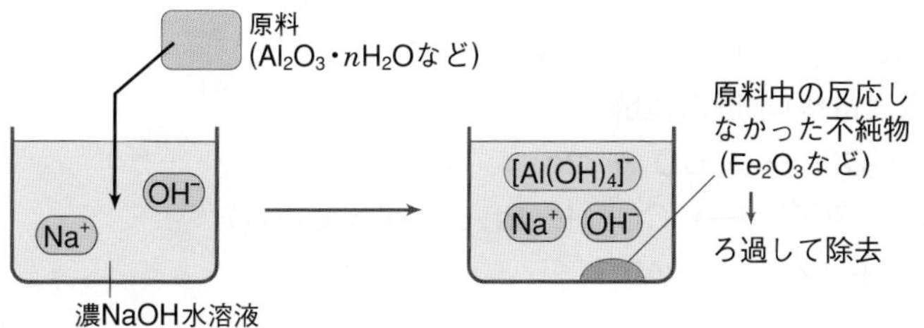

❷ 大量の水で薄めてpHを下げる。pHを下げると，ルシャトリエの原理により，$Al(OH)_3$の白色沈殿が生成する。

$$[Al(OH)_4]^- \rightleftarrows Al(OH)_3\downarrow + OH^-$$

❸ 加熱する。水酸化物を加熱すると，一般に酸化物と水に分解する。生

成したAl_2O_3は純度の高いものであり，[**5 用語**]とよばれる。

[**6 反応式**]

❹ Alはイオン化傾向が大きいので，水溶液中のAl^{3+}は電気分解で還元できない。これは，Al^{3+}を還元する反応よりも，H_2Oが還元される反応が優先的に起きてしまうからである。したがって，Al^{3+}を還元するには，水溶液の電気分解ではなく，水がない状態での電気分解，つまり[**7 用語**]をする必要がある。下にその装置の概略図を示す。

各電極での反応式は次のものである。

陽極：[**8 反応式**]
陰極：[**9 反応式**]

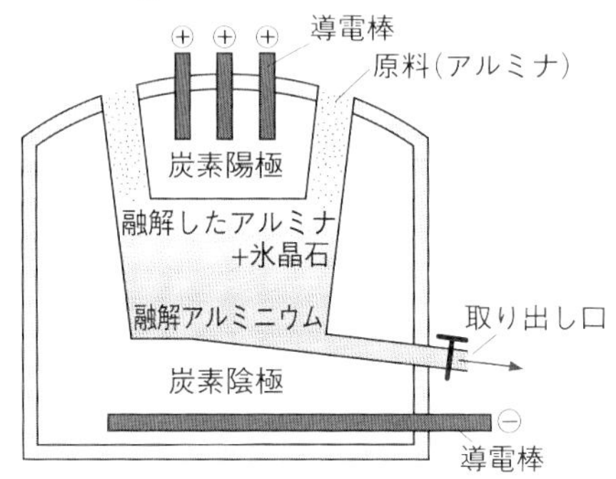

答え

1 ボーキサイト

2 $Al_2O_3 + 2NaOH + 3H_2O \longrightarrow 2Na[Al(OH)_4]$

3 両性酸化物　**4** 塩基性酸化物　**5** アルミナ

6 $2Al(OH)_3 \longrightarrow Al_2O_3 + 3H_2O$

7 溶融塩電解(融解塩電解)

8 $C + O^{2-} \longrightarrow CO + 2e^-$

($C + 2O^{2-} \longrightarrow CO_2 + 4e^-$　も起きている)

9 $Al^{3+} + 3e^- \longrightarrow Al$

Al_2O_3の融点は約2000℃と非常に高いので，融点が約1000℃の**氷晶石**(ひょうしょうせき) Na_3AlF_6を融かして溶媒とし，そこにAl_2O_3を溶かして電気分解します。加えた氷晶石の役割は，高融点のAl_2O_3を低い温度で溶かすことにあります。

水溶液の電気分解ではなく溶融塩電解(融解塩電解)をしなければならない理由を説明できるようにしましょう。

入試突破のポイント

- STAGE 1 を繰り返し読もう。
- 両性金属の反応の反応式を書けるようにしよう。
- Alの製法の流れを理解しよう。

入試問題にChallenge!

解答➡p. 208

1 次の文章を読み，下の**問 1 ～ 5** に答えよ。

周期表の第［A］周期，［B］族の［ア］元素であるアルミニウムは，私たちの日常生活において幅広く利用されており，地球上に存在する元素の中では酸素，［イ］に次いで３番目に多い。アルミニウム原子は［C］価の陽イオンになり，その結晶構造は単位格子となる立方体の各頂点と各面中央に原子が存在する［ウ］格子である。単体のアルミニウムは［エ］を原料にして精製し，［D］をつくり，これに(a)氷晶石を加えて約1000℃に加熱し，炭素電極を用いて［オ］で製造される。(b)アルミニウム単体は酸および塩基の水溶液両方に反応して塩をつくり，［カ］を発生する［キ］金属である。しかし，濃硝酸や熱濃硫酸とは緻密な酸化被膜をつくり，［ク］となるため溶けにくい。アルミニウム化合物の１種で上水道・工業用水の清澄剤や媒染剤などに用いられる２種の塩が結合した形式の［ケ］は無色の結晶で，水に溶解すると各構成イオンと水和水に完全に解離する。この水溶液にアンモニア水を添加すると白色ゲル状の沈殿［E］を生ずる。この沈殿も塩基の水溶液に溶解する。

問 1 文章中の［ア］～［ケ］に当てはまる語句を，［A］～［C］に当てはまる数を示せ。また，化合物［D］および［E］の化学式を示せ。

問 2 下線部(a)の操作を行う理由を30字以内で説明せよ。

問 3 ［オ］で製造されるのはアルミニウムのどのような性質によるか。理由を30字以内で説明せよ。

問 4 下線部(b)でアルミニウム単体が水酸化ナトリウム水溶液に溶解する場合の化学反応式を示せ。

問 5 下線部(b)のような性質を示すアルミニウム以外の元素を元素記号で１つ示せ。

（徳島大）

さらに演習！ 『鎌田の化学問題集 理論・無機・有機 改訂版』第８章 金属元素 17 1族・2族・13族

16 遷移元素(1)…Fe

学習項目 ❶ 単体と化合物の性質 ❷ ブリキとトタン ❸ Feの工業的製法

STAGE 1 単体と化合物の性質

▷ 別冊p. 42

周期表で**3族から12族までの元素**を**遷移元素**(せんい)といいます。

遷移元素には共通したいくつかの特徴がありますから，まずそれをまとめておきましょう。また，遷移元素の1種である鉄についての知識も整理しておきます。次の文章を[1]～[11]をうめながら読んでいきましょう。

❶ 遷移元素の融点・密度

周期表で3族から12族までの元素を遷移元素という。遷移元素の単体の融点は一般に[1 **高** or **低**]く，また密度が[2 **大きい** or **小さい**]。

❷ 遷移元素の特徴

典型元素の金属は，とりうる酸化数が数少ない。例えばナトリウムなら，単体は0，化合物中なら＋1である。一方，鉄の陽イオンには[3 **化学式**]と[4 **化学式**]があることからもわかるとおり，遷移元素は種々の酸化数をとる。

加えて，遷移元素は典型元素と異なり，同族元素だけでなく隣接する元素の性質も類似している。Fe，Ni，Coが強磁性体である(磁石につく)のは，その1例である。このことは，典型元素と異なり[5 **用語**]の数が族番号によらず1～2個で一定であることから説明できる。また，イオン化エネルギーにもあまり大きな変化は見られない。

❸ 鉄の酸化物

産業革命以降，大量生産されてきた鉄は現在でも生活を支える最も重要な金属の1つである。鉄の単体は，鉄鉱石中の酸化物を還元して製造されている。この鉄の酸化物には，鉄の酸化数が小さいものから順に[6 **化学式**]，[7 **化学式**]，[8 **化学式**]の3種があり，色はそれぞれ順に[9 **色**]，[10 **色**]，[11 **色**]である。

答え

1 高　2 大きい

遷移元素の単体の融点は一般に1000℃以上と高いです。電球のフィラメントに利用されるタングステンWは，約3400℃と金属の中で最も高い融点を示します。また，遷移金属の単体は，密度も大きく重(じゅう)金属に分類されます。確かに，鉄はずしりと重いものの象徴ですね。

3，4 Fe^{2+}，Fe^{3+}（順不同）　5 価電子（最外殻電子）

貴ガス以外の典型元素の価電子数は族番号（の下１桁）と一致しており，周期的に変化します。それに対して，遷移元素の価電子数は１～２個で一定です。

6 FeO　7 Fe_3O_4　8 Fe_2O_3　9 黒色　10 黒色　11 赤褐色

鉄の酸化物には，

① 酸化数が＋2の酸化鉄（Ⅱ）FeO（黒色）
② 酸化数が＋2と＋3の鉄を1：2で含む四酸化三鉄Fe_3O_4（＝FeO・Fe_2O_3）（黒色）
③ 酸化数が＋3の酸化鉄（Ⅲ）Fe_2O_3（赤褐色）

の３種類があります。

Fe_2O_3は赤さびに含まれ，Fe_3O_4は黒さびや砂鉄に含まれています。Fe_2O_3は「べんがら」といううわぐすりの原料に用いられます。それぞれの酸化物の色を覚えてください。

STAGE

2 ブリキとトタン

まずは，鉄の腐食プロセスについて説明しましょう。

よくみがいた鉄板に水が付着しているとします。空気中から水に溶けた酸素が鉄から電子を奪い，鉄はイオンとなります。この酸化還元反応が電池のように，鉄板上の異なった場所で起こり，鉄の腐食は進みます。

鉄Fe

Feが放出したe^-を，水に溶けたO_2が受け取る

$$\begin{cases} O_2 + 4e^- + 2H_2O \longrightarrow 4OH^- & \text{（還元反応）} \\ Fe \longrightarrow Fe^{2+} + 2e^- & \text{（酸化反応）} \end{cases}$$

鉄Feの表面をスズSnでメッキしたものを**ブリキ**，**亜鉛Znでメッキしたもの**を**トタン**といいます。

イオン化傾向は Zn＞Fe＞Sn ですから，陽イオンになりにくい，つまり酸化されにくいSnでメッキしているブリキの方が，トタンよりも腐食しにくくて丈夫なように思えます。実際メッキが完全な状態の間はブリキの方が丈夫でしょう。

ところが，表面のメッキが剥（は）げ本体のFeが露出すると事情が異なってきます。

① ブリキでは，SnよりもFeの方がイオン化傾向が大きいため，本体のFeが腐食してボロボロになってしまうのです。

② 一方，ZnはFeよりもイオン化傾向が大きいので，トタンはメッキのZnが腐食するだけで本体のFeは大丈夫です。

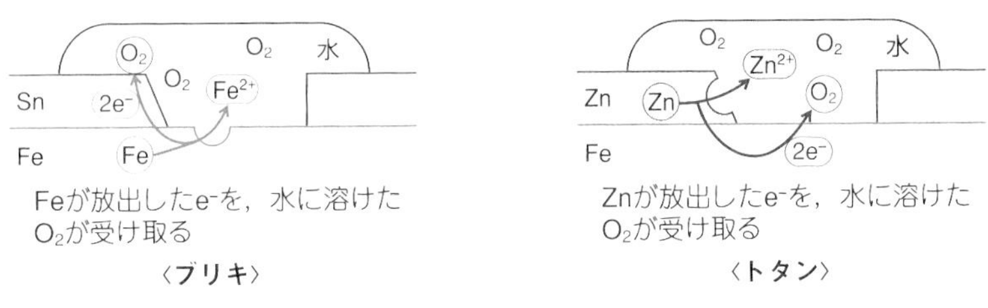

Feが放出したe^-を，水に溶けたO_2が受け取る

〈ブリキ〉

Znが放出したe^-を，水に溶けたO_2が受け取る

〈トタン〉

このようなブリキとトタンの特性の違いから，ブリキは傷がつきにくい缶詰の内壁などに，トタンは本体のFeが腐食して穴が開いてはいけない屋外の素材などに用いられています。

STAGE
3 Feの工業的製法

▶ 別冊p. 42

Feの単体は原料鉱物である鉄鉱石中の酸化鉄を，溶鉱炉(ようこうろ)でコークスCなどとともに加熱することで，還元して製造されています。

① 溶鉱炉で得られた鉄は，**炭素の含有量が多く硬いがもろい性質**を示します。この鉄は**銑鉄(せんてつ)**とよばれます。

② この銑鉄を転炉(てんろ)に移して，**炭素の含有量を減らして硬くて強いものにしたもの**を**鋼(こう)**といい建築材料などに用いられています。

次の文章を［1］～［7］をうめながら読んでいきましょう。

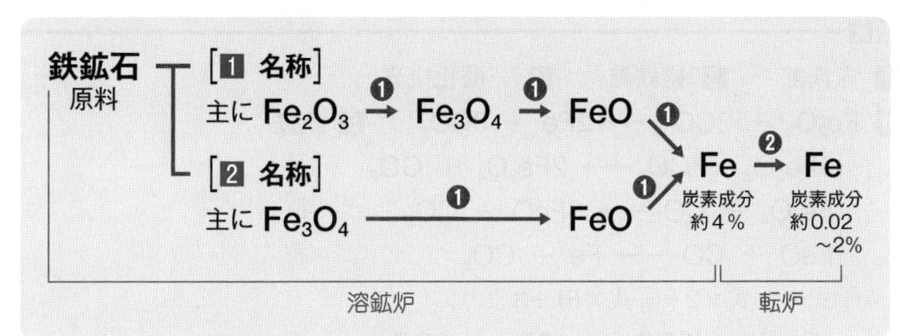

❶ 原料である鉄鉱石を，溶鉱炉でコークスC，石灰石$CaCO_3$と加熱する。溶鉱炉中で発生した［3 名称］により酸化鉄を還元し，鉄の単体を製造する。

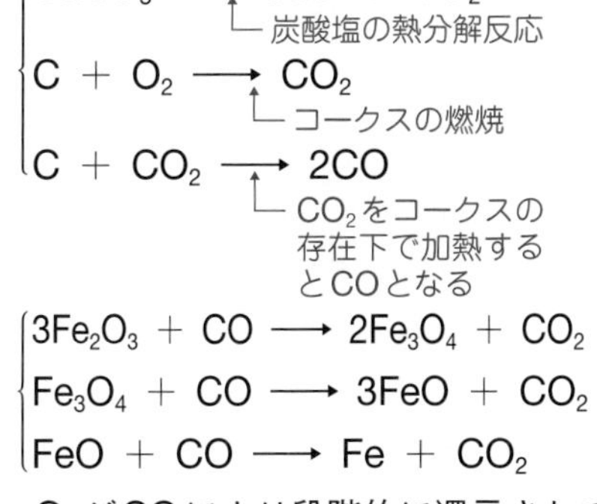

$$\begin{cases} CaCO_3 \longrightarrow CaO + CO_2 \\ C + O_2 \longrightarrow CO_2 \\ C + CO_2 \longrightarrow 2CO \end{cases}$$

└ 炭酸塩の熱分解反応

└ コークスの燃焼

└ CO_2をコークスの存在下で加熱するとCOとなる

$$\begin{cases} 3Fe_2O_3 + CO \longrightarrow 2Fe_3O_4 + CO_2 \\ Fe_3O_4 + CO \longrightarrow 3FeO + CO_2 \\ FeO + CO \longrightarrow Fe + CO_2 \end{cases}$$

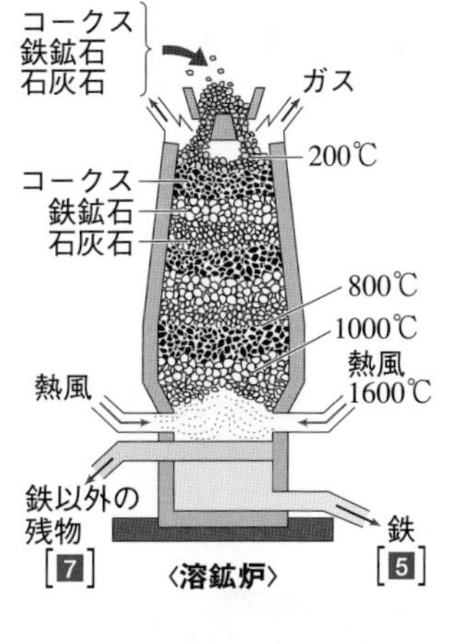

〈溶鉱炉〉

Fe_2O_3がCOにより段階的に還元されてFeになる全体の反応式は，

［4 反応式］

である。溶鉱炉から取り出したばかりの鉄を［5 名称］という。［5 名称］はCを約4％含んでおり，硬いがもろい性質を示す。そのため鋳物などに用途が限られている。

❷ この［5 名称］を，転炉中でO_2を吹きこみ加熱することにより，CをCO_2に変えて炭素成分を約0.02〜2％に減少させると［6 名称］になる。［6 名称］は硬くて強い性質をもち，建築材料などに用いられる。

● なお，$CaCO_3$の熱分解で得られたCaOは鉄鉱石中の不純物であるSiO_2と反応し，ケイ酸カルシウム$CaSiO_3$などとなって［5 名称］の上に浮かぶ。これを［7 名称］という。

答え

1 赤鉄鉱　2 磁鉄鉱　3 一酸化炭素

4 $Fe_2O_3 + 3CO \longrightarrow 2Fe + 3CO_2$　5 銑鉄

$$\begin{cases} 3Fe_2O_3 + CO \longrightarrow 2Fe_3O_4 + CO_2 & \cdots (i) \\ Fe_3O_4 + CO \longrightarrow 3FeO + CO_2 & \cdots (ii) \\ FeO + CO \longrightarrow Fe + CO_2 & \cdots (iii) \end{cases}$$

（ⅰ式＋ⅱ式×2＋ⅲ式×6）÷3より，

$$Fe_2O_3 + 3CO \longrightarrow 2Fe + 3CO_2$$

6 鋼　7 スラグ

入試突破のポイント

- STAGE 1 を繰り返し読もう。
- ブリキとトタンの特徴を理解しよう。
- 鉄の製法の流れを理解しよう。

入試問題に Challenge!

解答➡p. 209

1 次の文章を読み，下の**問1～9**に答えよ。

鉄は，湿った空気中で酸化されて，(a)赤さびを生じる。鉄の酸化と関係する以下の実験を行った。

フェノールフタレインのエタノール溶液数滴と(b)ヘキサシアニド鉄(Ⅲ)酸カリウム水溶液数滴を加えた３％塩化ナトリウム水溶液をペトリ皿(シャーレ)に満たした。その中へ，亜鉛めっきを完全に取り除いた鉄くぎを入れて完全に沈め，ふたをしないで空気中に置いた。すると，直ちに(c)鉄くぎ表面の一部が青味がかっていき，別の表面部分近くの溶液がピンク色になってきた。この現象は，鉄くぎ表面の一部で(d)酸化反応が，また，鉄くぎの別の表面部分で(e)還元反応が起こっていることによる。

問1　下線部(a)で，赤さびに含まれる鉄酸化物の化学式を示せ。

問2　鉄を高温の水蒸気と反応させてできるさびがある。その反応の化学反応式とさびの名称を書け。

問3　銅も湿った空気中では徐々に酸化されて，緑色のさびを生じる。このさびの主成分の化学式を書け。

問4　下線部(d)の酸化反応の反応式を書け。

問5　下線部(e)の還元反応の反応式を書け。

問6　下線部(b)の化合物について，化学式と錯イオンの構造を示せ。

問7　下線部(c)の青色物質が生成する理由を書け。

問8　鉄を塩酸に溶かし塩素を通じた水溶液に，ある物質を加えると下線部(c)と同一の青色物質が生成した。加えた物質の名称を書け。

問9　亜鉛めっきを部分的に残し鉄表面を露出させた鉄くぎについて，亜鉛めっきを完全に取り除いた鉄くぎの場合と同じ操作を行うと，どのようになるか述べよ。また，その理由も述べよ。

(横浜市大)

17 遷移元素(2)…Cu, Agなど

学習項目 ❶ 単体と化合物の性質 ❷ Cuの工業的製法 ❸ 写真の原理 ❹ 光触媒 ❺ 合金

STAGE

1 単体と化合物の性質

▷ 別冊p. 43

鉄以外の遷移元素である銅Cuや銀Agなどの知識も整理しておきます。次の文章を，[1]～[17]をうめながら読んでいきましょう。

❶ 11族元素

周期表11族の元素は上から[1 **元素記号**]，[2 **元素記号**]，[3 **元素記号**]である。この中で，[4 **元素記号**]の電気伝導度と熱伝導度はすべての金属単体中で最大であり，また，[5 **元素記号**]の展性と延性もすべての金属単体中で最大である。この3元素は貴金属として古来から重宝されてきた。

❷ 銅の酸化物

銅には2種類の酸化物があり，銅の酸化数が小さいものから順に[6 **化学式**]と[7 **化学式**]で，それぞれの色は順に[8 **色**]，[9 **色**]である。

❸ 銅の反応と銀の反応

銅を空気中に放置したときに生じる緑色のさびを[10 **名称**]という。また，銀は湿った空気中で硫化水素に触れると[11 **色**]の[12 **化学式**]が生じる。

❹ 硫酸銅(Ⅱ)と塩化コバルト

硫酸銅(Ⅱ)無水物は[13 **色**]であるが，水分を吸収すると[14 **色**]の[15 **化学式**]に変化するので水分の検出に用いられる。

塩化コバルト(Ⅱ)無水物も水分を吸収すると[16 **色**]から[17 **色**]の$CoCl_2 \cdot 6H_2O$に変化するので，同様の用途に利用されている。

答え

1 Cu　2 Ag　3 Au　4 Ag　5 Au

11族元素は上からCu，Ag，Auです。この3元素の単体は，古くから貴金属として重宝されてきました。オリンピックのメダルもこの３元素の単体ですね。

Cu，Ag，Au はすべてイオン化傾向が小さいので，酸化されにくく，さびにくい性質があります。その結果，いつまでも綺麗(きれい)な光沢が保たれ宝飾品になります。ことに Au は白金(プラチナ)Pt と並んで非常に陽イオンになりにくく，王水にしか溶けません 参照 p.57。

また，この３元素の単体は電気・熱伝導性に優れ，展性や延性にも富んでいます。そのため，電気伝導線に利用されています。すべての金属単体中，電気・熱伝導性第１位が銀で，展性・延性第１位は金です。

6 Cu_2O　7 CuO　8 赤色　9 黒色

銅の酸化物には，

① 酸化数が＋1の酸化銅(Ⅰ)Cu_2O(赤色)

② 酸化数が＋2の酸化銅(Ⅱ)CuO(黒色)

の２種類があります。

Cu を空気中で加熱すると黒色の CuO になります。Cu_2O はフェーリング液の還元で生じる赤色沈殿として有名なものです。

10 緑青(ろくしょう)　11 黒色　12 Ag_2S

銅を空気中に長時間放置すると，空気中の水分と二酸化炭素の作用で銅のさびである緑色の緑青が生じます。この反応は，例えば次のように表すことができます。

$$2Cu + O_2 + CO_2 + H_2O \longrightarrow CuCO_3 \cdot Cu(OH)_2$$

銀は湿った空気中で硫化水素に触れると，次のように反応します。

$$4Ag + O_2 + 2H_2S \longrightarrow 2Ag_2S(\text{黒色}) + 2H_2O$$

温泉に銀のアクセサリーを付けたまま入ると黒くなるのは，この反応が起こるからです。

13 白色　14 青色　15 $CuSO_4 \cdot 5H_2O$　16 青色　17 淡赤色

塩化コバルト(Ⅱ)無水物を含んだ塩化コバルト紙は，その色の変化から水分の検出に利用されます。

$$CoCl_2(\text{青色}) \xrightarrow{+\text{水}} CoCl_2 \cdot 6H_2O(\text{赤色})$$

STAGE

2 Cuの工業的製法

▷ 別冊p. 43

Cuの単体は，原料鉱物である黄銅鉱(おうどうこう)から製造されます。得られたばかりの銅は，純度が99%程度であり，一定量の不純物を含んでいることから粗銅(そどう)とよばれます。

銅は電気機器などに利用することが多いので，純度をさらに上げる必要があるため，電解精錬(でんかいせいれん)を行って，純度99.99%以上の純銅(じゅんどう)を製造しています。このとき純銅と同時に，陽極の下にAg，Auなどの貴金属が得られます。

流れをおおまかにつかんだら，[1]～[9]をうめながら次の文章を読んでいきましょう。特に電解精錬を細部まで理解してください。

$CuFeS_2$（原料） —❶ 溶鉱炉→ Cu_2S（硫化銅(Ⅰ)） —❷ 転炉→ Cu（純度 約99%） —❸ 電解精錬→ Cu（純度 約99.99%）

❶ 原料である[1 **名称**] $CuFeS_2$を溶鉱炉でコークスC，石灰石$CaCO_3$と加熱すると，硫化銅(Ⅰ)Cu_2Sになる。

$$4CuFeS_2 + 9O_2 \longrightarrow 2Cu_2S + 2Fe_2O_3 + 6SO_2$$

❷ 転炉でCu_2SにO_2を吹きこみ加熱すると，[2 **用語**]が得られる。

$$2Cu_2S + 3O_2 \longrightarrow 2Cu_2O + 2SO_2 \quad \cdots(\text{i})$$

$$2Cu_2O + Cu_2S \longrightarrow 6Cu + SO_2 \quad \cdots(\text{ii})$$

全体の反応は，(ⅰ式＋ⅱ式)÷3より，

[3 **反応式**]

❸ 粗銅中の不純物を除くために，粗銅を[4 **陽 or 陰**]極に，純銅を[5 **陽 or 陰**]極にして，硫酸銅(Ⅱ)水溶液中で[6 **用語**]を行う(次図)。各電極で起きる反応は次のものである。

陽極：[7 **反応式**]
陰極：[8 **反応式**]

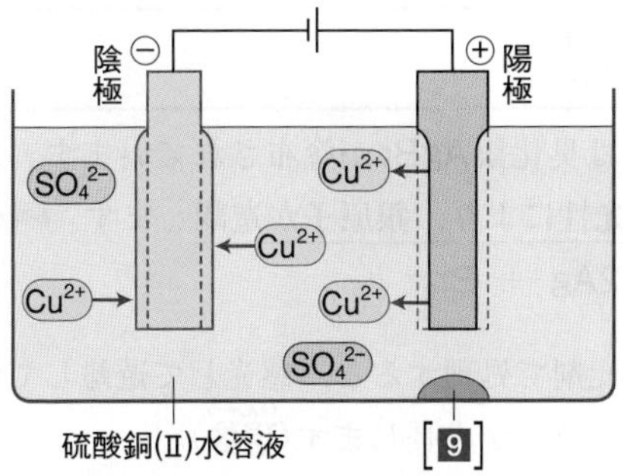

粗銅の溶解について

粗銅中の不純物のうち，イオン化傾向の小さい金属は，電圧を低くしておけば，酸化されず単体のままで落下する。このとき，陽極の下にできる堆積物を［9 **用語**］といい，金，銀などの貴金属が含まれている。

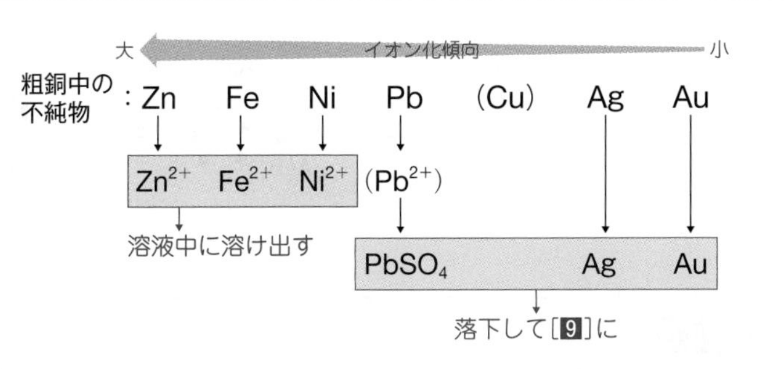

答え

1 黄銅鉱　2 粗銅

3 $Cu_2S + O_2 \longrightarrow 2Cu + SO_2$

4 陽　5 陰　6 電解精錬

7 主に $Cu \longrightarrow Cu^{2+} + 2e^-$

8 $Cu^{2+} + 2e^- \longrightarrow Cu$

9 陽極泥

STAGE 3

写真の原理

写真のフィルムには臭化銀AgBrが塗布されています。このフィルムに光が当たると**AgBrの感光性により，銀原子が遊離**します 参照 p.96 。

$$2AgBr \longrightarrow 2Ag + Br_2$$

このフィルムを還元剤で処理すると，感光して遊離していた銀原子を結晶核として，さらに銀の微粒子が成長します(**現像**)。

$$Ag^+ + e^- \longrightarrow Ag$$

反応しなかったAgBrをチオ硫酸ナトリウム$Na_2S_2O_3$に溶かして除去すると，感光したところだけが黒い陰画(ネガ)となります(**定着**)。AgBrは水に不溶ですから，チオ硫酸ナトリウムを用いて溶かすのです 参照 p.93 。

$$AgBr + 2S_2O_3^{2-} \longrightarrow [Ag(S_2O_3)_2]^{3-} + Br^-$$

STAGE 4

光触媒

光を吸収して触媒作用を示す物質を**光触媒**といいます。白色顔料として用いられる酸化チタン(Ⅳ)TiO_2は，代表的な光触媒です。

TiO_2は紫外線を吸収すると，表面に付着した水分子を酸化し，反応性の高いヒドロキシラジカルとよばれる粒子が生じます。

·は不対電子

$$H_2O \longrightarrow \cdot OH + H^+ + e^-$$

ヒドロキシラジカル

ヒドロキシラジカルは，汚れの原因となる有機化合物から電子を奪い酸化分解するので，TiO_2の表面はきれいな状態に保たれるのです。

STAGE

5 合金

現代生活においては遷移元素を中心としたさまざまな合金が利用されています。次の 入試必須 知識のチェック!! に取り組んで必要な知識を覚えましょう。

入試必須 知識のチェック!!

次の合金について，①～③，⑦は名称を，④～⑥は元素記号を答えよ。

名称	成分	特徴など
①	Al, Cu, Mg など	航空機体に利用
②	Sn, Ag, Cu など ※ もともとSnとPbの合金の名称だったが，現在は鉛を含まないものが主流。	融点が低い
ニクロム	Ni, Cr	電気抵抗が大きい
③	Fe, Ni, Cr	流し台に利用
黄銅(しんちゅう)	Cu, ④	楽器に利用
青銅(ブロンズ)	Cu, ⑤	ブロンズ像に利用
白銅	Cu, ⑥	硬貨
⑦	Ti, Ni	変形しても，加熱(冷却)すれば元の形に戻る
アマルガム	Hg, 他の金属	やわらかい

□ **答え** ① ジュラルミン　② はんだ　③ ステンレス鋼　④ Zn　⑤ Sn　⑥ Ni　⑦ 形状記憶合金

入試突破のポイント

- STAGE 1 を繰り返し読もう。
- 銅の電解精錬をしっかり理解しよう。
- 写真の原理を理解しよう。
- 代表的な光触媒として，TiO_2は記憶しておこう。
- 合金を覚えよう。

入試問題にChallenge! 解答➡p. 210

1 下の**問1～10**に答えよ。計算のために必要な場合は，原子量として次の数値を用いよ。

Au＝197.0，Ag＝107.9，Zn＝65.4，Cu＝63.5，Ni＝58.7，Fe＝55.8，Cl＝35.5，S＝32.0，O＝16.0，C＝12.0，H＝1.0

（Ⅰ） 銅は自然界では主に硫化銅である［ア］として存在し，溶鉱炉，転炉で精錬して粗銅として得られた後，電解精錬により純銅となる。電解精錬では［イ］に粗銅板を，［ウ］に純銅板を，電解液に［エ］の酸性溶液を用い，電気分解する。銅よりイオン化傾向の［オ］なニッケル，鉄，亜鉛などの不純物は［カ］となって溶液に溶け出し，イオン化傾向の［キ］な金，銀は溶けずに陽極の下に沈む。粗銅はこのように精錬されて純銅となり，その純度は，99.94％以上となる。銅は，室温で乾燥した空気中では変化しないが，湿った空気中では酸化被膜をつくり二酸化炭素の作用で$_{(A)}$緑青を生成する。これを強熱すると，1000℃以下では$_{(B)}$黒色の酸化銅を，1000℃以上では$_{(C)}$赤色の酸化銅を生成する。

問1 （Ⅰ）の文章中の［ア］～［キ］に適当な語句を入れよ。

問2 陽極および陰極ではどのような反応が起こるかを記せ。

(1) 陽極での反応式　(2) 陰極での反応式

問3 下線部(A)の緑青の成分はオキシ炭酸塩である。その化学式を記せ。

問4 下線部(B)と(C)の各々の酸化銅の化学式を記せ。

（Ⅱ） 銅は，熱濃硫酸や硝酸などの［ク］のある酸にはよく溶けるが，塩酸や希硫酸には溶けない。ただし銅片を空気を通じながら加熱すると，希硫酸にも溶け，溶液を濃縮すると$_{(D)}$青色の結晶が得られる。この結晶を取り出し，500℃まで加熱しながら重さを測定したところ，右図に示すように温度の上昇とともに重量が減少した。Xの温度に到達すると，その後加熱してもYの温度までは重量は変化しなかった。Yの温度よりさらに加熱すると再び重量が減少し，$_{(E)}$$Z$の温度以上では重量減少は起こらなかった。$Z$の温度まで加熱した試料は，白い粉末であった。この白い粉末を空気中に放置しておいたと

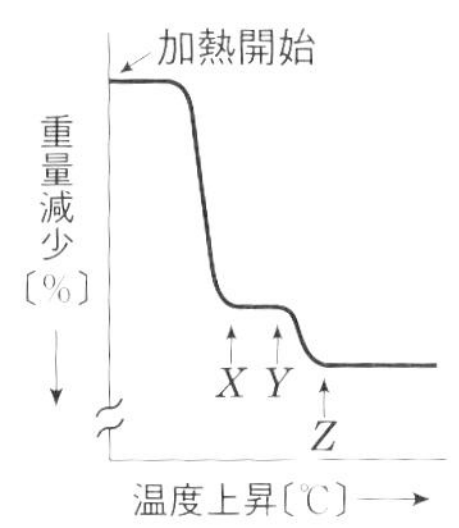

ころ，(F)再び青色となった。このような性質を利用して，白い粉末はエタノールやベンゼン中の［ケ］の検出や［コ］に用いられる。

問5　(Ⅱ)の文章中の［ク］～［コ］に適当な語句を入れよ。

問6　下線部(D)の青色の結晶の化学式を記せ。

問7　下線部(E)の温度Zで得られた白い粉末の化学式を記せ。

問8　下線部(E)の温度Zに至るまでの重量減少量〔%〕を有効数字3桁で答えよ。

問9　下線部(F)で起きた変化を化学反応式で記せ。

問10　温度Xでの重量減少量と温度Zでの重量減少量との比を求めよ。また，XからYの温度範囲で生成した物質の化学式を推定せよ。

（東北大）

2　次の文章を読み，下の**問1～5**に答えよ。答えの数値は四捨五入して有効数字2桁で求めよ。

以下の金属のうちから3種(**a**，**b**，**c**)を選び，**実験1～7**を行った。

亜鉛，アルミニウム，カルシウム，銀，銅，ナトリウム，鉛

実験1　**a**を希硝酸に加えておだやかに加熱したところ，ガスを発生して溶け，**溶液A**を得た。

実験2　**a**，**b**，**c**を別々に水に加えたところ，**b**のみがガスを発生して溶け，**溶液B**を得た。

実験3　**c**を希硫酸に加えたところ，ガスを発生して溶け，**溶液C**を得た。

実験4　板状の**a**と**c**を接触させた状態で希硫酸に浸したところ，**a**の表面からガスが発生した。

実験5　**溶液A**と**B**にそれぞれ希硫酸を加えたところ，**溶液A**では沈殿は生じなかったが，**溶液B**では白色の沈殿が生じた。

実験6　**溶液A**に希塩酸を加えたところ，沈殿は生じなかった。

実験7　**溶液C**に，アンモニア水を少しずつ加えたところ，白色の沈殿が生じた。さらにアンモニア水を過剰に加えると，この沈殿は溶けた。

問1　上記の実験結果から，これらの金属をイオン化傾向の大きいものから順に並べて**a**，**b**，**c**の記号で記せ。

問2　**実験1**と**実験3**で見られる変化を，それぞれ化学反応式で記せ。

問3　**実験2**で得た**溶液B**を20mLとり，0.40mol/L塩酸で中和滴定したとこ

ろ，25 mLを要した。20 mLの**溶液B**に溶けていた**b**は何molであったか。

問4　**実験4**で，**a**の表面から発生したガスの化学式を記せ。

問5　**実験5**で**溶液B**に生じた沈殿物の化学式を記せ。

（広島大）

3　2種類の**金属元素XとY**からなる**合金A**がある。その元素組成を知るために，次の**操作1～4**の実験を行った。下の**問1～7**に答えよ。

操作1　**合金A**の小片をとり，その質量を天びんで測定したところ3.69 gであった。(1)これを少量の濃硝酸中に浸しておだやかに加熱すると，褐色の気体を発生しながら完全に溶けた。水浴上で蒸発乾固したのち0.2 mol/L塩酸に溶かし，得られた溶液をすべてメスフラスコに移して正確に500 mLとした。この溶液の色は青色であった。これを試料溶液とし，以下の操作に用いた。

操作2　少量の試料溶液を試験管にとり，これに十分な量の水酸化ナトリウム水溶液を加えると，**金属X**から生じたイオンは(a)青白色の沈殿になった。この沈殿を別の試験管に移し，濃アンモニア水を加えると沈殿は溶け，(b)濃青色の溶液になった。

操作3　**操作2**で生じた青白色沈殿を除くと，(c)無色透明なろ液が得られた。これに硫化水素を通じると，**金属Y**から生じたイオンは(d)白色の沈殿になった。

操作4　ホールピペットを用いて正確に試料溶液50.0 mLをとり，これに硫化水素を通じると(e)黒色の沈殿が生じた。この沈殿をろ過し，乾燥してその質量を測定したところ，0.335 gであった。

問1　**金属X**および**Y**は何か。それぞれの元素記号を次の①～⑥から選べ。

① Al　② Cr　③ Fe　④ Ni　⑤ Cu　⑥ Zn

問2　**操作1**を行ったときに，**金属X**に起こる変化を表した次の化学反応式を完成させよ。ただし，[ア]には下線部(1)の気体を記入し，係数が必要な場合は係数も付けて示せ。

$$X + 4HNO_3 \longrightarrow X(NO_3)_2 + [ア] + [イ]$$

問3　下線部(a)，(d)および(e)の沈殿の化学式を記せ。

問4　下線部(b)および(c)の溶液では，**X**ならびに**Y**はいずれも錯イオンになって溶けている。これらの錯イオンを化学式で示せ。

問5　**合金A**の小片中に含まれていた**X**の物質量〔mol〕はいくらか。次の①～⑥から最も近い値を選べ。ただし，原子量は**X**＝63.5，S＝32.1とする。

①　3.44×10^{-3}　②　3.50×10^{-3}　③　5.28×10^{-3}

④　3.44×10^{-2}　⑤　3.50×10^{-2}　⑥　5.28×10^{-2}

問6　**合金A**中の**X**の質量パーセント〔%〕はいくらか。次の①～⑤から最も近い値を選べ。

①　8　②　12　③　40　④　60　⑤　62

問7　この合金は何とよばれるか。次の①～⑤から適するものを選べ。

①　ステンレス鋼　②　青銅　③　黄銅　④　ハンダ

⑤　ジュラルミン

（福岡大）

さらに演習！　『鎌田の化学問題集 理論・無機・有機 改訂版』第8章 金属元素
18 遷位元素

18 17族…ハロゲン

学習項目 ❶ 単体と化合物の性質 ❷ 重要な反応 ❸ Cl_2の実験室的製法

STAGE 1 単体と化合物の性質

▷ 別冊 p. 46

周期表17族の元素を**ハロゲン**といいます。ハロゲンはNaCl，HClなどといったさまざまな重要物質に含まれています。[1]～[32]をうめながら次の文章を読んでいきましょう。

❶ ハロゲンの単体の特徴

周期表17族の元素は上から

F　Cl　Br　I　At

である。これらの元素はハロゲンとよばれ，単体はすべて二原子分子である。

分子量が大きくなると分子間力が大きくなり，分子どうしが強く引き合うようになる。そのため分子量が254と大きいI_2は常温で［1 状態］であり，Br_2，Cl_2，F_2はそれぞれ［2 状態］，［3 状態］，［4 状態］である。

単体の色はさまざまでありF_2，Cl_2，Br_2，I_2はそれぞれ［5 色］，［6 色］，［7 色］，［8 色］をしている。また［9 化学式］は常温で昇華する。

❷ ハロゲン化水素の性質

ハロゲン化水素HF，HCl，HBr，HIのうち，最も沸点が高いものは［10 名称］，最も低いものは［11 名称］である。［10 名称］の沸点が高いのは［12 用語］を分子間で形成しているからである。

ハロゲン化水素の水溶液をハロゲン化水素酸という。HF，HCl，HBr，HIの水溶液はそれぞれ［13 名称］，［14 名称］，［15 名称］，［16 名称］とよばれる。ハロゲン化水素酸の酸の強さは強い順に

［17 化学式］＞［18 化学式］＞［19 化学式］＞［20 化学式］

であり，［20 化学式］のみ弱酸で他は強酸である。

❸ ハロゲンを含むオキソ酸

ハロゲンを含むオキソ酸のうち，Clを成分とするものには

$HClO$ [21 名称], $HClO_2$ [22 名称], $HClO_3$ [23 名称], $HClO_4$ [24 名称] の4種類があり，Clの酸化数は順に [25 数字], [26 数字], [27 数字], [28 数字] である。また，酸の強さは強い順に次のとおりである。

$$HClO_4 > HClO_3 > HClO_2 > HClO$$

❹ ハロゲンを含む化合物

ハロゲンを含む化合物であるさらし粉は [29 化学式] と表される複塩である。なお，現在生産されているさらし粉は，$CaCl_2$を除いたもので，高度さらし粉とよばれ，主成分は [30 化学式] である。さらし粉中に含まれるClO^- [31 名称] は酸化力があり，菌や色素を酸化することで殺菌・漂白作用を示す。また，CaF_2は [32 名称] とよばれる鉱物に含まれており，水に難溶な塩である。この物質はHFの製法に用いられる。

答え

1 固体　2 液体　3 気体　4 気体　5 淡黄色
6 黄緑色　7 赤褐色　8 黒紫色　9 I_2

ハロゲンの単体の常温・常圧での状態と色を覚えましょう。

臭素Br_2は非金属元素の単体で常温で唯一の液体です。ちなみに，金属元素の単体で液体なのは水銀Hgのみです。常温・常圧で昇華する物質としてはI_2以外にドライアイスCO_2，ナフタレン$C_{10}H_8$を覚えましょう。

	F_2	Cl_2	Br_2	I_2
常温・常圧での状態	気体	気体	液体	固体
色	淡黄色	黄緑色	赤褐色	黒紫色

10 フッ化水素　11 塩化水素　12 水素結合　13 フッ化水素酸
14 塩酸　15 臭化水素酸　16 ヨウ化水素酸　17 HI　18 HBr
19 HCl　20 HF

一般に，分子量が大きいものほど沸点が高いが，HFは分子間で水素結合を形成しているので，分子量が小さいわりに沸点が高い。

H−F
H
水素結合
F…H−F

	HF	HCl	HBr	HI
沸点(℃)	20	−85	−67	−35

ハロゲン化水素はすべて水に非常によく溶け，その水溶液をハロゲン化

水素酸といいます。塩化水素酸は略して塩酸とよばれます。

ハロゲン化水素酸の酸の強さは，水素とハロゲンの結合エネルギーの大きさによって決まります。ハロゲンの原子半径が大きいほど結合は弱く，HとIの結合エネルギーが最も小さいのでHIが最もH^+とI^-に電離しやすく，酸として強くなります。逆にHとFの結合エネルギーは最も大きいので，H^+とF^-に電離しにくいHFは酸として弱くなり，フッ化水素酸は弱酸です。

21 次亜塩素酸　**22 亜塩素酸**　**23 塩素酸**　**24 過塩素酸**

25 ＋1　**26 ＋3**　**27 ＋5**　**28 ＋7**

塩素原子を含むオキソ酸には4種類あり，$HClO_3$(塩素酸)を基準として酸素原子のより多い$HClO_4$を過塩素酸，酸素原子のより少ない$HClO_2$，HClOをそれぞれ亜塩素酸，次亜塩素酸といいます。この名称はH_2SO_4(硫酸)に対してH_2SO_3を亜硫酸，HNO_3(硝酸)に対してHNO_2を亜硝酸とよぶのと同じ類のものです。

H–O–Cl　　H–O–Cl→O　　H–O–Cl(→O)→O　　H–O–Cl(→O)(→O)→O

HClO(次亜塩素酸)　$HClO_2$(亜塩素酸)　$HClO_3$(塩素酸)　$HClO_4$(過塩素酸)
※HOClとも書く

化合物中の水素原子の酸化数が＋1，酸素原子の酸化数が−2であることから，オキソ酸中の塩素原子の酸化数を求めることができます。例えば，$HClO_4$中のClの酸化数は次のように求まります。

$(+1)+x+(-2)\times4=0$ ➡ $x=+7$

右図のように，中心原子の酸化数が大きいほど電子をより強く引きつけるため，酸の強度があがると考えられます。

29 $CaCl(ClO)\cdot H_2O$　**30 $Ca(ClO)_2\cdot 2H_2O$**　**31 次亜塩素酸イオン**

32 ホタル石

湿った水酸化カルシウムに塩素を通じると，さらし粉ができます。

$$Ca(OH)_2 + Cl_2 \longrightarrow CaCl(ClO)\cdot H_2O$$

さらし粉はCa^{2+}，Cl^-，ClO^-からなる複塩です 参照 p.104 。さらし粉から$CaCl_2$を除いたものを高度さらし粉とよび，主成分は次亜塩素酸カルシウム2水和物$Ca(ClO)_2\cdot 2H_2O$です。これらの中に含まれる次亜塩素酸イオンClO^-には次式のような酸化力があり，菌や色素を酸化するため殺菌・漂白作用があります。

$$ClO^- + 2H^+ + 2e^- \longrightarrow Cl^- + H_2O$$

次亜塩素酸ナトリウムNaClOもClO^-を含んでおり，台所用の漂白剤として利用されています。また，塩素水に殺菌作用があるのもCl_2と水が反応して生成するHClOの作用によっています 参照 p.65。

$$Cl_2 + H_2O \rightleftarrows HCl + HClO$$

STAGE 2 重要な反応

▶ 別冊p. 46

1 ハロゲンの単体と水素との反応 参照 p.63

ハロゲンの単体X_2には酸化力があり，水素H_2との酸化還元反応によりハロゲン化水素が生成します。

$$H_2 + X_2 \longrightarrow 2HX$$

ハロゲンの単体の酸化力の強さは　$F_2 > Cl_2 > Br_2 > I_2$　の順ですから，反応の激しさもこの順となります 参照 p.63。

$H_2 + F_2 \longrightarrow 2HF$ ←冷暗所でも爆発的に反応

$H_2 + Cl_2 \longrightarrow 2HCl$ ←光または熱で爆発的に反応

$H_2 + Br_2 \rightleftarrows 2HBr$

$H_2 + I_2 \rightleftarrows 2HI$

2 ハロゲンの単体と水との反応 参照 p.63

(1) フッ素F_2と水との反応

F_2は酸化力が非常に大きいので，水を酸化して酸素O_2を発生させます。

$$\begin{cases} F_2 + 2e^- \longrightarrow 2F^- & \cdots ⅰ \\ 2H_2O \longrightarrow O_2 + 4H^+ + 4e^- & \cdots ⅱ \end{cases}$$

ⅰ式×2＋ⅱ式より，

$$2F_2 + 2H_2O \longrightarrow O_2 + 4HF$$

(2) 塩素Cl_2と水との反応

Cl_2はF_2よりも酸化力が小さいため水を酸化することはできません。ただし，Cl_2を水に通じると，次の自己酸化還元反応が起きます。

$$Cl_2 + H_2O \rightleftarrows HCl + HClO$$

(3) 臭素Br_2と水との反応

Br_2は水との間でCl_2と同様の反応を起こしますが，その反応性はCl_2よりも小さくなります。

(4) ヨウ素I_2と水との反応

I_2はほとんど水に溶けませんが，ヨウ化カリウムKI水溶液には三ヨウ化物イオンI_3^-を生じて溶け，褐色の**ヨウ素溶液**となります。

$$I_2 + I^- \longrightarrow I_3^-$$

3　フッ化水素酸がガラスを腐食する反応

ガラスの主成分はSiO_2です。SiO_2は共有結合の結晶であり反応性に乏しいのですが，SiとF$^-$の配位結合の相性がよいためSiとF$^-$は錯イオンを形成します。そのため，**フッ化水素酸はSiO_2と反応してガラスを腐食**させます。

$$SiO_2 + 6HF \longrightarrow H_2SiF_6 + 2H_2O$$

このため，**フッ化水素酸はガラスのびんに保存できず，ポリエチレン製の容器に保存**します。

STAGE 3 Cl_2の実験室的製法

▷ 別冊 p. 46

酸化マンガン(Ⅳ)に濃塩酸を加えて加熱すると塩素が発生します 参照 p.104。

$$MnO_2 + 4HCl \longrightarrow Cl_2 + MnCl_2 + 2H_2O$$

この塩素の発生実験の詳細を学びましょう。

丸底フラスコに酸化マンガン(Ⅳ)を入れ，濃塩酸を滴下してバーナーで加熱するとフラスコから塩素が発生します。その際，**この発生気体には揮発した塩化水素HClと水蒸気H_2Oも大量に含まれてしまいます**。そのため，これらの不純物を除去する必要があります。

(1) 塩化水素HClの除去

HClの除去は簡単です。**水に非常によく溶ける気体なので水に通じれば吸収される**からです。このとき，Cl_2もいくらかは水に溶けてしまいますが，それほどは溶けませんから大丈夫です。

(2) 水蒸気H_2Oの除去

一方，**H_2Oは乾燥剤で除去**できます。**Cl_2は酸性気体なので酸性の乾燥剤の濃硫酸を用います** 参照 p.112。

これら不純物を除去する過程においては，発生気体を**先に水に通じてから，後で濃硫酸に通じなければなりません**。

この順番を逆にしてしまうと，せっかくH_2Oを除いて乾燥した気体をまた水に入れることになってしまうからです。乾かした洗濯物を再び水につけるようなもので，再度H_2Oを含んでしまうから駄目なのです。

(3) 塩素Cl_2の捕集法

適切に不純物を除去した後は，**Cl_2を下方置換**で集めます 参照 p.113。

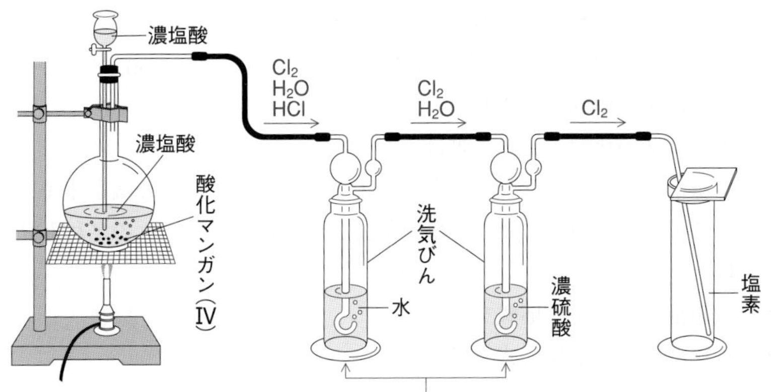

入試突破のポイント

- STAGE 1 を繰り返し読もう。
- ハロゲンの単体の酸化力の強さと反応性を結びつけて理解しよう。
- 塩素の製法の実験装置を理解しよう。

入試問題にChallenge!

解答➡p. 213

1 次の文章を読んで，下の**問1～7**に答えよ。

周期表[A]族のフッ素，塩素，臭素およびヨウ素などの元素はハロゲンとよばれる。これらの元素の単体は二原子分子からできていて，常温で[B]と[C]は気体，[D]は液体，[E]は固体である。

ハロゲン原子の価電子は[F]個で，①電気陰性度は大きく1価の[G]になりやすい。また，酸化力は[H]の順である。塩素は②水に溶け，強い酸化作用をもつ次亜塩素酸を生成する。塩素を水酸化カルシウムに吸収させてつくられた漂白剤である[I]に③塩酸を加えると再び塩素が発生する。ヨウ素は水には溶けにくいが，[J]水溶液には④よく溶けて褐色の溶液となる。

ハロゲンの水素化合物の中で，フッ化水素の水溶液はケイ酸塩や⑤二酸化ケイ素を溶かすのでガラスの容器には保存できない。

問1 [A]～[J]に適切な物質名，語句あるいは数字を記入せよ。

問2 下線部①を簡潔に説明せよ。

問3 下線部②の化学反応式を書け。

問4 下線部②の次亜塩素酸のように分子中に酸素原子を含む酸をオキソ酸という。このような塩素のオキソ酸を他に3つ挙げ，それぞれの名称と化学式を書け。

問5 下線部③の化学反応式を書け。

問6 下線部④の化学反応式を書け。

問7 下線部⑤の化学反応式を書け。

（宮崎大）

2 次の文章を読み，下の**問1～6**に答えよ。

周期表17族に属する元素を総称してハロゲンという。これらは原子番号の順では，[a]と総称される元素の1つ手前に位置する。ハロゲン原子は[b]個の価電子をもち，電子1個を受け取って1価の陰イオンとなりやすい。自然界では，主に1価の陰イオンとして地殻や海水中に存在する。

自然界に存在する塩素には，${}^{35}_{17}Cl$と${}^{37}_{17}Cl$の2種類の同位体が存在する。${}^{35}_{17}Cl$の原子核中の陽子の数は[c]個で，中性子の数は[d]個である。同位体の相対質量は質量数にほぼ等しい。${}^{35}_{17}Cl$の存在比は[e]%であり，これより塩素の原子量を計算すると，35.5となる。

塩素は，工業的には塩化ナトリウム水溶液の電気分解により製造される。実験室では，次図に示したような実験装置を用い，濃塩酸と酸化マンガン(Ⅳ)を反応させることにより得られる。塩素は水に少し溶け，塩素の一部が水と反応して生成した物質が，漂白・殺菌作用をもつため，水道水の殺菌などに用いられる。

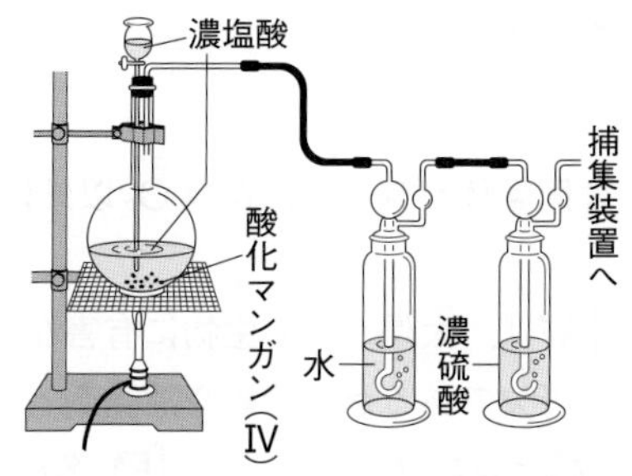

問1　アスタチン以外のハロゲンを，原子番号の小さいものから順に，元素記号で記せ。

問2　文中の[a]～[e]に当てはまる最も適当な語句または数値を記せ。

問3　塩酸と酸化マンガン(Ⅳ)の反応を化学反応式で記せ。

問4　塩素と水の反応を化学反応式で記せ。

問5　図の装置において，発生したガスを水中に導く理由と，その後で濃硫酸中に導く理由を，合わせて20字程度で述べよ。

問6　塩素の捕集方法としては，どのような方法が最も適当か。捕集方法と，その捕集方法を選んだ理由を，合わせて20字程度で述べよ。

（甲南大）

19 16族…O, S

学習項目 ❶ 単体と化合物の性質　❷ H_2SO_4の工業的製法…接触法　❸ 酸性雨

STAGE 1 単体と化合物の性質

周期表16族の酸素と硫黄について学びます。まず，酸素について，[1]～[4]をうめながら次の文章を読んでいきましょう。

❶ 空気の組成

酸素O_2は空気中に約20%含まれている。空気の成分で最も多い物質は窒素N_2(約80%)であり，２番目がO_2である。酸素は反応性の高い物質であるが，植物の光合成により生成するので空気中に一定量が保たれている。なお３番目は[1 **名称**]である。

❷ 酸素の同素体

酸素元素の単体には同素体が存在し，酸素O_2以外に[2 **名称**]O_3がある。

成層圏の[2 **名称**]層は，太陽からの生物に有害な[3 **名称**]を吸収しており生物の生存に不可欠であるが，冷媒や噴霧剤として使用されたあと大気中に放出される[4 **名称**]のため，この[2 **名称**]層が破壊され問題となっている。

答え

1 アルゴン

乾燥空気の体積組成は，N_2が78.08%，O_2が20.95%，Arが0.93%，CO_2が0.04%，… となっています。貴ガスのアルゴンArが第３位であることに注意しましょう。

2 オゾン　3 紫外線　4 フロン

酸素の単体には酸素O_2とオゾンO_3の同素体が存在します。O_3は，O_2に紫外線を照射するか，O_2中で**無声放電**を行うと生成します。

$$3O_2 \longrightarrow 2O_3$$

名　称	分子式	色	臭　い	構造式
酸　素	O_2	無　色	無　臭	O=O
オゾン	O_3	淡青色	特異臭	O=O→O

成層圏にあるオゾン層は太陽からの有害な紫外線を吸収する働きをしていますが，かつて，クーラー用の冷媒やスプレー用の噴霧剤として利用されたフロンが分解されてできた塩素原子によるO_3の分解の結果，このオゾン層が破壊され，問題となっています。

なお，フロンとは炭素・塩素・フッ素からなるクロロフルオロカーボン類のことをいい，$CFCl_3$などがあります。

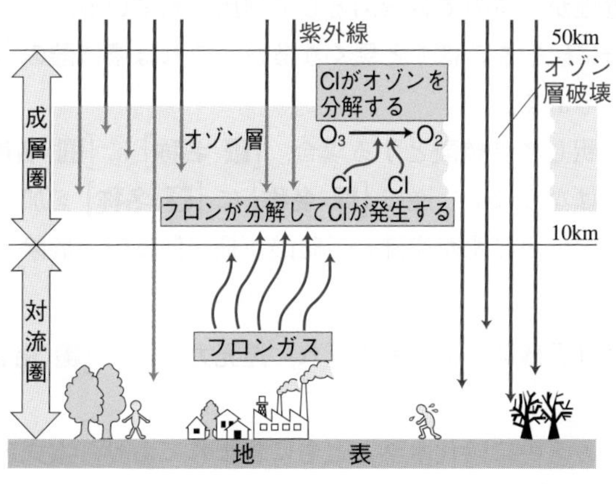

次に，硫黄について，[1]～[12]をうめながら次ページの文章を読んでいきましょう。

❶ **硫黄の同素体**

酸素と同族の硫黄元素にも同素体がある。代表的なものは［1 **名称**］，［2 **名称**］，［3 **名称**］であり，［1 **名称**］と［2 **名称**］は同じ分子式［4 **化学式**］で表される。この中で常温・常圧で最も安定な単体は［5 **名称**］である。

❷ **硫酸**

硫黄の化合物である濃硫酸は沸点が338℃と非常に高く，［6 **用語**］性の酸であり，さまざまな作用を示す。

まず加熱すると大きな［7 **用語**］力をもつ。この熱濃硫酸は銅や銀などのイオン化傾向の小さい金属でも酸化して溶かすことができる。

また，吸湿性があるので乾燥剤として利用されている。

さらに，紙に硫酸をこぼすと黒くなるが，これは濃硫酸の［8 **用語**］作用による変化である。

濃硫酸を希釈して希硫酸とする場合，［9 **名称**］に［10 **名称**］を少しずつ加えなければならない。逆に［10 **名称**］に［9 **名称**］を加えると，大量の溶解熱の発生により水が突沸して硫酸が飛び散るので危険である。

❸ **二酸化硫黄**

二酸化硫黄は亜硫酸ガスともよばれ，還元力があり［11 **用語**］作用を示す気体である。

また，火山ガス中に硫化水素とともに含まれており，次式の反応により火口付近には硫黄が遊離している。

［12 **反応式**］

答え

1，2 斜方硫黄，単斜硫黄（順不同）　3 ゴム状硫黄　4 S_8

5 斜方硫黄

硫黄には斜方硫黄，単斜硫黄，ゴム状硫黄などの同素体があります。

常温では斜方硫黄が最も安定であり，斜方硫黄を加熱後ゆっくり冷却すると単斜硫黄が，強熱後急冷するとゴム状硫黄がそれぞれ得られます。

斜方硫黄と単斜硫黄はともにS_8の分子式で表される無極性分子ですから，無極性溶媒の二硫化炭素CS_2に溶けます 参照 p.72 。一方，ゴム状硫黄は多数の硫黄原子からなる分子であるためCS_2にも溶けません。

名　称	形	色	CS_2に	分子の形
斜方硫黄		黄	溶	S_8（環状分子）
単斜硫黄		淡黄	溶	
ゴム状硫黄		褐 ［硫黄の純度が高いと黄色になる。］	不溶	S_x（鎖状分子）

6 不揮発　7 酸化　8 脱水　9 水　10 濃硫酸

濃硫酸の沸点は338℃と高いため蒸発しづらい不揮発性の酸です。そのため，揮発性酸由来の塩と混合して加熱すると，揮発性の酸が発生します 参照 p.67。

$$NaCl + H_2SO_4 \longrightarrow HCl + NaHSO_4$$

濃硫酸を加熱した熱濃硫酸は酸化力が大きいので，銅や銀などのイオン化傾向が小さい金属でも酸化でき，その際SO_2が生じます 参照 p.66。

$$Cu + 2H_2SO_4 \longrightarrow CuSO_4 + SO_2 + 2H_2O$$

注　亜鉛などと希硫酸の反応により水素が発生する反応は，金属とH^+の反応ですから，いわゆる濃硫酸の酸化力による反応ではないことに注意してください。

$$Zn + 2H^+ \longrightarrow Zn^{2+} + H_2$$　より，

$$Zn + H_2SO_4 \longrightarrow ZnSO_4 + H_2$$

濃硫酸は水との親和性が高いため吸湿性（きゅうしつ）があり，乾燥剤として利用されています 参照 p.112。また，このことと関連して，他の化合物中から水素原子と酸素原子を2：1の割合で奪う**脱水作用**を示します。スクロース（ショ糖）に濃硫酸を滴下すると炭化（たんか）して黒くなるのはこの作用によります。

$$C_{12}H_{22}O_{11} \longrightarrow 12C + 11H_2O$$

11 漂白　12 $SO_2 + 2H_2S \longrightarrow 3S + 2H_2O$

SO_2は還元力があり，色素を還元して漂白作用を示します。このようにSO_2は原則として還元剤ですが，H_2Sと反応するときは酸化剤として働きます 参照 p.53。火山ガス中にはSO_2，H_2Sの両気体が存在しており，火口付近では次の酸化還元反応により硫黄Sが遊離しています 参照 p.54。

$$\begin{cases} SO_2 + 4H^+ + 4e^- \longrightarrow S + 2H_2O & \cdots\text{ⅰ} \\ H_2S \longrightarrow S + 2H^+ + 2e^- & \cdots\text{ⅱ} \end{cases}$$

ⅰ式＋ⅱ式×2より，　$2H_2S + SO_2 \longrightarrow 3S + 2H_2O$

STAGE

2 H_2SO_4の工業的製法…接触法

別冊p. 45

硫酸は用途が幅広く，非常に重要な工業製品です。**現在は工業的に接触法**で製造されています。[1]～[6]をうめながら次の文章を読んでいきましょう。

原料

$$\underset{0}{S} \text{ or } FeS_2 \xrightarrow{❶} \underset{+4}{SO_2} \xrightarrow{❷} \underset{+6}{SO_3} \xrightarrow{❸} H_2\underset{+6}{SO_4}$$

❶ 硫黄または[1 **名称**]を燃焼させて，二酸化硫黄をつくる。

$$S + O_2 \longrightarrow SO_2$$

or

[2 **反応式**(FeS_2で)]

❷ [3 **名称**]を触媒としてSO_2を空気酸化する。

[4 **反応式**]

❸ 濃硫酸にSO_3を吸収させて[5 **名称**]とし，それに希硫酸を加えて薄め，濃硫酸とする。

[6 **反応式**]

答え

1 黄鉄鉱　2 $4FeS_2 + 11O_2 \longrightarrow 2Fe_2O_3 + 8SO_2$

燃焼反応と同じように組み立てればよいでしょう。

$$FeS_2 + \frac{11}{4}O_2 \longrightarrow \frac{1}{2}Fe_2O_3 + 2SO_2$$

両辺を4倍して完成です。

3 酸化バナジウム(V)(V_2O_5)　4 $2SO_2 + O_2 \longrightarrow 2SO_3$

5 発煙硫酸

濃硫酸にSO_3を溶かしたものを**発煙硫酸**といいます。

6 $SO_3 + H_2O \longrightarrow H_2SO_4$

発煙硫酸中のSO_3と希硫酸中のH_2Oが，上の反応をすることによりH_2SO_4が生成します。

STAGE

3 酸性雨

石油や石炭などの化石燃料中には不純物として硫黄成分が含まれています。そのため，火力発電所などでこれらを燃焼すると，**二酸化硫黄SO_2などの硫黄酸化物SO_x（ソックス）**が発生します。大気中に放出された**SO_xは酸化されてから，雨水に溶けこみ硫酸H_2SO_4**となります。

一方，自動車の排ガスなどとして放出される**窒素酸化物NO_x（ノックス）**も酸性雨の原因物質です。これは，高温のエンジン内で $N_2 + O_2 \longrightarrow 2NO$ の反応が起こり生成するものです。この**NO_xも酸化されてから雨水に溶けこみ硝酸HNO_3**となります。

これらのH_2SO_4やHNO_3のために酸性の強い雨が降ってくると，植物が枯れたり，大理石の像が溶けたりといった被害が起きるのです。

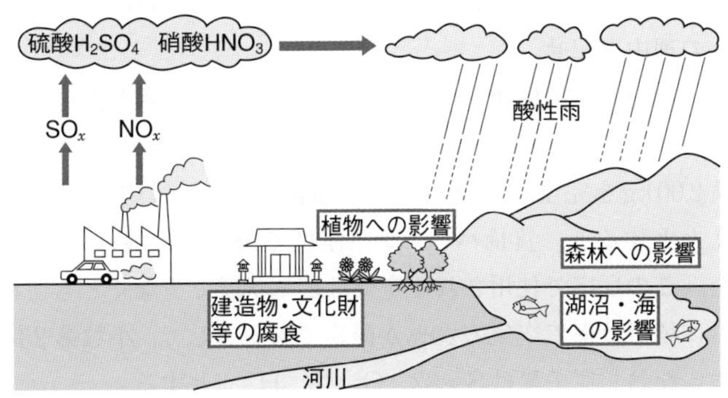

入試突破のポイント

- STAGE 1 を繰り返し読もう。
- 接触法の流れを理解して，反応式を書けるようにしよう。
- 酸性雨の原因物質を覚えよう。

入試問題に Challenge!

解答➡p. 215

1 硫酸は工業的に最も重要な化合物の1つであり，触媒を用いた接触法によって合成される。接触法による硫酸の合成は次の(Ⅰ)～(Ⅲ)の3段階の反応過程からなる。次の文章を読み，下の**問1～5**に答えよ。

(Ⅰ) ①原料ガスの二酸化硫黄SO_2はこれまで黄鉄鉱FeS_2を燃焼させてつくられていたが，現在では石油精製によって得られる硫黄の燃焼からつくられる。

(Ⅱ) 精製した②二酸化硫黄を，酸化バナジウム(Ⅴ)V_2O_5などの触媒を用いて空気で酸化し，三酸化硫黄SO_3とする。この反応は発熱反応である。

(Ⅲ) 三酸化硫黄を濃硫酸に吸収させて発煙硫酸とし，これを希硫酸に加えて濃硫酸とする。

問1 文章中の下線部①および②の化学反応式を書け。

問2 (Ⅱ)の反応は発熱反応にもかかわらず，およそ450℃の高温で行われている。その理由を記せ。

問3 (Ⅲ)において，濃硫酸をつくる際に三酸化硫黄を水と直接反応させない理由を記せ。

問4 硫黄2.00 kgを完全に燃焼させて二酸化硫黄をつくり，これをすべて硫酸に変えたとすると，質量パーセント濃度で98％の硫酸は何kg製造されるか。また，この反応で使用される空気は標準状態で少なくとも何m^3必要か。ただし，体積百分率で空気の20％が酸素であるとして，小数第2位までの値を求めよ。なお，原子量はS＝32，O＝16，H＝1とする。

問5 次の濃硫酸に関する記述㋐～㋗のうち，正しいものをすべて選べ。

㋐ 濃硫酸は高い粘性をもつ不揮発性の酸である。

㋑ 塩化ナトリウムに濃硫酸を加えると塩素が発生する。

㋒ 濃硫酸はショ糖を炭化させる。

㋓ 濃硫酸は希塩酸より強い酸として働く。

㋔ 熱濃硫酸は二酸化硫黄を発生しながら銅を溶かす。

㋕ 希硫酸を調製するときは濃硫酸にゆっくりと水を注いでいく。

㋖ 濃硫酸とエタノールの混合物を170℃で加熱するとエチレンが発生する。

㋗ 濃硫酸は空気の乾燥剤として使える。

（大阪市大）

2 次の文章を読み，下の**問1～5**に答えよ。

雨水には大気中の二酸化炭素が溶けているため，ふつうは弱い酸性であるが，①これよりも酸性が強い雨が降ることがあり，これを酸性雨という。酸性雨の原因の1つは，硫黄化合物の燃焼により発生する［ア］である。［ア］が空気中で酸化され，水に溶解して硫酸となるため強い酸性を示すことになる。硫酸は不揮発性であり，強い脱水作用をもつ。そのため，硫酸の濃度が増加すると雨に濡れた衣服が乾いたときに黒くなる被害が生じる。これは，②有機物中の酸素原子と水素原子を水分子として取り除く反応が起こるようになるからである。③大理石は，硫酸と反応するとセッコウに変化する性質があり，このためヨーロッパでは大理石製の彫像など歴史遺産に大きな被害が出ている。また，④鉄道レールなども腐食して危険な状態になっているところもある。酸性雨の中には硝酸が含まれることもある。これは燃焼中に窒素が酸化されてできる［イ］が水に溶けて生成するものである。

問1 ［ア］，［イ］はいずれも常温・常圧で気体である。その物質名を書け。

問2 下線部①に関して，ふつうの雨水に比べて酸性雨のpHにはどのような違いがあるかを書け。

問3 グルコース($C_6H_{12}O_6$)に濃硫酸をかけると，下線部②と同じ反応が起こり，黒いかたまりに変化する。この変化を化学反応式で書け。

問4 大理石の主成分は炭酸カルシウムである。下線部③の反応を化学反応式で書け。

問5 下線部④における反応について考えるため，鉄を希硫酸に入れてみた。このときに起こる変化を化学反応式で書け。

（千葉大）

20 15族…N, P

学習項目 ❶ 単体と化合物の性質 ❷ NH_3の工業的製法…ハーバー法 ❸ HNO_3の工業的製法…オストワルト法 ❹ 肥料

STAGE

1 単体と化合物の性質

▷ 別冊p. 44, 45

周期表15族の窒素とリンについて学びます。[1]～[14]をうめながら次の文章を読んでいきましょう。

❶ 窒素の単体と化合物

窒素元素の単体は窒素N_2である。この分子は非常に安定であり，空気の約［1 **整数**］%を占めている。

窒素の酸化物には種々のものがあるが，代表例は，

無色のNO　と　［2 **色**］のNO_2

である。NO_2は，常温では無色の［3 **化学式**］と平衡状態にある。

水素化合物であるアンモニアNH_3は，水溶液中で［4 **名称**］性を示す。

窒化ガリウムGaNは，［5 **色**］LEDの材料に用いられている。

窒素のオキソ酸である硝酸HNO_3は強酸で，酸化作用をもつ。光によって分解するため［6 **名称**］に入れて保存する。

❷ リンの単体

リン元素の単体には同素体が存在する。代表的なものは［7 **名称**］と［8 **名称**］であり，［7 **名称**］は分子式が［9 **化学式**］で表される。

この［7 **名称**］は空気中で自然発火するため［10 **名称**］中で保存する。

［8 **名称**］はマッチの側薬などに用いられている。

❸ 黄リンの反応

黄リンが燃焼すると次式の反応により，［11 **名称**］が生成する。

［12 **反応式**］

この［11 **名称**］は吸湿性が強く，乾燥剤として用いられる。この物質に水を加えて加熱すると次式の反応により，［13 **名称**］が生成する。

［14 **反応式**］

答え

1 78　**2** 赤褐色　**3** N_2O_4　**4** 塩基　**5** 青色

無色のNOは空気に触れるとすぐに赤褐色のNO_2に変化します 参照 p.110。

$$\underset{\text{無色}}{2NO} + O_2 \longrightarrow \underset{\text{赤褐色}}{2NO_2}$$

生じたNO_2は，150℃以下では無色のN_2O_4と次の平衡状態にあります。

$$\underset{\text{赤褐色}}{2NO_2} \rightleftarrows \underset{\text{無色}}{N_2O_4} \quad \Delta H = -57.2\,\mathrm{kJ}$$

ルシャトリエの原理から，高温・低圧ほどこの反応の平衡が左に移動するためNO_2の割合が増え，赤褐色が濃くなります。

6 褐色びん

硝酸HNO_3は光によって分解するため，光を通しにくい褐色びんに入れて保存しなければなりません。

$$4HNO_3 \xrightarrow{\text{光}} 4NO_2 + O_2 + 2H_2O$$

7 黄リン　**8** 赤リン　**9** P_4　**10** 水

リンには同素体が存在し，その代表例は黄(おう)リンと赤(せき)リンです。

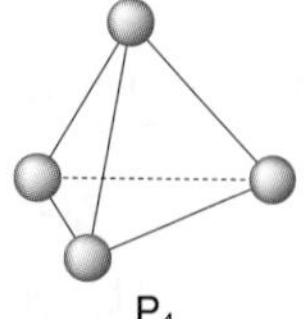
P_4

黄リンは分子式がP_4であり，空気中で自然発火するため水中で保存します。空気を断って黄リンを加熱すると赤リンになります。P_4は無極性分子ですから極性溶媒の水には溶けませんが，無極性溶媒の二硫化炭素CS_2には溶けます 参照 p.72。

一方，赤リンは多数のリン原子からなる無定形分子で，CS_2にも溶けません。赤リンはマッチの側薬などに利用されています。

名　称	分子式	色	毒　性	CS_2に
黄リン	P_4	淡黄色	猛毒	溶
赤リン	P_x	赤褐色	小さい	不溶

11 十酸化四リン（五酸化二リン）　**12** $P_4 + 5O_2 \longrightarrow P_4O_{10}$

13 リン酸　**14** $P_4O_{10} + 6H_2O \longrightarrow 4H_3PO_4$

黄リンP_4が燃焼すると，酸化物であるP_4O_{10}が生成します。このP_4O_{10}は酸性酸化物ですから水と反応すると，対応するオキソ酸であるリン酸H_3PO_4が生成します 参照 p.37。

STAGE 2 NH_3の工業的製法…ハーバー法

▷ 別冊 p. 44

窒素N_2は非常に安定で，化合物をなかなかつくりません。そのため空気中の窒素を化合物として固定化することは長年の課題でした。窒素元素は肥料の三要素の1つなので 参照 p.178，固定化して植物に与える必要性があったのです。

20世紀の初めにハーバーとボッシュによって開発された**NH_3の製法であるハーバー法（ハーバー・ボッシュ法）**は，その意味で画期的なものでした。この方法は**鉄を主体とした触媒を用いながら高温・高圧下で次の反応を進める**ものです。

$$N_2 + 3H_2 \rightleftarrows 2NH_3 \quad \Delta H = -92\,\text{kJ}$$

(1) 高温・高圧下の理由

ところで，NH_3の生成反応は発熱反応かつ気体粒子数減少反応ですから，ルシャトリエの原理からすれば，NH_3の製造には低温・高圧の条件がいいように思えます。

(1) **高圧下で反応させているのは，平衡時のNH_3の収率を上げるため**です。

(2) では，なぜ高温下で反応させているのでしょうか？

これは，確かに低温の方が平衡時のNH_3の収率は高くなりますが，温度が低すぎると反応速度が遅くなって平衡に達するまでに時間がかかるからなのです。つまり，**高温下で反応させているのは，反応速度を大きくし，平衡に早く到達させるため**です。ゆっくりたくさんできるより，少しずつでも早くできる方が結果的に収量が多くなるのです。

STAGE 3 HNO_3の工業的製法…オストワルト法

▷ 別冊 p. 44

硝酸は爆薬や肥料などの原料として重要であり，ハーバー法で製造した**NH_3を原料としてオストワルト法によって工業的に製造**されています。

次の文章の[1]～[5]をうめながら，製造工程を覚えましょう。

原料

$\underset{-3}{NH_3}$ ❶→ $\underset{+2}{NO}$ ❷→ $\underset{+4}{NO_2}$ ❸→ $\underset{+5}{HNO_3}$

❶ ［1 **名称**］を触媒として，NH_3を空気酸化する。

［2 **反応式**］

❷ NOは空気に触れると，すぐに酸化されて赤褐色気体のNO_2になる。

［3 **反応式**］

❸ 酸性酸化物のNO_2を温水に吸収させると，オキソ酸であるHNO_3が生成する。

［4 **反応式**］

●全体の反応

❸では，HNO_3と同時にNOも生成するが，このNOは❷の反応により再びNO_2として利用するので，結局，すべてのNH_3が最終的にはHNO_3に変化することになる。したがって，全体の反応式は次式となる。

［5 **反応式**］

答え

1 白金(Pt)

2 $4NH_3 + 5O_2 \longrightarrow 4NO + 6H_2O$

燃焼反応と同じようにして組み立てましょう。

$$NH_3 + \frac{5}{4}O_2 \longrightarrow NO + \frac{3}{2}H_2O$$

両辺を4倍して完成です。

3 $2NO + O_2 \longrightarrow 2NO_2$

4 $3\underset{+4}{NO_2} + H_2O \longrightarrow 2H\underset{+5}{NO_3} + \underset{+2}{NO}$

自己酸化還元反応の一種であり，酸化剤，還元剤ともにNO_2です。

5 $NH_3 + 2O_2 \longrightarrow HNO_3 + H_2O$

(2式＋3式×3＋4式×2)÷4 をして完成です。

STAGE
4 肥料

肥料の三要素は窒素，リン，カリウムであり，植物の収穫を上げるにはこれらの元素を適切に与えることが必要です。

(1) 窒素肥料

窒素肥料としては，チリ硝石(しょうせき)中に含まれる$NaNO_3$などの硝酸塩や，硫安(りゅうあん)とよばれる$(NH_4)_2SO_4$などのアンモニウム塩，そして尿素(にょうそ)$(NH_2)_2CO$などが用いられています。尿素は，NH_3とCO_2から高温・高圧下で次の反応により合成されます。

$$2NH_3 + CO_2 \longrightarrow (NH_2)_2CO + H_2O$$

(2) リン肥料

リン肥料としては過(か)リン酸石灰(さんせっかい)が代表的です。これは，リン酸二水素カルシウム$Ca(H_2PO_4)_2$と$CaSO_4$の混合物です。過リン酸石灰は，リン鉱石中の水に難溶な塩であるリン酸カルシウム$Ca_3(PO_4)_2$を硫酸で処理すると得られます。$Ca(H_2PO_4)_2$は水に可溶な塩です。

$$Ca_3(PO_4)_2 + 2H_2SO_4 \longrightarrow 2CaSO_4 + Ca(H_2PO_4)_2$$

この反応は，弱酸由来の陰イオンであるPO_4^{3-}に強酸のH_2SO_4からH^+が与えられていますから，弱酸遊離反応と同じ原理です 参照 p.41 。

$$PO_4^{3-} + H_2SO_4 \longrightarrow H_2PO_4^- + SO_4^{2-}$$

また，硫酸の代わりにリン酸でリン酸カルシウムを処理したものは，重過リン酸石灰といいます。

$$Ca_3(PO_4)_2 + 4H_3PO_4 \longrightarrow 3Ca(H_2PO_4)_2$$

(3) カリ肥料

カリ肥料としては塩化カリウムKClなどがあります。

入試突破のポイント

- STAGE 1 を繰り返し読もう。
- 硝酸の製法の流れを理解して反応式を書けるようにしよう。
- 代表的な肥料を覚えよう。

入試問題にChallenge!

解答➡p. 217

1 次の文章を読み，下の**問 1 〜 6** に答えよ。

アンモニアは工業的には鉄を主成分とする触媒の存在下で，水素と窒素を反応させるハーバー・ボッシュ法によりつくられる。この反応は次のエンタルピー変化を付した化学反応式①で示される。

$N_2 + 3H_2 \rightleftarrows 2NH_3$　$\Delta H = -92\,\mathrm{kJ}$　…①

生成したアンモニアは，硝酸や尿素などの原料となる。硝酸はアンモニアから次に示す3段階の反応でつくられる。

［ア］$NH_3 + 5O_2 \longrightarrow$［イ］$NO + 6$［ウ］　…②

$2NO + O_2 \longrightarrow 2NO_2$　…③

［エ］$NO_2 + H_2O \longrightarrow$［オ］$HNO_3 +$［カ］　…④

問 1　文中の［ア］〜［カ］に適切な数字または化学式を入れよ。

問 2　実験室では，一般に，どのような反応でアンモニアをつくることができるか。

(1)　化学反応式で示せ。

(2)　生成したアンモニアを化学的に検出する方法を，30字以内で述べよ。

問 3　化学反応式①の反応で，次の記述の中でアンモニアの生成量が増加するものを3つ選び，記号で答えよ。

㋖　鉄を主成分とする触媒を増加させる。

㋗　窒素を加える。

㋘　容器の容積が一定の下で，アルゴンガスを加える。

㋙　容器の容積を大きくする。

㋚　容器の容積を小さくする。

㋛　容器の温度を下げる。

㋜　容器の温度を上昇させる。

問 4　ハーバー・ボッシュ法で，窒素x〔mol〕と水素y〔mol〕を容積Vの容器の中で反応させて，平衡状態に達したときアンモニアがz〔mol〕生成した。

(1)　この際，平衡状態とは次のどの場合か，記号で答えよ。

㋝　窒素，水素，アンモニアそれぞれの分子数が1：3：2になった状態。

㋞　窒素と水素がすべてアンモニアになり，なくなった状態。

㋟　窒素と水素からアンモニアが生じる速度と，アンモニアの分解速度が等しくなった状態。

(チ) 窒素，水素，アンモニアそれぞれの分圧がすべて等しくなった状態。

(ツ) 窒素と水素の分子数の和が，アンモニアの分子数と等しくなった状態。

(2) 平衡時での，窒素と水素はそれぞれ何molか。x，y，zを用いて示せ。

問5 アンモニアから硝酸を生成する②〜④式の3段階の反応を1つの化学反応式で示せ。

問6 63.0％の硝酸1.00kgを得るには，標準状態(0℃，1.013×10^5Pa)のアンモニアが何L必要か。ただし，HNO_3＝63.0とする。

(岐阜大)

2

次の説明文を読み，下の**問1〜5**に答えよ。

窒素とリンは，ともに周期表15族に属する典型元素で，原子は5個の価電子をもっている。これらの元素の単体と化合物の化学的性質を調べてみる。単体のリンには，黄リン，赤リン，黒リンなどがある。(1)分子結晶の黄リンは空気中で燃えて強い吸湿性をもつ白色粉末状の酸化物となる。(2)この酸化物は容易に水と反応してリン酸となる。他方，窒素の単体は二原子分子の気体である。窒素の酸化物はいくつか知られているが，(3)その1つである赤褐色の気体を高温の水に吸収させると硝酸ができる。

問1 下線部(1)の黄リンの化学式を示せ。

問2 リンの単体の化学的性質に関する次の記述(イ)〜(ニ)のうち，正しいものを1つ選び，記号で答えよ。

(イ) 黄リン，赤リンはいずれも二硫化炭素(液体)に溶ける。

(ロ) 黄リンは水中で安定に存在する。

(ハ) 黄リンは空気を断てば，加熱しても赤リンなどの別の同素体に変わることはない。

(ニ) リンの同素体はすべて有毒である。

問3 下線部(2)の反応の化学反応式を示せ。

問4 下線部(3)の反応の化学反応式を完成せよ。

[a] ＋ H_2O ⟶ [b] ＋ [c]

問5 **問4**の反応式中の[a]，[b]，[c]に記入した各化合物中の窒素の酸化数を示せ。ただし，窒素を含まないものがあれば×印を書け。

(北大)

3 次の文章を読み，下の**問 1 ～ 4** に答えよ。

植物の生育に必要な肥料の三大要素は，［ア］，リンおよびカリウムである。これらの成分のうち，［ア］肥料の工業的製造は，大気の主成分を高温・高圧下で触媒を用いて［イ］と反応させることによって［ウ］を得ることから始まる。この過程は，ハーバー・ボッシュ法とよばれている。［ウ］は室温・大気圧下では［エ］状態で，取り扱いが困難なために，例えば，高温・高圧下で二酸化炭素と反応させて［オ］のような固体に変換されて，肥料市場に供給される。

一方，過リン酸石灰はリン肥料の代表的な化学形態であり，工業的製造過程においては①<u>リン酸カルシウムを主成分とするリン鉱石と濃硫酸を反応させる</u>ことによって製造される。また，カリウム肥料は，②<u>塩化カリウム</u>などを主成分とする地中より採掘されるカリウム鉱石を原料として主に製造される。

問 1 文中の［ア］～［オ］に適当な用語を入れよ。

問 2 下線部①の反応の化学反応式を下記に示した。［a］～［d］に適当な係数を入れ，化学反応式を完成させよ。ただし，係数が 1 の場合は 1 とせよ。

$$\boxed{\text{a}}\,Ca_3(PO_4)_2 + \boxed{\text{b}}\,H_2SO_4 \longrightarrow \boxed{\text{c}}\,Ca(H_2PO_4)_2 + \boxed{\text{d}}\,CaSO_4$$

問 3 下線部①中の濃硫酸は，接触法によって二酸化硫黄から合成される。その 2 段階の反応式を示せ。

問 4 下線部②の物質の水溶液において，カリウムの存在を確認するための簡単な検出法を記せ。

（岩手大）

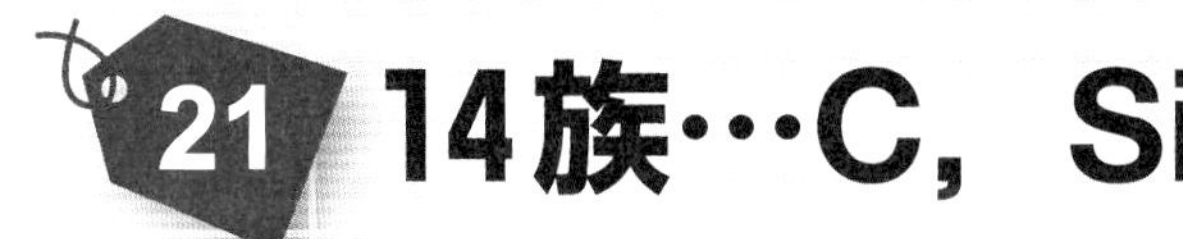

21 14族…C，Si

学習項目 ❶ 単体と化合物の性質　❷ 水ガラス，シリカゲルの生成　❸ セラミックス　❹ クラーク数

STAGE 1 単体と化合物の性質

周期表14族の炭素とケイ素について学びます。[1]～[13]をうめながら次の文章を読んでいきましょう。

❶ 炭素の同素体

炭素元素には同素体が存在する。

同素体の1つは［1 名称］であり，炭素原子が［2 用語］形の中心と各頂点に位置し，すべて共有結合でつながった共有結合の結晶である。融点が3550℃と非常に高く，きわめて硬い。

［3 名称］も炭素元素の同素体の1つであり，炭素原子が［4 用語］形の各頂点に位置し，共有結合でつくられた平面が［5 用語］によって層状に重なってできた結晶である。やわらかく，層状にはがれやすい。また，電気伝導性がよい。これは各炭素原子は3個の炭素原子と共有結合を形成しているので，各原子当たり1個の価電子が結合に用いられず余っており，この電子が平面構造内を自由に動けるからである。

また，サッカーボールと同様な形状をしたC_{60}に代表されるフラーレン，黒鉛一層分だけからなるシート状のグラフェン，黒鉛の平面構造が筒状になったカーボンナノチューブとよばれる同素体もある。

❷ 炭素の酸化物

炭素の酸化物である二酸化炭素は，植物の光合成の原料として欠かせないものであるが，産業の発達とともに大量に排出されるようになり，大気中での濃度が増加したため地球の［6 用語］現象が問題となっている。

❸ ケイ素の単体と化合物

炭素元素と同じ14族元素であるケイ素元素の単体は，ダイヤモンドと同じ構造をもつ共有結合の結晶で，金属光沢のある［7 用語］であり集積回路(IC)や太陽電池などのエレクトロニクス分野で重要な役割を果たしている。

この単体は天然には存在せず，二酸化ケイ素SiO_2を電気炉中で融解し，炭素を用いて次式の反応により還元してつくる。

[8 **反応式**]

SiO_2はシリカともよばれ，結晶は共有結合の結晶である。天然に[9 **名称**]，[10 **名称**]，[11 **名称**]などとして多く存在している。高純度の非晶質SiO_2は，石英ガラスとよばれ，光ファイバーなどに利用されている。SiO_2は反応性に乏しいが，[12 **化学式**]の水溶液には溶ける。

答え

1 ダイヤモンド　**2** 正四面体　**3** 黒鉛(グラファイト)
4 正六角　**5** 分子間力

炭素元素の同素体であるダイヤモンドと黒鉛(グラファイト)の構造の特徴から性質をしっかり理解しましょう。

名　称	特　徴	立体構造
ダイヤモンド	炭素原子が正四面体の中心と各頂点に位置し，すべてが共有結合でつながった共有結合の結晶である。融点が高く(3550℃)，非常に硬い。	
黒鉛(グラファイト)	炭素原子が正六角形の各頂点に位置し，共有結合でつくられた平面が分子間力によって層状に重なった結晶である。やわらかく，層状にはがれやすい。また，熱や電気の伝導性がよい。これは余った価電子が平面構造内を自由に動けるからである。	

フラーレンにはC_{60}，C_{70}などさまざまなものがあります。その中でも最も有名なサッカーボール形の分子であるC_{60}を右に示しました。フラーレンは超伝導体をはじめ，さまざまな応用研究が進められています。

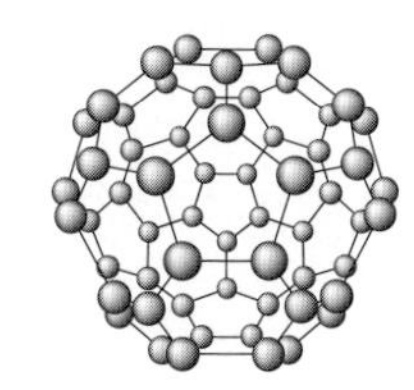

6 温暖化

太陽光線によって暖められた地球表面からは赤外線の放射が起こっています。大気中の二酸化炭素や水蒸気などはこの赤外線を吸収し，その一部を再放出して地表に返し地球を暖めます。産業の発達とともに二酸化炭素などの温室効果ガスの排出が増加し（石油などを燃やすと排出される），地球の温暖化が懸念されています。

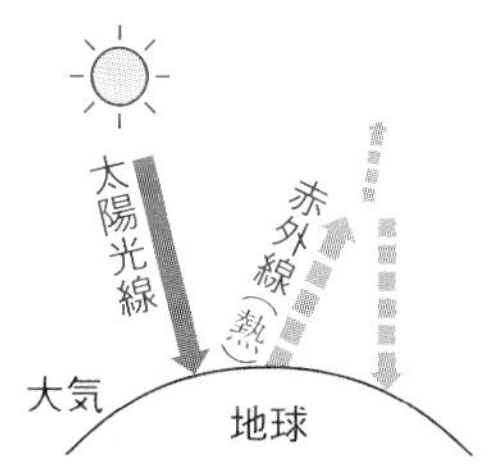

7 半導体　**8** $SiO_2 + 2C \longrightarrow Si + 2CO$

9，**10**，**11** **石英，ケイ砂，水晶**（順不同）　**12 HF**

ケイ素はシリコンともいい，ゲルマニウムとともに代表的な半導体（はんどうたい）であり，エレクトロニクス分野で多方面に利用されています。

ケイ素元素の単体は天然には存在せず，二酸化ケイ素SiO_2を電気炉中で融解し，炭素を用いて還元してつくります。

$$SiO_2 + 2C \longrightarrow Si + 2CO$$

CO_2はコークスの存在下で加熱するとCOとなるため，反応式の右辺はCO_2ではなくCOであることに注意しましょう。

ケイ素の酸化物である二酸化ケイ素SiO_2は，岩石の大部分を占めており，石英，ケイ砂，水晶の主成分です。共有結合の結晶ですから非常に硬く，反応性に乏しいのですが，フッ化水素酸には次の反応により溶けます 参照 p.162。

$$SiO_2 + 6HF \longrightarrow H_2SiF_6 + 2H_2O$$

STAGE

2 水ガラス，シリカゲルの生成

別冊p. 44

(1) Na_2SiO_3の生成

① **SiO_2は**共有結合の結晶であるため安定で反応性に乏しいのですが，非金属元素の酸化物であり酸性酸化物ですから，**NaOHを加えて強熱し融解させると反応して，ケイ酸ナトリウムNa_2SiO_3が生成**します 参照 p.35。

$$SiO_2 + 2OH^- \longrightarrow SiO_3^{2-} + H_2O$$

より，

$$SiO_2 + 2NaOH \longrightarrow Na_2SiO_3 + H_2O$$

② **SiO_2とNa_2CO_3を混合して強熱してもNa_2SiO_3が生成**します。この反応では，まずCO_3^{2-}の熱分解反応が起き 参照 p.69，生じた酸化物イオンO^{2-}がSiO_2と反応すると考えられます。

（酸化物イオンO^{2-}：OH^-よりも強い塩基 参照 p.31）

$$\begin{cases} CO_3^{2-} \longrightarrow CO_2 + O^{2-} \\ SiO_2 + O^{2-} \longrightarrow SiO_3^{2-} \end{cases}$$

より，

$$SiO_2 + Na_2CO_3 \longrightarrow Na_2SiO_3 + CO_2$$

(2) 水ガラスの生成

生成したNa_2SiO_3は，次図のような無機高分子化合物でありガラス状の固体です。**これに水を加えて加熱すると，粘性の大きな液体**になります。この液体は**水ガラス**（みずガラス）とよばれます。

(3) シリカゲルの生成

水ガラスに塩酸を加えると，Na_2SiO_3が弱酸であるケイ酸H_2SiO_3由来の塩であり，塩酸は強酸であるため，**弱酸遊離反応によりH_2SiO_3が遊離します** 参照 p.41。

$$Na_2SiO_3 + 2HCl \longrightarrow H_2SiO_3 + 2NaCl$$

この無機高分子化合物である**ケイ酸を加熱して，部分的に脱水縮合させると**

多孔性のシリカゲルができます。シリカゲルは分子内のすき間の -OHが水分子を水素結合により引きつけて吸着するので，乾燥剤に利用されます。

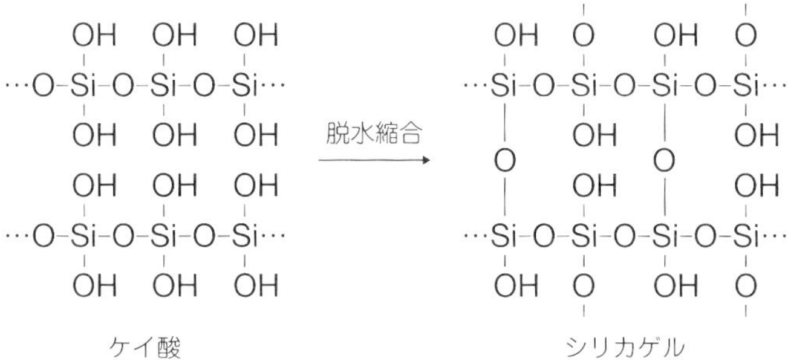

STAGE
3 セラミックス

ケイ酸塩は，岩石の主成分であり，砂・粘土などに含まれ，繊維状構造の石綿(いしわた)（アスベスト）や，薄くはがれやすい層状構造をもつ雲母(うんも)などとして広く天然に存在しています。

ケイ酸塩を利用した工業を**ケイ酸塩工業**といい，工業製品としては**ガラス・セメント・陶磁器など**があります。これらの製品は，まとめて**セラミックス**または**窯(よう)業製品**とよばれています。

(1) ガラス

ふつうのガラスはソーダ石灰ガラスであり，ケイ砂SiO_2・石灰石$CaCO_3$および炭酸ナトリウムNa_2CO_3の粉末を混合して，高温で融解してつくられます。ソーダ石灰ガラスは，右図のように，不規則な網目状のケイ酸イオンの間にNa^+やCa^{2+}が入りこんだ構造をした非晶質（アモルファス）です。

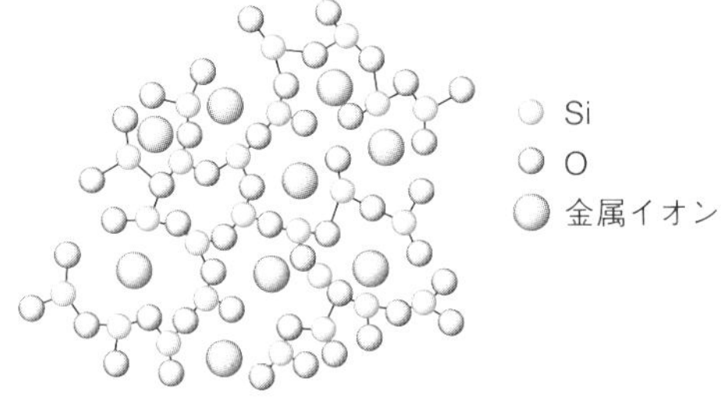

ケイ砂SiO_2のみを原料とした石英ガラスは，強度や光の透過性が大きく，光ファイバーなどに用いられています。

(2) 陶磁器

粘土と水をよく練り成形した後，乾燥させて焼くと固くなるのですが，このとき，**比較的低温で焼いたもの**が**土器**（どき），**高温で焼いたもの**が**陶器**（とうき）や**磁器**（じき）とよばれる製品となります。陶器と磁器は，まとめて陶磁器とよばれることもありますが，磁器の方が，陶器よりもさらに高温で固く焼いたものです。

(3) ファインセラミックス

また，近年，精製した原料や人工的に合成した原料を用い，従来のセラミックスにはない高い性能や機能を有するファインセラミックス(ニューセラミックス)製品が次々と開発されており，人工骨や刃物などさまざまな用途に用いられています。

STAGE 4 クラーク数

地球表層の地殻中の元素の存在比(質量パーセント)を**クラーク数**といいます。SiO_2が岩石の大部分を占めることからクラーク数は右のようになっています。細かい数字は必要ありませんが，上位4つの元素名は確認しておきましょう。

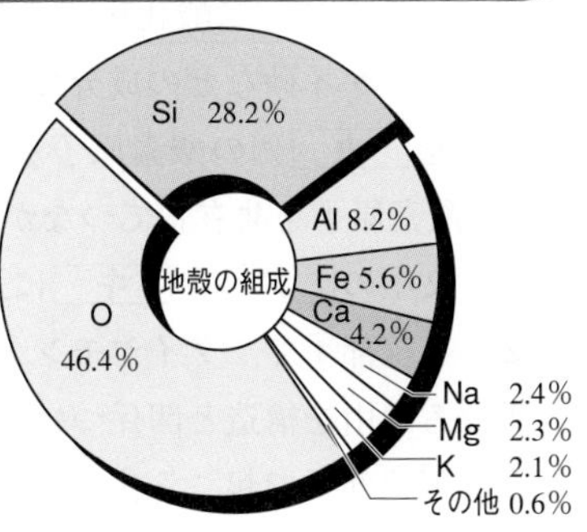

入試突破のポイント

- STAGE 1 を繰り返し読もう。
- シリカゲルの生成までの流れを理解しよう。
- STAGE 3 の太文字の用語を覚えよう。
- クラーク数の上位4元素を確認しよう。

入試問題にChallenge!

解答➡p. 219

1 次の文章を読んで，下の**問1～4**に答えよ。

炭素，ケイ素，ゲルマニウム，スズ，および鉛は，周期表の14族に属する［ア］元素である。これらの原子はいずれも［イ］個の価電子をもっている。①炭素の単体には，ダイヤモンド・黒鉛・無定形炭素などがあり，これらを互いに炭素の［ウ］という。ケイ素の単体は天然には存在せず，酸化物を還元して得られる。また，ケイ素やゲルマニウムは，半導体の原料に用いられている。スズや鉛の水酸化物は，酸および強塩基のいずれとも反応する［エ］性水酸化物である。炭素と酸素との化合物である二酸化炭素は，炭素や炭素化合物の燃焼，生物の呼吸や腐敗などによって生じるが，実験室では，［オ］に希塩酸を作用させてつくられる。②生成した二酸化炭素を石灰水に通すと，はじめは沈殿を生成するが，さらに過剰の二酸化炭素を通すと生成した沈殿は溶解する。分子の極性について見ると，③水やアンモニアの分子は極性分子であるのに，二酸化炭素の分子は無極性分子である。天然に産出する石英・水晶・ケイ砂などの成分である二酸化ケイ素は，結晶中では，1個のケイ素原子を［カ］個の酸素原子が取り囲み，ケイ素原子を中心に［キ］構造をとり，酸素原子を共有してつながった網目状の構造をもつ化合物である。

問1 文中の［ア］～［キ］に適当な数値または語句を入れよ。

問2 下線部①で，ダイヤモンドと黒鉛で大きく異なる性質を2つ挙げ，その異なる理由を構造と関係づけて説明せよ。

問3 下線部②で起こる化学変化を化学反応式で書け。

問4 水，アンモニア，および二酸化炭素の分子について電子式を書け。また，下線部③の理由を立体構造を示して説明せよ。

（奈良女大・改）

次の文章を読んで，下の**問1～9**に答えよ。

〔注意〕 原子量はSi＝28，O＝16とする。

原子番号14のケイ素は地殻中で［ ア ］に次いで多く存在する元素であり，多くの岩石に酸化物またはケイ酸塩として含まれる。地殻中でケイ素に次いで多く存在する元素は［ イ ］である。

二酸化ケイ素(SiO_2の組成をもつ化合物)には石英，クリストバライトなどがある。石英の結晶では，ケイ素原子を中心に頂点に酸素原子が位置した［ ウ ］が，互いに頂点を共有する形で三次元的に規則正しく配列している。一方，光学用器具などの重要な材料であるシリカ(石英)ガラスでは，［ ウ ］が不規則に配列している。一般に二酸化ケイ素は酸に溶けにくく，［ エ ］以外にはほとんど溶けない。二酸化ケイ素に水酸化ナトリウムを加えて高温で融解すると［ オ ］のような反応が起こる。この反応生成物に水を加えて長時間加熱すると［ カ ］とよばれる粘性の高い液体が得られる。［ カ ］の水溶液に塩酸を加えて生成するケイ酸を脱水すると［ キ ］になる。

ケイ素の単体は炭素のみからなる［ ク ］と同じ構造をもつ［ ケ ］結合の結晶であり，<u>工業的には石英やケイ砂をコークス(炭素)で還元してつくられ</u>，半導体の材料として利用されている。

問1 ケイ素のM殻の電子数はいくつか。

問2 文中の［ ア ］，［ イ ］に適当な元素を元素記号で書け。

問3 文中の［ ウ ］，［ ケ ］に適当な語句を，次のⓐ～ⓕから選び記号で答えよ。

ⓐ 正四面体　ⓑ 正六面体　ⓒ 正八面体　ⓓ イオン
ⓔ 共有　ⓕ 金属

問4 文中の［ エ ］に適当な語句を，次のⓐ～ⓔから選び記号で答えよ。

ⓐ 硫酸　ⓑ 王水　ⓒ 塩酸　ⓓ フッ化水素酸　ⓔ 酢酸

問5 文中の［ オ ］を化学反応式で書け。

問6 文中の［ カ ］，［ キ ］，［ ク ］に適当な語句を書け。

問7 下線部に示した二酸化ケイ素からケイ素の単体を得る反応を化学反応式で書け。

問8 純度100％のSiO_2 120gから何gのケイ素を得ることができるか。

問9 化学実験の器具には二酸化ケイ素を主成分としたガラスでつくられたものが多いが，その理由を書け。　(早大)

22 18族…貴ガス

学習項目 ❶ 貴ガスの性質

STAGE 1 貴ガスの性質

最後に，周期表18族の貴ガス（希ガス）について学びます。[1]～[11]をうめながら次の文章を読んでいきましょう。

❶ 貴ガスの特徴

貴ガスは，[1 用語] 分子として空気中にわずかに存在する [2 色]，[3 臭] の気体である。

ヘリウムは最外電子殻に [4 数字] 個，ヘリウム以外の貴ガスは [5 数字] 個の電子をもっていて，安定な電子配置になっている。他の原子とは結合しにくく，価電子の数は [6 数字] 個である。

❷ ヘリウム

すべての元素のなかで最も [7 用語] エネルギーの値が大きいので，電子を奪われて陽イオンになりにくい。不燃性の気体で [8 物質名] の次に軽い気体であり，風船や飛行船の浮揚ガスに用いる。また，すべての物質のなかで最も [9 用語] が低いので，極低温実験に使われている。

❸ ネオン

貴ガスは，低圧にして電圧をかけると特有の色の光を放出する。ネオンでは [10 色] の発光が見られ，ネオンサインに用いられている。

❹ アルゴン

空気には水蒸気を除くと，窒素と酸素に次いで多く含まれ，体積比で約 [11 整数] %を占める。電球の封入ガスや溶接時の保護ガスなどに使われる。

答え

1 単原子　2 無色　3 無臭　4 2　5 8　6 0

貴ガスの電子配置は次ページのようになります。

	K殻	L殻	M殻	N殻	O殻	P殻
${}_{2}He$	2					
${}_{10}Ne$	2	8				
${}_{18}Ar$	2	8	8			
${}_{36}Kr$	2	8	18	8		
${}_{54}Xe$	2	8	18	18	8	
${}_{86}Rn$	2	8	18	32	18	8

HeとNeは最外電子殻が閉殻，それ以外は最外殻電子数が8個の安定な電子配置です。貴ガスは他の原子とは結合しにくいため，価電子の数は0個とします。

7 (第一)イオン化　8 水素　9 沸点

気体状態にある原子から電子を1個奪い去って，1価の陽イオンにするのに必要なエネルギーを(第一)イオン化エネルギーといいます。一般に，周期表の右上にある元素ほどイオン化エネルギーの値は大きく，ヘリウムが最大値を示します。

ヘリウムは水素ガスに次いで軽く，不燃性であるために飛行船などの浮揚ガスに使われています。また，沸点が約4Kと最も低い物質である液体ヘリウムは，蒸発しても他の物質と反応しにくいので，安定な冷却剤としてリニアモーターカーや医療用のMRIに用いられています。

10 橙赤

放電管に低圧で貴ガスを封入し電圧をかけると，特徴的な色の光を放出します。

貴ガス	He	Ne	Ar
発光色	黄	橙赤	赤～青

ネオン放電管は消費電力が小さく，他の物質を混ぜることで発色が豊富なので，ネオンサインとして利用されています。

11 1

乾燥空気には体積比で約1%(より正確には0.934%)のアルゴンが含まれています。溶接を行うときには，保護ガスのアルゴンで溶接部分を覆うことで酸化を防いでいます。

さらに演習！　『鎌田の化学問題集 理論・無機・有機 改訂版』第9章 非金属元素
19 17族・16族・15族・14族・18族

入試問題に
Challenge!
解答・解説

04 酸と塩基の反応(1)

1 **答え** 問1 $CaO + H_2O \longrightarrow Ca(OH)_2$
問2 $2NaOH + CO_2 \longrightarrow Na_2CO_3 + H_2O$
問3 $CuO + H_2SO_4 \longrightarrow CuSO_4 + H_2O$
問4 $Ca(OH)_2 + 2HCl \longrightarrow CaCl_2 + 2H_2O$
問5 $P_4O_{10} + 6H_2O \longrightarrow 4H_3PO_4$

解説 問1 CaOは金属元素の酸化物で，Ca^{2+}とO^{2-}からなる。これは，**反応パターン②**の反応であり，

$$CaO + H_2O \longrightarrow Ca(OH)_2$$

問2 CO_2は非金属元素の酸化物で，対応するオキソ酸は炭酸H_2CO_3である。これは，**反応パターン⑤**の反応であり，Na^+とCO_3^{2-}の塩はNa_2CO_3であることから，

$$2NaOH + CO_2 \longrightarrow Na_2CO_3 + H_2O$$

問3 CuOは金属元素の酸化物で，Cu^{2+}とO^{2-}からなる。これは，**反応パターン③**の反応であり，

$$CuO + H_2SO_4 \longrightarrow CuSO_4 + H_2O$$

問4 これは，**反応パターン①**の反応であり，

$$Ca(OH)_2 + 2HCl \longrightarrow CaCl_2 + 2H_2O$$

問5 P_4O_{10}は非金属元素の酸化物で，対応するオキソ酸はリン酸H_3PO_4である。これは，**反応パターン④**の反応であり，

$$P_4O_{10} + 6H_2O \longrightarrow 4H_3PO_4$$

この反応式は，P原子に着目して，$1P_4O_{10} \longrightarrow 4H_3PO_4$としてから，$H_2O$の係数を考えるとよい。

05 酸と塩基の反応(2)

1 **答え** 問1 $FeS + H_2SO_4 \longrightarrow H_2S + FeSO_4$
問2 $Na_2SO_3 + H_2SO_4 \longrightarrow H_2O + SO_2 + Na_2SO_4$
問3 $2NH_4Cl + Ca(OH)_2 \longrightarrow 2NH_3 + 2H_2O + CaCl_2$

解説 問1 硫化鉄(Ⅱ)FeSはFe^{2+}とS^{2-}からなる塩である。S^{2-}は弱酸である硫化水素H_2S由来の陰イオンだから，H^+を受け取る力がある。

したがって，強酸であるH_2SO_4からH^+を受け取って，次のイオン反応式が進行する。

$S^{2-} + H_2SO_4 \longrightarrow H_2S + SO_4^{2-}$

両辺にFe^{2+}を加えて組み合わせると，

$FeS + H_2SO_4 \longrightarrow H_2S + FeSO_4$

問 2　亜硫酸ナトリウムNa_2SO_3はNa^+とSO_3^{2-}からなる塩である。SO_3^{2-}は弱酸である亜硫酸H_2SO_3由来の陰イオンだから，H^+を受け取る力がある。したがって，強酸であるH_2SO_4と次の反応をする。

$SO_3^{2-} + H_2SO_4 \longrightarrow H_2O + SO_2 + SO_4^{2-}$

遊離してきたH_2SO_3は，炭酸と同じようにすぐにH_2OとSO_2に分解するから，$H_2O + SO_2$と書くことに注意しよう。

両辺に$2Na^+$を加えて完成。

$Na_2SO_3 + H_2SO_4 \longrightarrow H_2O + SO_2 + Na_2SO_4$

問 3　塩化アンモニウムNH_4ClはNH_4^+とCl^-からなる塩である。NH_4^+は弱塩基であるアンモニアNH_3由来の陽イオンだから，H^+を出す力がある。したがって，強塩基である$Ca(OH)_2$と次の反応をする。

$NH_4^+ + OH^- \longrightarrow NH_3 + H_2O$

NH_4^+とOH^-が1：1で反応することに着目しながら係数を合わせよう。

$2NH_4Cl + Ca(OH)_2 \longrightarrow 2NH_3 + 2H_2O + CaCl_2$

06 酸化還元反応(1)

1

答え　**問 1**　$2KMnO_4 + 3H_2SO_4 + 5H_2O_2$
$\longrightarrow K_2SO_4 + 2MnSO_4 + 5O_2 + 8H_2O$

問 2　$O_3 + 2KI + H_2O \longrightarrow I_2 + O_2 + 2KOH$

問 3　$2H_2S + SO_2 \longrightarrow 3S + 2H_2O$

解説　**問 1**　酸化剤は$KMnO_4$で還元剤がH_2O_2である。H_2O_2の作用についてはp.53を見ておくこと。半反応式は次のようになる。

$$\begin{cases} MnO_4^- + 8H^+ + 5e^- \longrightarrow Mn^{2+} + 4H_2O & \cdots ⓘ \\ H_2O_2 \longrightarrow O_2 + 2H^+ + 2e^- & \cdots ⓘⓘ \end{cases}$$

ⓘ式×2＋ⓘⓘ式×5よりe^-を消去して，

$2MnO_4^- + 6H^+ + 5H_2O_2 \longrightarrow 2Mn^{2+} + 8H_2O + 5O_2$

（イオン反応式）

左辺(反応物)で対イオンを考える。$2MnO_4^-$の対イオンは$2K^+$で，$6H^+$の対イオンは硫酸酸性だから$3SO_4^{2-}$となる。同じものを右辺にも加えて，

$2KMnO_4 + 3H_2SO_4 + 5H_2O_2$
$\longrightarrow 2Mn^{2+} + 8H_2O + 5O_2 + 2K^+ + 3SO_4^{2-}$

右辺(生成物)の陽イオンと陰イオンを組み合わせて，

$$2KMnO_4 + 3H_2SO_4 + 5H_2O_2 \longrightarrow 2MnSO_4 + 8H_2O + 5O_2 + K_2SO_4$$

問2 酸化剤はO_3で還元剤がKIである。半反応式をつくると，

$$\begin{cases} O_3 + 2H^+ + 2e^- \longrightarrow O_2 + H_2O & \cdots \text{ⅰ} \\ 2I^- \longrightarrow I_2 + 2e^- & \cdots \text{ⅱ} \end{cases}$$

ⅰ式＋ⅱ式より，

$$O_3 + 2H^+ + 2I^- \longrightarrow O_2 + H_2O + I_2 \quad \text{(イオン反応式)}$$

左辺(反応物)で対イオンを考える。$2I^-$の対イオンは$2K^+$であり，$2H^+$の対イオンは，何も酸を加えていないのだから水の電離によって生じたH^+と考えられ，$2OH^-$となる。右辺にも同じものを加えて，

$$O_3 + 2H_2O + 2KI \longrightarrow O_2 + H_2O + I_2 + 2K^+ + 2OH^-$$

よって，

$$O_3 + H_2O + 2KI \longrightarrow O_2 + I_2 + 2KOH$$

問3 酸化剤がSO_2で還元剤がH_2Sである。SO_2の作用についてはp.53を見ておこう。半反応式をつくると，

$$\begin{cases} SO_2 + 4H^+ + 4e^- \longrightarrow S + 2H_2O & \cdots \text{ⅰ} \\ H_2S \longrightarrow S + 2H^+ + 2e^- & \cdots \text{ⅱ} \end{cases}$$

ⅰ式＋ⅱ式×2より，

$$SO_2 + 2H_2S \longrightarrow 3S + 2H_2O$$

07 酸化還元反応(2)

1 **答え** **問1** $Cu + 2H_2SO_4 \longrightarrow CuSO_4 + 2H_2O + SO_2$

問2 $2H_2O_2 \longrightarrow 2H_2O + O_2$

問3 $2KBr + Cl_2 \longrightarrow 2KCl + Br_2$

問4 $Ca + 2H_2O \longrightarrow Ca(OH)_2 + H_2$

問5 $2H_2S + 3O_2 \longrightarrow 2H_2O + 2SO_2$

解説 **問1** CuはH^+を還元することはできないが，熱濃硫酸になら，酸化還元反応を起こして溶ける。半反応式は，

$$\begin{cases} Cu \longrightarrow Cu^{2+} + 2e^- & \cdots \text{ⅰ} \\ H_2SO_4 + 2H^+ + 2e^- \longrightarrow SO_2 + 2H_2O & \cdots \text{ⅱ} \end{cases}$$

ⅰ式＋ⅱ式よりe^-を消去して，

$$Cu + H_2SO_4 + 2H^+ \longrightarrow Cu^{2+} + SO_2 + 2H_2O$$

$2H^+$の対イオンはSO_4^{2-}だから，

$$Cu + 2H_2SO_4 \longrightarrow Cu^{2+} + SO_2 + 2H_2O + SO_4^{2-}$$

よって，

$$Cu + 2H_2SO_4 \longrightarrow CuSO_4 + SO_2 + 2H_2O$$

SO_2が発生することに注目しておこう。

問2　これは，自己酸化還元反応であるから，覚えておくこと。酸化マンガン(Ⅳ)は，この場合，触媒(反応速度を高めるだけで，それ自体は変化しない)であるから，反応式中には書かない。

$$2H_2\underset{-1}{\underline{O_2}} \longrightarrow 2H_2\underset{-2}{\underline{O}} + \underset{0}{\underline{O_2}}$$

問3　酸化力は$Br_2 < Cl_2$であるから，次の反応が起きる。

$$2Br^- + Cl_2 \longrightarrow Br_2 + 2Cl^-$$

両辺に$2K^+$を加えて，

$$2KBr + Cl_2 \longrightarrow Br_2 + 2KCl$$

問4　Caは常温の水とも反応する。

$$\begin{cases} Ca \longrightarrow Ca^{2+} + 2e^- & \cdots ⓘ \\ 2H_2O + 2e^- \longrightarrow H_2 + 2OH^- & \cdots ⓘⓘ \end{cases}$$

ⓘ式＋ⓘⓘ式より，

$$Ca + 2H_2O \longrightarrow H_2 + Ca(OH)_2$$

問5　酸素O_2との反応ではH原子はH_2Oに，S原子はSO_2に変化した。このことを考慮して生成物を決めると，

$$H_2S + O_2 \longrightarrow H_2O + SO_2$$

O_2の係数を合わせると，

$$H_2S + \frac{3}{2}O_2 \longrightarrow H_2O + SO_2$$

最後に両辺を２倍して，

$$2H_2S + 3O_2 \longrightarrow 2H_2O + 2SO_2$$

08 加熱による反応

答え　**問1**　$CaCO_3 \longrightarrow CaO + CO_2$

問2　$NaNO_3 + H_2SO_4 \longrightarrow NaHSO_4 + HNO_3$

問3　$2NaHCO_3 \longrightarrow Na_2CO_3 + H_2O + CO_2$

解説　**問1**　炭酸塩$CaCO_3$の熱分解反応である(反応パターン⑪ ❶)。まず，イオン反応式を書くと，

$$CO_3^{2-} \longrightarrow CO_2 + O^{2-}$$

両辺にCa^{2+}を１個ずつ加えて，

$$CaCO_3 \longrightarrow CO_2 + CaO$$

問 2　揮発性の酸である硝酸HNO_3が遊離する反応である。

$$NaNO_3 + H_2SO_4 \longrightarrow NaHSO_4 + HNO_3$$

「固体」の$NaNO_3$と「濃」硫酸を利用して，水があまり存在しないようにしていることと，$NaHSO_4$が生成することにも注目しておこう。

問 3　炭酸水素塩$NaHCO_3$(Na^+とHCO_3^-からなる)の熱分解反応である(反応パターン⑪ ❷)。まず，イオン反応式を書くと，

$$2HCO_3^- \longrightarrow H_2O + CO_2 + CO_3^{2-}$$

両辺にNa^+を2個ずつ加えて，

$$2NaHCO_3 \longrightarrow H_2O + CO_2 + Na_2CO_3$$

09 イオンの反応(1)

1 

問 1　$Cu^{2+} + 2OH^- \longrightarrow Cu(OH)_2$

問 2　$Pb^{2+} + H_2S \longrightarrow PbS + 2H^+$

($Pb^{2+} + S^{2-} \longrightarrow PbS$)

問 3　$2Ag^+ + 2OH^- \longrightarrow Ag_2O + H_2O$

問 4　$2Ag^+ + CrO_4^{2-} \longrightarrow Ag_2CrO_4$

問 5　$Ag^+ + Cl^- \longrightarrow AgCl$

解説　**問 1**　硫　酸　銅　(Ⅱ)：$CuSO_4$ ➡ Cu^{2+}，SO_4^{2-}

水酸化ナトリウム：$NaOH$ ➡ Na^+，OH^-

混合すると$Cu(OH)_2$の沈殿が生成するから，

$$Cu^{2+} + 2OH^- \longrightarrow Cu(OH)_2$$

問 2　硝酸鉛(Ⅱ)：$Pb(NO_3)_2$ ➡ Pb^{2+}，$2NO_3^-$

硫 化 水 素：H_2S

混合するとPbSの沈殿が生成するから，

$$Pb^{2+} + H_2S \longrightarrow PbS + 2H^+$$

または，

$$Pb^{2+} + S^{2-} \longrightarrow PbS$$

問 3　硝　　酸　　銀：$AgNO_3$ ➡ Ag^+，NO_3^-

水酸化ナトリウム：$NaOH$ ➡ Na^+，OH^-

混合するとAg_2Oの沈殿が生成する。これは，水酸化銀(Ⅰ)$AgOH$がすぐに分解してAg_2Oになるからである。

$$2AgOH \longrightarrow Ag_2O + H_2O$$

したがって，イオン反応式は，

$$2Ag^+ + 2OH^- \longrightarrow Ag_2O + H_2O$$

問 4　硝　　酸　　銀：$AgNO_3$ ➡ Ag^+，NO_3^-

　クロム酸カリウム：K_2CrO_4 ➡ $2K^+$，CrO_4^{2-}

混合するとAg_2CrO_4の沈殿が生成するから，

$$2Ag^+ + CrO_4^{2-} \longrightarrow Ag_2CrO_4$$

問 5　硝酸銀：$AgNO_3$ ➡ Ag^+，NO_3^-

　塩　酸：HCl ➡ H^+，Cl^-

混合すると$AgCl$の沈殿が生成するから，

$$Ag^+ + Cl^- \longrightarrow AgCl$$

10 イオンの反応(2)

1

答え　**問 1**　$Al(OH)_3 + OH^- \longrightarrow [Al(OH)_4]^-$

問 2　$AgCl + 2NH_3 \longrightarrow [Ag(NH_3)_2]^+ + Cl^-$

問 3　$Ag_2O + H_2O + 4NH_3 \longrightarrow 2[Ag(NH_3)_2]^+ + 2OH^-$

解説　**問 1**　Al^{3+}はOH^-と相性がよいので錯イオンを形成し，$[Al(OH)_4]^-$となって溶解する。水に難溶な(電離していない)物質である$Al(OH)_3$は，陽イオンと陰イオンに分けずに書くこと。

$$Al(OH)_3 + OH^- \longrightarrow [Al(OH)_4]^-$$

問 2　Ag^+はNH_3と相性がよいので錯イオンを形成し，$[Ag(NH_3)_2]^+$となって溶解する。

$$AgCl + 2NH_3 \longrightarrow [Ag(NH_3)_2]^+ + Cl^-$$

問 3　Ag^+はNH_3と相性がよいので錯イオンを形成し，$[Ag(NH_3)_2]^+$となって溶解する。このときO^{2-}(酸化物イオン)は次の反応を起こす。

$$O^{2-} + H_2O \longrightarrow 2OH^-$$

よって，

$$Ag_2O + H_2O + 4NH_3 \longrightarrow 2[Ag(NH_3)_2]^+ + 2OH^-$$

この式は，$Ag_2O + H_2O \longrightarrow 2AgOH$ をイメージしながらつくるとわかりやすいだろう。

11 イオン分析

1  答え

問1 沈殿1：AgCl　沈殿2：CuS　沈殿3：水酸化鉄(Ⅲ)
沈殿4：ZnS　沈殿5：$CaCO_3$

問2 H_2Sで還元されてFe^{2+}になったFe^{3+}をもとに戻すため。

問3 K^+

問4 CuSの沈殿に硝酸を加えると，次の反応で溶け，Cu^{2+}の青色溶液になる。

$$CuS + 4HNO_3 \longrightarrow Cu(NO_3)_2 + 2NO_2 + 2H_2O + S$$

この溶液にアンモニア水を加えると，

$$Cu^{2+} + 2OH^- \longrightarrow Cu(OH)_2$$

の反応で青白色の沈殿を生じるが，さらに，アンモニア水を加えると，錯イオンを生じて深青色の溶液になる。

$$Cu(OH)_2 + 4NH_3 \longrightarrow [Cu(NH_3)_4]^{2+} + 2OH^-$$

 解説

問1

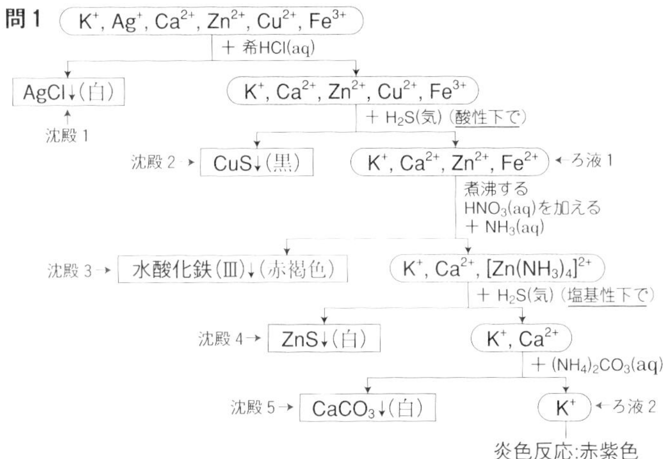

硫化水素H_2Sを通じるときには水溶液の液性が問題となるから，必ず液性を確認する癖をつけよう 参照 p.75。

問2 H_2Sは還元性があるから，これを通じるとFe^{3+}が還元されてFe^{2+}になってしまう。Fe^{2+}の水酸化物である$Fe(OH)_2$は溶解度がやや大きいため分離するのに不都合なので，酸化力のある濃硝酸を加えてFe^{2+}をすべてFe^{3+}に酸化しておいてから，水酸化鉄(Ⅲ)としてFe^{3+}を分離する。

問 3　アルカリ金属の陽イオンは沈殿生成反応をしないから，最後までろ液中に残る。

問 4　CuSは酸性下でも沈殿する硫化物だから，FeSなどと異なり希H_2SO_4などを加えても溶けない。

$$FeS + H_2SO_4 \longrightarrow FeSO_4 + H_2S$$
$$CuS + H_2SO_4 \not\longrightarrow$$

ただし，硝酸は酸化力があるので濃硝酸を加えると，次の酸化還元反応により溶ける。酸化されるのはS^{2-}である。

$$\begin{cases} CuS \longrightarrow S + Cu^{2+} + 2e^- & \cdots \text{ⓘ} \\ HNO_3 + H^+ + e^- \longrightarrow NO_2 + H_2O & \cdots \text{ⓘⓘ} \end{cases}$$

ⓘ式＋ⓘⓘ式×2より，

$$CuS + 2HNO_3 + 2H^+ \longrightarrow S + Cu^{2+} + 2NO_2 + 2H_2O$$

両辺にH^+の対イオンであるNO_3^-を2個加えて，

$$CuS + 4HNO_3 \longrightarrow Cu(NO_3)_2 + 2NO_2 + 2H_2O + S$$

2

答え　**問 1**　金属イオン：ウ

イオン反応式：$2Ag^+ + 2OH^- \longrightarrow Ag_2O + H_2O$

問 2　カ

問 3　金属イオン：オ

イオン反応式：$Cu^{2+} + 2OH^- \longrightarrow Cu(OH)_2$

問 4　加熱して硫化水素の溶解度を減少させ，溶液中から追い出すため。(30字)

問 5　金属イオン：キ　　金属酸化物：ZnO，両性酸化物

問 6　$[Zn(OH)_4]^{2-}$　　**問 7**　エ　　**問 8**　ア

解説　与えられたイオンは**操作 1 ～ 4**で次のように分離される。

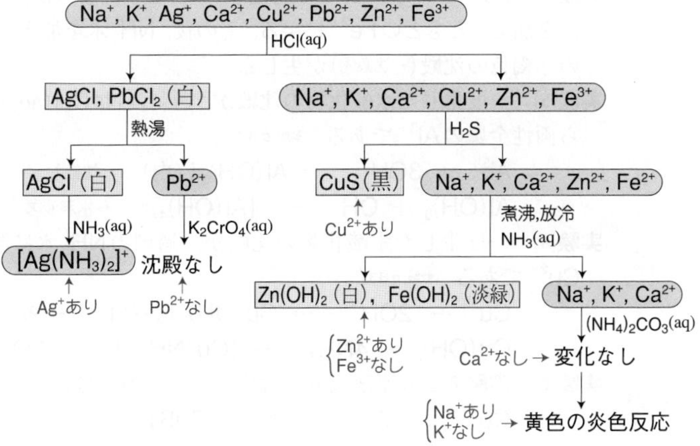

操作2では，塩酸で酸性になっているろ液ⅠにH_2Sを通じているから，酸性下でも沈殿する硫化物だけが沈殿することに注意すること 参照 p.75 。

問1　Ag^+を含む水溶液を塩基性にすると，AgOHではなく，Ag_2Oの褐色沈殿が生成する 参照 p.74 。

問2　もし，ろ液ⅡにPb^{2+}が含まれていれば，$PbCrO_4$の黄色沈殿が生成するはずである。

問5　Znは両性金属であり，その酸化物ZnOは両性酸化物であって，酸にも塩基にも溶ける 参照 p.137 。

問6　$Zn(OH)_2 + 2OH^- \longrightarrow [Zn(OH)_4]^{2-}$
の反応により，沈殿Ⅳが溶解する。

問7　もし，ろ液ⅣにCa^{2+}が含まれていれば，$CaCO_3$の白色沈殿が生成するはずである。

問8　黄色の炎色反応を示すことから，Na^+が含まれるとわかる。

3

答え　**問1**　沈殿①：白色，AgCl　　沈殿②：黒色，CuS
沈殿③：白色，$BaCO_3$　　沈殿④：赤褐色，水酸化鉄(Ⅲ)

問2　$2AgCl \longrightarrow 2Ag + Cl_2$

問3　煮沸によって硫化水素を追い出し，濃硝酸によってFe^{2+}を酸化し，Fe^{3+}にするため。

問4　$[Al(OH)_4]^-$

問5　沈殿⑥：$Cu(OH)_2$
水溶液㋑：$[Cu(NH_3)_4]^{2+}$，テトラアンミン銅(Ⅱ)イオン

解説　**実験(1)**　$Ag^+ + Cl^- \longrightarrow AgCl\downarrow$(白)　←沈殿①

$2AgCl \xrightarrow{光} 2Ag + Cl_2$

実験(3)　$Ba^{2+} + CO_3^{2-} \longrightarrow BaCO_3\downarrow$(白)　←沈殿③

実験(4)　Fe^{3+}がH_2Sによって還元されてFe^{2+}になるが，酸化力のある濃硝酸を加えるともとのFe^{3+}に戻る。その後，NH_3水を加えると，水酸化鉄(Ⅲ)の赤褐色の沈殿(←沈殿④)が生じる。

実験(5)　一度生じた水酸化物の沈殿が，過剰のNaOH(aq)に溶解するのだから両性金属のAl^{3+}である 参照 p.83 。

$Al^{3+} + 3OH^- \longrightarrow Al(OH)_3\downarrow$(白)　←沈殿⑤

$Al(OH)_3 + OH^- \longrightarrow [Al(OH)_4]^-$　←水溶液㋐

実験(6)　一度生じた水酸化物の沈殿が，過剰のNH_3水に溶解するのだからCu^{2+}である 参照 p.83 。

$Cu^{2+} + 2OH^- \longrightarrow Cu(OH)_2\downarrow$(青白)　←沈殿⑥

$Cu(OH)_2 + 4NH_3 \longrightarrow [Cu(NH_3)_4]^{2+} + 2OH^-$　←水溶液㋑

実験(2)　**実験(6)**より水溶液(b)に含まれているのはCu^{2+}だから，

$Cu^{2+} + H_2S \longrightarrow 2H^+ + CuS\downarrow$(黒)　←沈殿②

答え **問1** $MnO_4^- + 5Fe^{2+} + 8H^+ \longrightarrow Mn^{2+} + 4H_2O + 5Fe^{3+}$

問2 (イ)　**問3** B：CrO_4^{2-}　C：$Cr_2O_7^{2-}$　**問4** M

問5

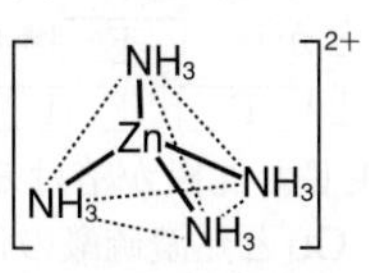

問6 テトラヒドロキシド亜鉛(Ⅱ)酸イオン

問7 $Cu + 2H_2SO_4 \longrightarrow CuSO_4 + 2H_2O + SO_2$

問8 $[Ag(S_2O_3)_2]^{3-}$　**問9** I, K, J

問10 X：水酸化鉄(Ⅲ)　Y：Ag_2CrO_4　Z：$PbSO_4$

解説 **問1** [A]は酸性水溶液中で強い酸化剤として働く赤紫色の陰イオンであるから，[A]$=MnO_4^-$　である。

また，[D]の水酸化物の沈殿は淡緑色で酸化されやすいことから，[D]$=Fe^{2+}$　である。

したがって，酸性水溶液中での[A]と[D]のイオン反応式は，

$$\begin{cases} MnO_4^- + 8H^+ + 5e^- \longrightarrow Mn^{2+} + 4H_2O & \cdots ⓘ \\ Fe^{2+} \longrightarrow Fe^{3+} + e^- & \cdots ⓘⓘ \end{cases}$$

ⓘ式＋ⓘⓘ式×5より，

$$MnO_4^- + 5Fe^{2+} + 8H^+ \longrightarrow Mn^{2+} + 4H_2O + 5Fe^{3+}$$

よって，[E]$=Fe^{3+}$，[G]$=Mn^{2+}$　とわかる。

問2 「中性」で[A]$=MnO_4^-$ を還元すると，MnO_2の黒色の粉末を生じる 参照 p.53。

MnO_2に濃塩酸を加えて加熱すると，刺激臭のある黄緑色の塩素Cl_2が生じる 参照 p.104。Cl_2は空気より重く，水にいくらか溶け，酸化力がある。また，同素体はない。

問3 [C]は酸化剤として働く橙色の陰イオンだから，[C]$=Cr_2O_7^{2-}$である。[C]の水溶液に塩基を加えると，

$$Cr_2O_7^{2-} + 2OH^- \longrightarrow 2CrO_4^{2-} + H_2O$$

の反応により，[B]$=CrO_4^{2-}$　が生じる。

問4 CrO_4^{2-}の水溶液に[L]を加えると赤褐色の沈殿[Y]が生じたことから，[L]$=Ag^+$，[Y]$=Ag_2CrO_4$　とわかる。

[L]$=Ag^+$ 以外にCrO_4^{2-}と反応して沈殿を生成するイオンはPb^{2+}であるが，(i)の記述より，[M]$=Pb^{2+}$　とわかる。

問5 [H]の水溶液に①NH_3水を大量に加えても②NaOH水溶液を大量に加えても，どちらも一度生じた沈殿が溶けることから，[H]$=Zn^{2+}$とわかる 参照 p.83。

Zn^{2+}の水溶液にNH_3水を大量に加えると，正四面体形の錯イオン$[Zn(NH_3)_4]^{2+}$が生成する。

問 6　Zn^{2+} の水溶液に NaOH 水溶液を大量に加えると $[Zn(OH)_4]^{2-}$ が生成する。

問 7　青緑色の炎色反応を示すことから，[F] $= Cu^{2+}$　とわかる。また，[H] $= Zn^{2+}$，[L] $= Ag^+$　と [F]，[H]，[L] の各水溶液に NH_3 水を大量に加えると一度生じた沈殿が溶けることからも，[F] $= Cu^{2+}$　とわかる。したがって，Cu と熱濃硫酸の化学反応式を書けばよい

参照 p.66　。

問 8　[L] $= Ag^+$　より，AgCl とチオ硫酸ナトリウム $Na_2S_2O_3$ 水溶液との反応を考えればよい。

$$AgCl + 2S_2O_3{}^{2-} \longrightarrow [Ag(S_2O_3)_2]^{3-} + Cl^-$$

となって，AgCl が溶ける。

問 9　炎色反応の色から [I] $= Li^+$，[J] $= K^+$，[K] $= Na^+$　とわかる。同族元素については，周期表で上にある元素ほどイオン化エネルギーが大きいから，

$$Li > Na > K$$

の順である。

問10　[D] $= Fe^{2+}$　の水酸化物である $\underset{+2}{Fe}(OH)_2$ は容易に酸化され，赤褐色の沈殿 [X] = 水酸化鉄(Ⅲ)　に変化する。

また，[M] $= Pb^{2+}$　に Na_2SO_4 水溶液を加えると，白色沈殿 [Z] $= PbSO_4$　が生じる。

なお，[N] $= Al^{3+}$，[O] $= Cd^{2+}$　であることも確認しておくこと。

12 気体の製法と性質

答え　**問 1**　(A)：②，酸化マンガン(Ⅳ)　(B)：①，濃硫酸

1　(C)：②，炭酸カルシウム　(D)：①，水酸化カルシウム

(E)：②，希硝酸

問 2　(A)：③　(B)：③　(C)：③　(D)：①　(E)：②

問 3　(A)：○　(B)：×　(C)：×　(D)：×　(E)：○

問 4　(A)：⑥　(B)：⑤　(C)：④　(D)：②　(E)：①

解説　**問 2**　Cl_2，HCl，CO_2 は酸性気体，NH_3 は塩基性気体，NO は中性気体である。中性気体は水に不溶だから必ず水上置換を用いる。一方，酸性および塩基性気体は水に溶けるから上方置換または下方置換を用いる

参照 p.113　。

問 3　気体の製法の化学反応式は，必ず書けるようにしておくこと 参照 p.107　。

問 4　気体の検出方法についても整理しておこう 参照 p.109　。

2

答え　問1　(イ)　　問2　NH_3　問3　O_2

問4　HCl, H_2S, SO_2, NH_3, NO_2のうち3例

問5　Cl_2, O_2, SO_2, NO_2

問6　化学式：$[Ag(NH_3)_2]^+$　　名称：ジアンミン銀(Ⅰ)イオン

問7　$2H_2S + SO_2 \longrightarrow 3S + 2H_2O$

問8　$Cu^{2+} + H_2S \longrightarrow CuS + 2H^+$

解説　**気体A**：Cl_2　**気体B**：HCl　**気体C**：O_2

気体D：H_2S　**気体E**：SO_2　**気体F**：NH_3

気体G：NO_2　**気体H**：CO_2

問1　**気体F**のNH_3は塩基性気体であるから，酸性の乾燥剤である(ウ)と(エ)は不適。また，(ア)の塩化カルシウムには，$CaCl_2 \cdot 8NH_3$を形成して吸収されてしまうので不適。

問3　酸化マンガン(Ⅳ)MnO_2が触媒として働いている。

問4　H_2S, SO_2, NH_3, NO_2の構造式を次に示す。

S(−H)(−H)　　O=S→O　　N(−H)(−H)(−H)　　O=Ṅ→O　　（・は不対電子）

問6　$Ag^+ + Cl^- \longrightarrow AgCl\downarrow$(白色)

$AgCl\downarrow + 2NH_3 \longrightarrow Cl^- + [Ag(NH_3)_2]^+$(ジアンミン銀(Ⅰ)イオン)

問7　$\begin{cases} H_2S \longrightarrow S + 2H^+ + 2e^- & \cdots ⅰ \\ SO_2 + 4H^+ + 4e^- \longrightarrow S + 2H_2O & \cdots ⅱ \end{cases}$

ⅰ式×2+ⅱ式より，

$2H_2S + SO_2 \longrightarrow 3S + 2H_2O$

コロイド状に生成したSのために白濁する。

問8　HClを通じて酸性にした後，H_2Sを通じているから，NiSやZnSは生成しない 参照 p.75。

$Cu^{2+} + H_2S \longrightarrow CuS + 2H^+$

13　1族…アルカリ金属

1

答え　問1　a：㋠　　b：㋛　　c：㋐　　d：㋟

問2　Li, K, Rb

問3　空気中の酸素と反応して酸化されるのを防ぐため。また，水とも反応してしまうから。(39字)

問4　(2)　$NaCl + H_2O + CO_2 + NH_3 \longrightarrow NH_4Cl + NaHCO_3$

(3)　$2NaHCO_3 \longrightarrow Na_2CO_3 + H_2O + CO_2$

問5　$2NH_4Cl + Ca(OH)_2 \longrightarrow CaCl_2 + 2H_2O + 2NH_3$

問6 $Na_2CO_3 \longrightarrow 2Na^+ + CO_3^{2-}$

$CO_3^{2-} + H_2O \rightleftarrows HCO_3^- + OH^-$

解説 **問1** b，c：AlとNaOHの反応は次のものである 参照 p.136。

$2Al + 2NaOH + 6H_2O \longrightarrow 2Na[Al(OH)_4] + 3H_2$

問6 CO_3^{2-}は弱酸である炭酸H_2CO_3由来の塩だから，水中で塩の加水分解反応を起こして塩基性を示す。

$CO_3^{2-} + H_2O \rightleftarrows HCO_3^- + OH^-$

H^+が移動

2

答え **問1** Cl_2 **問2** H_2 **問3** 0.20 mol

問4 9.7×10^3秒 **問5** 0.20 mol/L **問6** 13.3

解説 **問1** $2Cl^- \longrightarrow Cl_2 + 2e^-$

問2 $2H_2O + 2e^- \longrightarrow H_2 + 2OH^-$

問3 上記の半反応式によると，2 molのe^-を流すと陽極でCl_2が1 mol，陰極でH_2が1 molの計2 molの気体が発生する。したがって，1 molのe^-と1 molの気体が対応しているので，

$$\frac{4.98\times(1.0\times10^5)}{(8.3\times10^3)\times300}\ \mathrm{mol}\times1=0.20\ \mathrm{mol}$$

発生した気体のmol

問4 $$\frac{2.0\ \mathrm{A}\times t[秒]}{9.65\times10^4\ \mathrm{C/mol}}=0.20\ \mathrm{mol}$$

よって，$t\fallingdotseq9.7\times10^3$ 秒

問5 もともと入っていたOH^-の物質量は，

$0.10\ \mathrm{mol/L}\times2.0\ \mathrm{L}=0.20\ \mathrm{mol}$

電気分解によって生じたOH^-は，流したe^-の物質量と同じ0.20 molだから，

$$\frac{(0.20+0.20)\ \mathrm{mol}}{2.0\ \mathrm{L}}=0.20\ \mathrm{mol/L}$$

問6 $[H^+]=\dfrac{10^{-14}}{[OH^-]}=\dfrac{10^{-14}}{0.20}=\left(\dfrac{1}{2}\times10^{-13}\right)$ mol/L より，

$$\mathrm{pH}=-\log_{10}\left(\frac{1}{2}\times10^{-13}\right)=13+\log_{10}2=13.3$$

2族…アルカリ土類金属

答え **問1** **イ**：ケイ素　**ロ**：アルミニウム　**ハ**：水酸化カルシウム
ニ：フッ化水素

問2 [K]^2 [L]^8 [M]^8 [N]^2　**問3** 2.33×10^{22}個

問4 $CaCO_3 \longrightarrow CaO + CO_2$

問5 $CaCO_3 + 2HCl \longrightarrow CaCl_2 + H_2O + CO_2$

問6 橙赤色　**問7** $CaSO_4\cdot2H_2O$　**問8** 潮解

解説 **問1** **イ**，**ロ**：地殻を構成する元素の割合(質量パーセント)はクラーク数とよばれる。クラーク数の上位4元素は確認しておくこと 参照 p.187。

ハ：$Ca + 2H_2O \longrightarrow Ca(OH)_2 + H_2$

ニ：$CaF_2 + H_2SO_4 \longrightarrow CaSO_4 + 2HF$

問2 カルシウムは2族であり，価電子数は2である。M殻は18個まで入ることができるが，8個まで満たされたら，まず，N殻に2個まで配置されて，それからM殻の残りの10個が満たされることに注意しよう。

問3 $\dfrac{1.55\ \text{g/cm}^3 \times 1\ \text{cm}^3}{40\ \text{g/mol}} \times 6.02\times10^{23}\ \text{/mol} \fallingdotseq 2.33\times10^{22}$

（$\dfrac{1.55\ \text{g/cm}^3 \times 1\ \text{cm}^3}{40\ \text{g/mol}}$：Caのmol）

答え **問1** 化合物A：水酸化バリウム　化合物B：塩化バリウム

問2 **実験1**：$BaO + H_2O \longrightarrow Ba(OH)_2$

実験2：$Ba(OH)_2 + 2HCl \longrightarrow BaCl_2 + 2H_2O$

実験3：$BaCO_3 + 2HCl \longrightarrow BaCl_2 + H_2O + CO_2$

問3 $Ba^{2+} + SO_4^{2-} \longrightarrow BaSO_4$

問4 ⓑ　**問5** 陰イオン：Cl^-　陽イオン：Ag^+

問6 0.466 g　**問7** X線造影剤

解説 **問2** Baの化合物の反応は，同じくアルカリ土類金属であるCaの化合物の反応と同様に考えることができる。

実験1：$BaO \Rightarrow Ba^{2+},\ O^{2-}$

$O^{2-} + H_2O \longrightarrow 2OH^-$ 参照 p.32

両辺にBa^{2+}を1個加えて，

$BaO + H_2O \longrightarrow Ba(OH)_2$

実験2：$Ba(OH)_2 \Rightarrow Ba^{2+},\ 2OH^-$

$2OH^- + 2HCl \longrightarrow 2H_2O + 2Cl^-$ 参照 p.30

両辺にBa^{2+}を1個加えて，

$Ba(OH)_2 + 2HCl \longrightarrow BaCl_2 + 2H_2O$

実験 3：$BaCO_3$ ➡ Ba^{2+}，CO_3^{2-}

$$CO_3^{2-} + 2HCl \longrightarrow 2Cl^- + H_2O + CO_2$$ 参照 p.42

両辺にBa^{2+}を 1 個加えて，

$$BaCO_3 + 2HCl \longrightarrow BaCl_2 + H_2O + CO_2$$

問 3　$BaCl_2$ 水溶液と$CuSO_4$ 水溶液が混合されて生じる**化合物C**は$BaSO_4$の白色沈殿である。

問 4　もし上澄み液にSO_4^{2-}が残っていれば，$BaCl_2$ 水溶液を加えると$BaSO_4$の白色沈殿が生じるはずである。

問 5　$BaSO_4$の沈殿が生じた溶液には，**問 4** よりSO_4^{2-}は残存していない。一方で，Cl^-は溶けこんでいる。したがって，下線部(3)の洗浄が不十分であると，沈殿の表面にまだ付着していたCl^-が，ビーカー(B)にたまった洗浄液中に含まれる結果となる。

Cl^-の検出にはAg^+を加えて，AgClの白色沈殿が生じるかどうかを見ればよい。

問 6　$CuSO_4 \cdot 5H_2O$ 0.500 g中に含まれているSO_4^{2-}の物質量と同物質量の$BaSO_4$の沈殿が生じているはずであるから，

$$\frac{0.500}{250}\ \text{mol} \times 1 \times 1 \times 233\ \text{g/mol} = 0.466\ \text{g}$$

$CuSO_4 \cdot 5H_2O$ の mol　SO_4^{2-} の mol　$BaSO_4$ の mol

15 両性金属とその化合物

1 **答え**　**問 1**　**ア**：典型　**イ**：ケイ素　**ウ**：面心立方

エ：ボーキサイト　**オ**：溶融塩電解(融解塩電解)

カ：水素　**キ**：両性　**ク**：不動態　**ケ**：ミョウバン

A：3　**B**：13　**C**：3　**D**：Al_2O_3　**E**：$Al(OH)_3$

問 2　融点が非常に高い酸化アルミニウムを，低い温度で溶かすため。(29字)

問 3　イオン化傾向が大きく，水溶液中の陽イオンが還元されないから。(30字)

問 4　$2Al + 2NaOH + 6H_2O \longrightarrow 2Na[Al(OH)_4] + 3H_2$

問 5　Zn，Sn，Pbのうちから 1 つ

解説　**問 1**　**イ**：地球表層の地殻中の元素の存在率(質量パーセント)をクラーク数という 参照 p.187 。クラーク数の上位 4 つの元素(順にO，Si，Al，Fe)は確認しておくこと。

ク：Fe，Ni，Alは，濃硝酸や熱濃硫酸にはほとんど溶けない。これは，表面に緻密な酸化被膜が生じて，金属内部が保護されるからである。こ

の状態を不動態という 参照 p.57。

D：アルミナである。

E：$Al^{3+} + 3OH^- \longrightarrow Al(OH)_3$ による 参照 p.74。

問2，3 Alの溶融塩電解において，「氷晶石を加える理由」と「水溶液の電気分解ではなく，溶融塩電解をする理由」は頻出であるから，説明できるようにしておくこと。

問4 両性金属の反応はややこしいものが多いが，頻出なので必ず書けるようにすること。

問5 両性金属の代表例はAl，Zn，Sn，Pbである。

16 遷移元素(1)…Fe

答え

問1 Fe_2O_3

問2 化学反応式：$3Fe + 4H_2O \longrightarrow Fe_3O_4 + 4H_2$
さびの名称：黒さび

問3 $CuCO_3 \cdot Cu(OH)_2$

問4 $Fe \longrightarrow Fe^{2+} + 2e^-$

問5 $O_2 + 2H_2O + 4e^- \longrightarrow 4OH^-$

問6 化学式：$K_3[Fe(CN)_6]$ 錯イオンの構造：

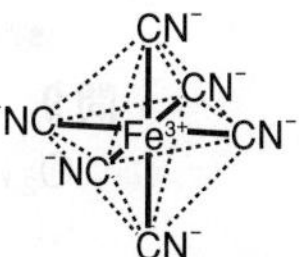

問7 鉄くぎ表面の一部が酸化されて生じたFe^{2+}と$K_3[Fe(CN)_6]$が反応し，濃青色の沈殿が生成したため。

問8 ヘキサシアニド鉄(Ⅱ)酸カリウム

問9 鉄表面が露出している部分近くの溶液がピンク色になるが，青色に変化する部分は見られない。

理由：鉄より亜鉛の方がイオン化傾向が大きいため，亜鉛が酸化され鉄は酸化されないので，Fe^{2+}が生じず青色は見られない。また，O_2が還元される反応は変わらないので，水酸化物イオンが生成し，フェノールフタレインによってくぎの表面の一部周辺の溶液は赤くなるから。

解説 **問2** Feを高温の水蒸気と反応させると，四酸化三鉄Fe_3O_4と水素H_2が生成する 参照 p.59。

問3 銅は湿った空気中で徐々に酸化され，緑色の緑青(ろくしょう)$CuCO_3 \cdot Cu(OH)_2$が生じる 参照 p.149。

問4，5，7　食塩水中に溶けこんだ酸素O_2によってFeが酸化される。

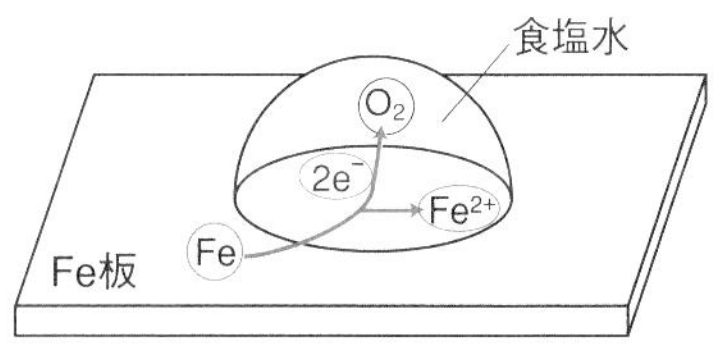

$$\begin{cases} Fe \longrightarrow Fe^{2+} + 2e^- \\ O_2 + 2H_2O + 4e^- \longrightarrow 4OH^- \end{cases}$$

Fe^{2+}が生成していることは，ヘキサシアニド鉄(Ⅲ)酸カリウム$K_3[Fe(CN)_6]$水溶液を滴下すると濃青色の沈殿が生成することで確かめられる。

なお，OH^-が生成していることは，フェノールフタレイン水溶液を滴下すると赤色になることで確かめられる。

問8　Feを塩酸に溶かすと，FeはH_2よりイオン化傾向が大きいから，

$$Fe + 2H^+ \longrightarrow Fe^{2+} + H_2$$

の反応が起きる 参照 p.59 。

その後，Cl_2を通じると，Cl_2には酸化力があり，Fe^{2+}には還元力があるから，

$$\begin{cases} Fe^{2+} \longrightarrow Fe^{3+} + e^- \\ Cl_2 + 2e^- \longrightarrow 2Cl^- \end{cases}$$

の反応により，Fe^{3+}が生じる。この溶液にヘキサシアニド鉄(Ⅱ)酸カリウム$K_4[Fe(CN)_6]$を加えると，下線部(c)と同一の濃青色沈殿が生成する 参照 p.91 。

問9　食塩水中に溶けこんだ酸素O_2によってZnが酸化される。

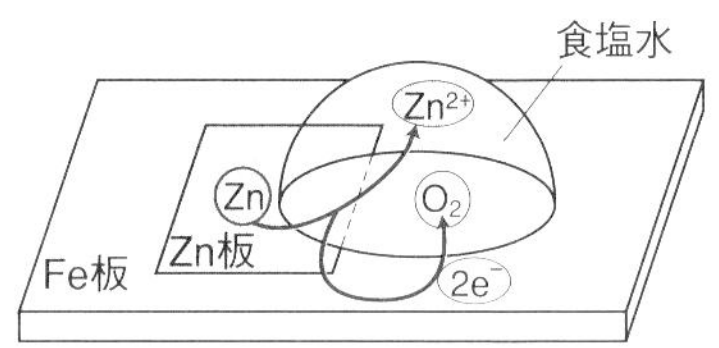

$$\begin{cases} Zn \longrightarrow Zn^{2+} + 2e^- \\ O_2 + 2H_2O + 4e^- \longrightarrow 4OH^- \end{cases}$$

Znよりもイオン化傾向の小さいFeは酸化されない。Znから放出されたe^-は，Fe板の表面に移動して食塩水中に溶けこんでいるO_2に奪われることになる。これは，Zn板を負極，Fe板を正極，電解液を食塩水とした電池が構成されていると考えることができる。

17 遷移元素(2)…Cu，Agなど

1 **答え**　(Ⅰ)　**問1**　**ア**：黄銅鉱　**イ**：陽極　**ウ**：陰極
エ：硫酸銅(Ⅱ)　**オ**：大き　**カ**：陽イオン
キ：小さ

問2　(1)　$Cu \longrightarrow Cu^{2+} + 2e^-$
(2)　$Cu^{2+} + 2e^- \longrightarrow Cu$

問3　$CuCO_3 \cdot Cu(OH)_2$

問 4　(B)　CuO　(C)　Cu_2O

（Ⅱ）問 5　**ク**：酸化力　**ケ**：水分　**コ**：乾燥

問 6　$CuSO_4 \cdot 5H_2O$　**問 7**　$CuSO_4$　**問 8**　36.1%

問 9　$CuSO_4 + 5H_2O \longrightarrow CuSO_4 \cdot 5H_2O$

問10　4：1　化学式：$CuSO_4 \cdot H_2O$

解説 **問 1，2**　銅の電解精錬については，細かいところまできちんと理解しておく必要がある 参照 p.150。

問 3，4　いわゆる知識問題は，確実に正解したい。

問 6　硫酸銅(Ⅱ)の青色結晶は五水和物の$CuSO_4 \cdot 5H_2O$である。

問 7　青色の結晶である$CuSO_4 \cdot 5H_2O$を加熱していくと，水和水が蒸発して硫酸銅(Ⅱ)無水物$CuSO_4$の白色粉末に変化する 参照 p.70。

問 8　$CuSO_4 \cdot 5H_2O$の式量＝249.5，$5H_2O$の式量＝90.0 より，$CuSO_4 \cdot 5H_2O$が$CuSO_4$に変化したときの重量減少量〔%〕は，

$$\frac{90.0}{249.5} \times 100 \fallingdotseq 36.1\ \%$$

問 9　白色粉末の$CuSO_4$は水分を吸収すると，$CuSO_4 \cdot 5H_2O$の青色結晶に変化する。

問10　$CuSO_4 \cdot 5H_2O$を加熱していくと水和水を徐々に失っていく 参照 p.70。グラフから，温度Xでの重量減少量と温度Zでの重量減少量の比は4：1と求まり，加熱にともなって，

$$\underset{\text{加熱開始時}}{CuSO_4 \cdot 5H_2O} \xrightarrow[4H_2O]{} \underset{X\sim Y\text{間}}{CuSO_4 \cdot H_2O} \xrightarrow[H_2O]{} \underset{Z\text{以降}}{CuSO_4}$$

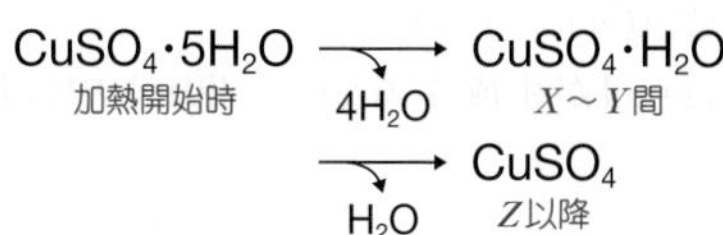

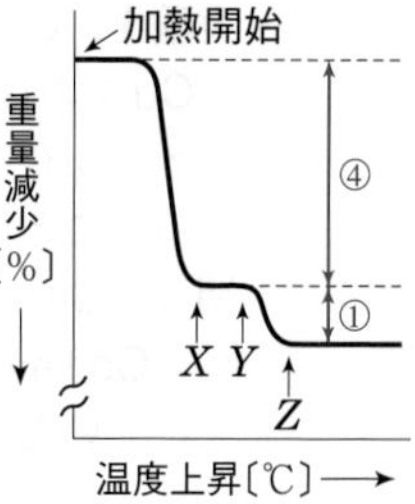

と変化したと考えられる。

2

答え **問 1**　b，c，a

問 2　**実験 1**：$3Cu + 8HNO_3$
$\longrightarrow 3Cu(NO_3)_2 + 4H_2O + 2NO$

実験 3：$Zn + H_2SO_4 \longrightarrow ZnSO_4 + H_2$

問 3　5.0×10^{-3}mol　**問 4**　H_2　**問 5**　$CaSO_4$

解説　考察の対象となっている金属をイオン化傾向の順に並べると次のようになる。

Ca　Na　Al　Zn　Pb　(H_2)　Cu　Ag

実験 2　bは常温で水と反応しているからCaまたはNaである。

実験3　cは常温では水と反応しないが，希硫酸とは反応するから，AlまたはZnである。Pbは希硫酸中で表面に水に難溶な塩$PbSO_4$が生じてしまい反応が進まなくなる 参照 p.57 。

実験4　この実験では，cがe^-を放出して溶け出し，

$$c \longrightarrow c^+ + e^-$$

極板aにこのe^-が移動して，aの表面でH^+がe^-を受け取っている。

$$2H^+ + 2e^- \longrightarrow H_2$$

したがって，イオン化傾向は c＞a とわかる。

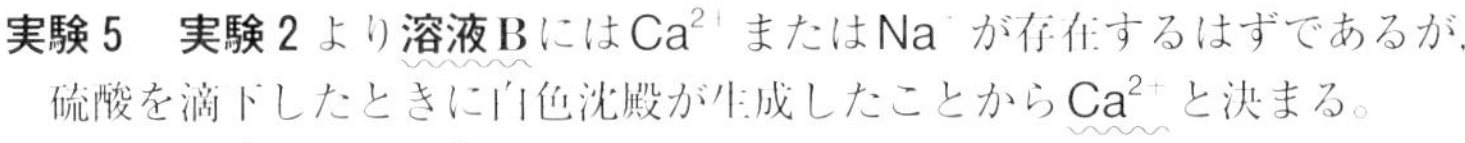

実験5　**実験2**より**溶液B**にはCa^{2+}またはNa^+が存在するはずであるが，硫酸を滴下したときに白色沈殿が生成したことからCa^{2+}と決まる。

$$Ca^{2+} + SO_4^{2-} \longrightarrow CaSO_4$$

実験7　**実験3**より**溶液C**にはAl^{3+}またはZn^{2+}が存在するはずであるが，一度生じた水酸化物の沈殿が過剰のアンモニア水に溶けたことから，Zn^{2+}と決まる。

$$Zn^{2+} + 2OH^- \longrightarrow Zn(OH)_2$$

$$Zn(OH)_2 + 4NH_3 \longrightarrow [Zn(NH_3)_4]^{2+} + 2OH^-$$

実験1，6　**実験4**よりaはc：ZnよりもイオンG化傾向の小さいPbまたはCuまたはAgである。**実験1**で得られた**溶液A**にはこのいずれかの陽イオンが存在しているはずだが，**実験6**で希塩酸を加えても沈殿が生じなかったことからaはCuと決まる。

問3　$Ca + 2H_2O \longrightarrow Ca(OH)_2 + H_2$

Ca 1 molから$Ca(OH)_2$ 1 molが生成するから，20 mL中にbがx〔mol〕溶けていたとすると，

$$\underbrace{x\text{〔mol〕}}_{\text{Caのmol}} \underbrace{\times 1}_{Ca(OH)_2\text{のmol}} \underbrace{\times 2}_{OH^-\text{のmol}} = \underbrace{0.40\ \text{mol/L} \times \frac{25}{1000}}_{H^+\text{のmol}}$$

よって，$x = 5.0 \times 10^{-3}$〔mol〕

3 **答え**　**問1**　金属X：⑤　　金属Y：⑥

問2　ア：$2NO_2$　　イ：$2H_2O$

問3　(a)　$Cu(OH)_2$　　(d)　ZnS　　(e)　CuS

問4　(b)　$[Cu(NH_3)_4]^{2+}$　　(c)　$[Zn(OH)_4]^{2-}$

問5　⑤　　**問6**　④　　**問7**　③

解説　**問1**　**操作2**において，**金属X**から生じたイオンにNaOH水溶液を加えると青白色の沈殿が生じており，また，この沈殿に濃アンモニア水

を加えると沈殿が溶けて濃青色の溶液となったことから，**X**＝Cu　とわかる。

また，**操作 3** において，**金属 Y** から生じたイオンはH_2Sを通じると白色沈殿となったことから，**Y**＝Zn　とわかる。

なお，H_2Sを通じて生じる「白色」沈殿はZnS，「黄色」沈殿はCdSと推定してよい。「黒色」沈殿は，CuS，PbS等数多くある。

問 2　Cuと濃硝酸の化学反応式をつくればよい 参照 p.61。

問 3　(a)　$Cu^{2+} + 2OH^- \longrightarrow Cu(OH)_2$

(d)　$Zn^{2+} + H_2S \longrightarrow ZnS + 2H^+$

(e)　**操作 1** により，試料溶液は塩酸により酸性となっている。したがって，酸性溶液中にH_2Sを通じているから，ZnSは沈殿せず 参照 p.75，次の反応によりCuSの黒色沈殿のみが生じる。

$$Cu^{2+} + H_2S \longrightarrow CuS + 2H^+$$

問 4　(b)　$Cu(OH)_2 + 4NH_3 \longrightarrow [Cu(NH_3)_4]^{2+} + 2OH^-$

(c)　**操作 2** で十分な量のNaOH水溶液を加えた結果，

$$Zn^{2+} + 4OH^- \longrightarrow [Zn(OH)_4]^{2-}$$

の反応が起きている。

問 5　$\dfrac{0.335}{95.6}\ \text{mol} \times 1 \times \dfrac{500\ \text{mL}}{50.0\ \text{mL}} \fallingdotseq 3.50\times10^{-2}\ \text{mol}$

（$\dfrac{0.335}{95.6}$ mol：CuSのmol，×1：Cuのmol）

問 6　$\dfrac{3.50\times10^{-2}\ \text{mol} \times 63.5\ \text{g/mol}}{3.69\ \text{g}} \times 100 \fallingdotseq 60\ \%$

18　17族…ハロゲン

1　答え

問 1　**A**：17　**B**，**C**：フッ素，塩素（順不同）
D：臭素　**E**：ヨウ素　**F**：7　**G**：陰イオン
H：フッ素，塩素，臭素，ヨウ素　**I**：さらし粉
J：ヨウ化カリウム

問 2　共有結合している原子が，共有電子対を引きつける強さを数値で表したもの。

問 3　$Cl_2 + H_2O \rightleftarrows HCl + HClO$

問 4　過塩素酸$HClO_4$，塩素酸$HClO_3$，亜塩素酸$HClO_2$

問 5　$CaCl(ClO)\cdot H_2O + 2HCl \longrightarrow Cl_2 + CaCl_2 + 2H_2O$

問 6　$KI + I_2 \longrightarrow KI_3$

問 7　$SiO_2 + 6HF \longrightarrow H_2SiF_6 + 2H_2O$

解説 **問1** **H**：ハロゲン単体の酸化力については，順番を覚えるだけでなく，順番の決定方法についても理解しておくこと 参照 p.62。

I：塩素を水酸化カルシウムに吸収させると，次の反応によりさらし粉が生じる。

$$Cl_2 + Ca(OH)_2 \longrightarrow CaCl(ClO) \cdot H_2O \quad \cdots(*)$$

この(＊)式は次のようにしてつくることができる。

まず，Cl_2とH_2Oの反応を考える。

$$Cl_2 + H_2O \longrightarrow HCl + HClO$$

両辺にOH^-を2個加えると，

$$Cl_2 + \cancel{H_2O} + 2OH^- \longrightarrow Cl^- + ClO^- + \cancel{2}H_2O$$

さらに，両辺にCa^{2+}を加えて，

$$Cl_2 + Ca(OH)_2 \longrightarrow CaCl(ClO) \cdot H_2O$$

これは，さらし粉の合成反応である。

J：ヨウ素は水にはほとんど溶けないが，ヨウ化カリウム水溶液には溶ける 参照 p.63。

問3 自己酸化還元反応の1つである 参照 p.65。

問5 さらし粉を用いた塩素の発生法である 参照 p.104。

問6 KI_3は，三ヨウ化物イオンI_3^-とK^+からなるイオン性化合物である 参照 p.63。

問7 この反応は，錯イオン形成反応の1つである。

2

答え **問1** F，Cl，Br，I

問2 **a**：貴ガス　**b**：7　**c**：17　**d**：18　**e**：75

問3 $MnO_2 + 4HCl \longrightarrow MnCl_2 + Cl_2 + 2H_2O$

問4 $Cl_2 + H_2O \rightleftarrows HCl + HClO$

問5 ガス中の不純物のHCl，H_2Oを吸収させるため。

問6 水に溶ける空気より重い気体だから下方置換。

解説 **問2** **e**：x〔%〕とすると，

$$35 \times \frac{x}{100} + 37 \times \frac{100-x}{100} = 35.5$$

よって，$x = 75$ %

問3
$$\begin{cases} MnO_2 + 4H^+ + 2e^- \longrightarrow Mn^{2+} + 2H_2O & \cdots \text{ⅰ} \\ 2Cl^- \longrightarrow Cl_2 + 2e^- & \cdots \text{ⅱ} \end{cases}$$

ⅰ式＋ⅱ式より，

$$MnO_2 + 4H^+ + 2Cl^- \longrightarrow Mn^{2+} + Cl_2 + 2H_2O$$

両辺に$2Cl^-$を加えて，

$$MnO_2 + 4HCl \longrightarrow MnCl_2 + Cl_2 + 2H_2O$$

19 16族…O, S

1

答え **問1** ① $4FeS_2 + 11O_2 \longrightarrow 2Fe_2O_3 + 8SO_2$

② $2SO_2 + O_2 \longrightarrow 2SO_3$

問2 （Ⅱ）の反応は可逆反応 $2SO_2 + O_2 \rightleftarrows 2SO_3$ であり，右向きの反応が発熱反応であるから，ルシャトリエの原理よりSO_3の収率を上げるには平衡の観点からは低温が望ましい。しかし低温では反応速度が小さくなる。そこで反応速度を大きくするため，450℃の高温下で触媒(V_2O_5)を用いて反応させている。

問3 SO_3を水に直接吸収させると $SO_3 + H_2O \longrightarrow H_2SO_4$ の反応にともなう大量の発熱のため水蒸気を生じる。その水蒸気にSO_3が溶けて空気中に拡散するので，硫酸の収率が悪くなってしまう。そこでSO_3を濃硫酸に吸収させてから，希硫酸で薄めて濃硫酸を得ている。

問4 硫酸：6.25 kg　　空気：$10.50\ m^3$

問5 ㋐，㋒，㋔，㋖，㋗

解説 **問2** 問題文より右向きの反応が発熱反応とわかる。ハーバー法についての議論と全く同様に考えて説明するとよい 参照 p.176。

問4 硫黄Sが，最終的には，すべて硫酸H_2SO_4中の硫黄原子となるから，求める値をx〔kg〕とすると，

$$\underbrace{\frac{2.00\times10^3}{32}\ \text{mol}}_{\text{Sのmol}} = \underbrace{\frac{(x\times10^3)\times\frac{98.0}{100}}{98}〔\text{mol}〕}_{H_2SO_4\text{のmol}}$$

よって，　$x=6.25$ kg

また，

$$\begin{cases} S + O_2 \longrightarrow SO_2 & \cdots ⓐ \\ 2SO_2 + O_2 \longrightarrow 2SO_3 & \cdots ⓑ \\ SO_3 + H_2O \longrightarrow H_2SO_4 & \cdots ⓒ \end{cases}$$

より，SをH_2SO_4に変化させる過程において，ⓐ式でSと同物質量のO_2，ⓑ式でSO_2の半分の物質量のO_2が必要となるから，求める空気量〔m^3〕は，

$$\left(\underbrace{\frac{2.00\times10^3}{32}\ \text{mol}}_{\text{Sのmol}}\ \underbrace{\times1}_{\text{ⓐ式で必要な}O_2\text{のmol}} + \underbrace{\frac{2.00\times10^3}{32}\ \text{mol}}_{SO_2\text{のmol}=\text{Sのmol}}\ \underbrace{\times\frac{1}{2}}_{\text{ⓑ式で必要な}O_2\text{のmol}}\right)$$

$$\underbrace{\times\frac{100}{20}}_{\text{空気のmol}}\times22.4\ \text{L/mol}\times\frac{1\ m^3}{10^3\ \text{L}}$$

$$=\left(\frac{2}{32}\times\frac{3}{2}\right)\times\frac{100}{20}\times22.4=10.50\ m^3$$

問5 ㋑ NaClに濃硫酸を加えて加熱すると，塩化水素HClが発生する 参照 p.67。

㋓ 濃硫酸には水H_2Oがほとんど含まれていないため，硫酸分子H_2SO_4は，水にH^+を与えて電離することができず，オキソニウムイオンH_3O^+(H^+)はほとんど存在しない。

㋕「濃硫酸に水を」加えると，大量の溶解熱(希釈熱)の発生により，加えた水が突沸して飛散するため非常に危険である。そこで，「水に濃硫酸を」かき混ぜつつ，また，冷却しつつ少しずつ加えなければならない。

㋖ 濃硫酸の脱水作用である。

$$\underset{\text{エタノール}}{C_2H_5OH} \longrightarrow \underset{\text{エチレン}}{C_2H_4} + H_2O$$

㋗ 濃硫酸を乾燥剤として使用できない気体は，塩基性の気体とH_2Sである 参照 p.112。よって，空気(主にN_2とO_2)の乾燥には使用できる。

2

答え **問1** **ア**：二酸化硫黄　**イ**：二酸化窒素

問2 ふつうの雨水のpHよりも，酸性雨のpHの方が小さい。

問3 $C_6H_{12}O_6 \longrightarrow 6C + 6H_2O$

問4 $CaCO_3 + H_2SO_4 + H_2O \longrightarrow CaSO_4 \cdot 2H_2O + CO_2$

問5 $Fe + H_2SO_4 \longrightarrow FeSO_4 + H_2$

解説 **問1** **ア**：硫黄元素を含む化合物が燃焼すると，SO_2が発生する 参照 p.64。SO_2が酸化されてできたSO_3が水に溶解すると，硫酸H_2SO_4が生じる 参照 p.34。

$$SO_3 + H_2O \longrightarrow H_2SO_4$$

イ：NO_2が水に溶解すると，硝酸HNO_3が生じる 参照 p.177。

$$3NO_2 + H_2O \longrightarrow 2HNO_3 + NO$$

問2 ふつうの雨水中には，二酸化炭素が溶けて弱酸である炭酸が生じている。一方，酸性雨中には，強酸である硫酸や硝酸が溶けているため，酸性が強く，pHが小さい。

問3 濃硫酸の脱水作用により，炭化が起きる。

問4 弱酸遊離反応 参照 p.41 により，セッコウ$CaSO_4 \cdot 2H_2O$が生じる反応である。

問5 FeはH_2よりもイオン化傾向が大きいので，希硫酸と反応してH_2を発生しながら溶ける 参照 p.59。

15族…N，P

1

答え **問1** **ア**：4　**イ**：4　**ウ**：H_2O　**エ**：3　**オ**：2
カ：NO

問2 (1) $2NH_4Cl + Ca(OH)_2 \longrightarrow 2NH_3 + 2H_2O + CaCl_2$
(2) 濃塩酸を近づけると塩化アンモニウムの白煙を生じる。(25字)

問3 ㋗，㋚，㋛

問4 (1) ㋟
(2) 窒素：$\left(x-\frac{1}{2}z\right)$mol　水素：$\left(y-\frac{3}{2}z\right)$mol

問5 $NH_3 + 2O_2 \longrightarrow HNO_3 + H_2O$

問6 2.24×10^2 L

解説 **問1** 硝酸の工業的製法であるオストワルト法の反応式である。きちんと書けるようにしておくこと 参照 p.177。

問2 気体の製法と検出法は覚えておくこと 参照 p.103など。

問3 $N_2 + 3H_2 \rightleftarrows 2NH_3 \quad \Delta H = -92\,\text{kJ}$

㋖ 触媒は反応速度を大きくするだけで，平衡の位置とは無関係だから平衡は移動しない。

㋗ N_2の濃度を増すとN_2を減少する方向，つまり右方向へ平衡が移動する。

㋘ 体積一定でArなどの反応に無関係な気体を加えても，反応物であるN_2，H_2，NH_3の分圧(または濃度)は一定だから，平衡は維持されたままである。したがって，平衡は移動しない。

㋙ 容器の容積を大きくすると反応物の分圧が下がるから，気体粒子数増加方向，つまり左方向へ平衡が移動する。

㋚ 容器の容積を小さくすると㋙とは逆に右方向へ平衡が移動する。

㋛ 温度を下げると発熱反応方向，つまり右方向へ平衡が移動する。

㋜ 温度を上げると㋛とは逆に左方向へ平衡が移動する。

問4 (2)

	N_2	+	$3H_2$	$\rightleftarrows$	$2NH_3$
反応前	x mol		y mol		0 mol
変化量	$-\frac{1}{2}z$ mol		$-\frac{3}{2}z$ mol		$+z$ mol
平衡時	$\left(x-\frac{1}{2}z\right)$mol		$\left(y-\frac{3}{2}z\right)$mol		z mol

問5 ④式の反応で生じたNOは③式の反応でもう一度利用するから，最終的にすべてのNH_3がHNO_3に変化することになる。このことが理解できれば次の反応式をつくれるだろう。

$$NH_3 + 2O_2 \longrightarrow HNO_3 + H_2O$$

［別解］ NOとNO_2は中間生成物だから，全体の反応式には関わってこないことを考えて次のようにしてもよい。

まず，③式×3＋④式×2でNO_2を消去すると，

$$4NO + 3O_2 + 2H_2O \longrightarrow 4HNO_3$$

次に，上式に②式を加えてNOを消去すると，

$$4NH_3 + 8O_2 \longrightarrow 4HNO_3 + 4H_2O$$

よって， $NH_3 + 2O_2 \longrightarrow HNO_3 + H_2O$

問6 **問5**の反応式より1molのNH_3と1molのHNO_3が対応するから，求める値をv〔L〕とすると，

$$\underbrace{\frac{v}{22.4}\text{〔mol〕}}_{NH_3\text{のmol}} = \underbrace{\frac{1.00\times10^3\ \text{g}\ \times\frac{63.0}{100}}{63.0\ \text{g/mol}}}_{HNO_3\text{のmol}}$$

よって， $v=2.24\times10^2$ L

2 **答え** **問1** P_4　**問2** ㋺

問3 $P_4O_{10} + 6H_2O \longrightarrow 4H_3PO_4$

問4 **a**：$3NO_2$　**b**：$2HNO_3$　**c**：NO

問5 **a**：＋4　**b**：＋5　**c**：＋2

（**問4**の**b**：NO，**c**：$2HNO_3$，**問5**の**b**：＋2，**c**：＋5でも可）

解説 **問1，2** リンの同素体である黄リンと赤リンの性質については，比較して整理しておこう 参照 p.175。

問4，5 NO_2は酸性酸化物であるから，水と反応すると対応するオキソ酸が生成するのが原則である。NO_2の場合もこの反応が起きるが自己酸化還元反応をともなったものである点で，反応式作成において一層の注意を要する。

$$3\underset{+4}{\underline{N}}O_2 + H_2O \longrightarrow 2H\underset{+5}{\underline{N}}O_3 + \underset{+2}{\underline{N}}O$$

自己酸化還元反応は覚えなければならないから，この反応も覚えるべき反応の一種である。

3 **答え** **問1** **ア**：窒素　**イ**：水素　**ウ**：アンモニア　**エ**：気体

オ：尿素

問2 **a**：1　**b**：2　**c**：1　**d**：2

問3 $2SO_2 + O_2 \longrightarrow 2SO_3$

$SO_3 + H_2O \longrightarrow H_2SO_4$

問4 赤紫色の炎色反応が見られることを確認する。

解説 問1 オ：NH_3とCO_2を高温・高圧下で反応させると，

$$2NH_3 + CO_2 \longrightarrow (NH_2)_2CO + H_2O$$

の反応により，尿素$(NH_2)_2CO$が生じる。

問2 過リン酸石灰を製造する反応式は，ややこしいが修得しておくこと。

問3 接触法は，重要な工業的製法である 参照 p.170。

問4 アルカリ金属の陽イオンの存在は，炎色反応により検出する 参照 p.90。

21 14族…C，Si

答え 問1 ア：典型　イ：4　ウ：同素体　エ：両
オ：炭酸カルシウム(石灰石)　カ：4　キ：正四面体

問2 ダイヤモンドは非常に硬いが，黒鉛は薄くはがれやすい。ダイヤモンドは電気伝導性が非常に小さいが，黒鉛は大きい。

(理由) ダイヤモンドは，炭素原子の4個の価電子をすべて共有結合に用いて1個の巨大分子をつくっているのに対して，黒鉛は，4個の価電子のうち3個を共有結合に用いて平面構造をつくり，この平面どうしは弱い分子間力で結びついて結晶をつくっているので，薄くはがれやすい。また黒鉛の残りの1個ずつの価電子は，平面構造の中を自由に動くことができるので，黒鉛は電気を導く性質をもつ。

問3 $Ca(OH)_2 + CO_2 \longrightarrow CaCO_3 + H_2O$
$CaCO_3 + CO_2 + H_2O \longrightarrow Ca(HCO_3)_2$

問4
$$\mathrm{H:\ddot{\underset{\cdot\cdot}{O}}:}\quad \mathrm{H:\ddot{N}:H}\quad \mathrm{\ddot{\underset{\cdot\cdot}{O}}::C::\ddot{\underset{\cdot\cdot}{O}}}$$
（水：OにHが下に結合，アンモニア：NにHが下に結合）

水　アンモニア　二酸化炭素

(理由) 共有電子対は電気陰性度の大きな方の原子に引きつけられるため，結合に極性が生じる。分子全体の極性は各結合の極性を表す矢印を合成したものに相当するので，折れ線形の水と三角すい形のアンモニアは矢印が打ち消し合わない極性分子である。一方，矢印が打ち消し合う直線形の二酸化炭素は無極性分子になる。

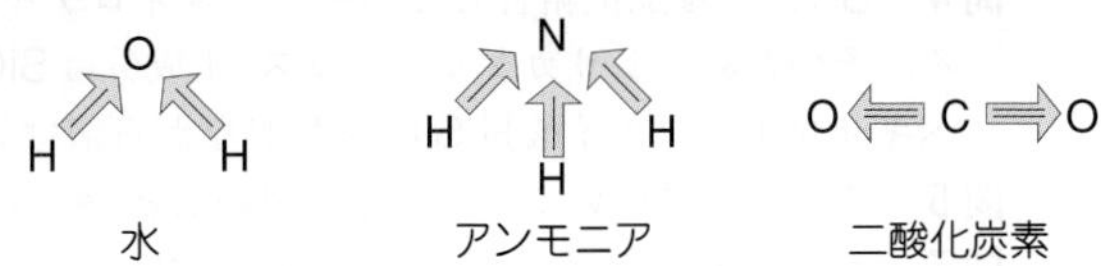

解説 問1 イ：14族の元素は，すべて価電子を4個もっている。例えば，CはK(2)L(4)，SiはK(2)L(8)M(4) である。

エ：水酸化スズ(Ⅱ)$Sn(OH)_2$，水酸化鉛(Ⅱ)$Pb(OH)_2$のほか，水酸化アルミニウム$Al(OH)_3$も両性水酸化物である 参照 p.138。

オ：二酸化炭素の発生法は,

$$CaCO_3 + 2HCl \longrightarrow CaCl_2 + H_2O + CO_2$$

である 参照 p.106。

カ, **キ**：二酸化ケイ素の立体構造は頻出なので覚えておくこと 参照 p.16。

問2 黒鉛(グラファイト)が①薄くはがれやすく②電気伝導性が大きい理由は頻出なので, 必ず説明できるようにしておこう。

問3 石灰水$Ca(OH)_2$にCO_2を通じると, 炭酸カルシウム$CaCO_3$が生成して白濁する。

$$Ca(OH)_2 + CO_2 \longrightarrow CaCO_3 + H_2O$$

その後もCO_2を通じ続けると, $CaCO_3$が水に易溶な炭酸水素カルシウム$Ca(HCO_3)_2$に変化して, 白濁が消失し無色に戻る。

$$CaCO_3 + H_2O + CO_2 \longrightarrow Ca(HCO_3)_2$$

上記現象について, 化学反応式を書いて説明できるようにしておこう 参照 p.109。

問4 「結合の極性 参照 p.10」,「分子の形 参照 p.17」,「分子の極性 参照 p.19」のそれぞれの理解が求められている問題である。

2

答え **問1** 4　**問2** **ア**：O　**イ**：Al

問3 **ウ**：ⓐ　**ケ**：ⓔ　**問4** ⓓ

問5 $SiO_2 + 2NaOH \longrightarrow Na_2SiO_3 + H_2O$

問6 **カ**：水ガラス　**キ**：シリカゲル　**ク**：ダイヤモンド

問7 $SiO_2 + 2C \longrightarrow Si + 2CO$

問8 56g

問9 二酸化ケイ素は, ほとんどの化学物質と反応せず, また透明であるから内部の観察が可能であるため。

解説 **問1** Siの電子配置は, K(2)L(8)M(4) である。

問2 クラーク数の上位4元素は確認しておくこと 参照 p.187。

問3 SiO_2の立体構造は頻出である 参照 p.16。

問4 SiとF は配位結合してヘキサフルオロケイ酸イオン$[SiF_6]^{2-}$を生じる。そのため, シリカゲルやガラス(主成分はSiO_2)はフッ化水素酸HFにヘキサフルオロケイ酸H_2SiF_6を生じながら溶ける 参照 p.162。

問5 この反応については本文を復習のこと 参照 p.185。

問7 ケイ素Siの単体は天然には存在しないので, SiO_2をコークスCで還元して製造する。

$$SiO_2 + 2C \longrightarrow Si + 2CO$$

このとき, 加熱する必要があるが, 高温下では,

$$C + CO_2 \longrightarrow 2CO$$

の反応が進むために生成物は主にCOとなる。CO_2ではないことに注意すること。

問 8　$\frac{120}{60}$ mol ｜ ×1 ｜ ×28 g/mol ＝56 g

（$\frac{120}{60}$ mol：SiO_2のmol，×1まで：Siのmol）

問 9　構成粒子が規則正しく配列した固体を結晶という。ガラスは構成粒子が乱雑に並んでいるため，結晶ではなく非晶質(アモルファス)とよばれる 参照 p.12。

索引

あ

亜鉛Zn …… 135, 136
亜塩素酸$HClO_2$ …… 160
アクア錯イオン …… 82
アマルガム …… 153
アモルファス …… 12
アルカリ金属 …… 116
アルカリ土類金属 …… 126
アルマイト …… 135
アルミナ …… 140
アルミニウムAl …… 134, 136
アルミニウムAlの工業的製法 …… 139
アンモニアNH_3 …… 105, 107
アンモニアソーダ法 …… 121
アンモニアNH_3の工業的製法 …… 176
硫黄S …… 168
イオン化傾向 …… 56
イオン化列 …… 56
イオン結合 …… 11
イオン結晶 …… 13, 16
イオン交換膜法 …… 119
一酸化炭素CO …… 106, 107
一酸化窒素NO …… 105, 107, 174
陰イオンの分析 …… 96
塩 …… 23, 38
塩化カリウムKCl …… 178
塩化カルシウム$CaCl_2$ …… 127
塩化銀AgCl …… 93
塩化コバルト …… 148
塩化水素HCl …… 105, 107
塩化マグネシウム$MgCl_2$ …… 127
塩基 …… 39
塩基性気体 …… 109
塩基性酸化物 …… 23
塩酸 …… 159
炎色反応 …… 90
延性 …… 12
塩素Cl_2 …… 104, 107, 159, 161
塩素酸$HClO_3$ …… 160
塩素Cl_2の実験室的製法 …… 162
王水 …… 57
黄鉄鉱 …… 170
黄銅 …… 153
黄銅鉱 …… 151
黄リン …… 174
オキソ酸 …… 23, 27
オストワルト法 …… 176
オゾンO_3 …… 166

か

過塩素酸$HClO_4$ …… 160
化学結合 …… 10
化合物 …… 22
価標 …… 8
下方置換 …… 113
ガラス …… 186
カリ肥料 …… 178
過リン酸石灰 …… 178
カルシウムCa …… 128
還元剤 …… 46, 48, 50
感光性 …… 96, 152
乾燥剤 …… 112
貴ガス …… 190
揮発性酸遊離反応 …… 67
共有結合 …… 8, 11
共有結合の結晶 …… 15, 16
共有電子対 …… 8
極性 …… 10
極性分子 …… 19
巨大分子 …… 15
金Au …… 148
銀Ag …… 148
金属結合 …… 11
金属結晶 …… 12, 16
クラーク数 …… 187
グラファイト …… 183
クロム酸イオンCrO_4^{2} …… 97
軽金属 …… 117

ケイ酸塩工業 ………… 186
ケイ酸ナトリウム Na_2SiO_3 ………… 185
ケイ砂 ………… 184
形状記憶合金 ………… 153
ケイ素 Si ………… 182
結晶 ………… 12
結晶水 ………… 70
鋼 ………… 145
合金 ………… 153
黒鉛 C ………… 183
ゴム状硫黄 ………… 168

さ

錯イオン ………… 80
錯イオン形成反応 ………… 82
さらし粉 $CaCl(ClO)\cdot H_2O$ ………… 160
酸 ………… 39
酸化亜鉛 ZnO ………… 137
酸化アルミニウム Al_2O_3 ………… 137
酸化カルシウム CaO ………… 128
酸化還元反応 ………… 44
酸化剤 ………… 46, 48, 50
酸化数 ………… 45
酸化鉄(Ⅱ) FeO ………… 143
酸化鉄(Ⅲ) Fe_2O_3 ………… 143
酸化銅(Ⅰ) Cu_2O ………… 149
酸化銅(Ⅱ) CuO ………… 149
酸化物 ………… 23, 24
三重結合 ………… 17
酸性雨 ………… 171
酸性気体 ………… 109
酸性酸化物 ………… 23
酸素 O_2 ………… 103, 107, 166
酸素酸 ………… 23
次亜塩素酸 HClO ………… 160
次亜塩素酸イオン ClO^- ………… 160
磁器 ………… 187
自己酸化還元反応 ………… 65
四酸化三鉄 Fe_3O_4 ………… 143
四酸化二窒素 N_2O_4 ………… 175
十酸化四リン P_4O_{10} ………… 175
磁鉄鉱 ………… 146
弱酸遊離反応 ………… 41
写真 ………… 152
斜方硫黄 ………… 168
臭化銀 AgBr ………… 93
臭化水素酸 ………… 159
重過リン酸石灰 ………… 178
重金属 ………… 143
臭素 Br_2 ………… 162
ジュラルミン ………… 153
純銅 ………… 150
昇華性 ………… 15
硝酸 HNO_3 ………… 174
硝酸 HNO_3 の工業的製法 ………… 176
消石灰 ………… 123
鍾乳石 ………… 130
鍾乳洞 ………… 129
上方置換 ………… 113
シリカ ………… 183
シリカゲル ………… 185
しんちゅう ………… 153
水酸化亜鉛 $Zn(OH)_2$ ………… 138
水酸化アルミニウム $Al(OH)_3$ ………… 138
水酸化カルシウム $Ca(OH)_2$ ………… 128
水酸化ナトリウム NaOH ………… 116, 118
水酸化ナトリウム NaOH の工業的製法 ………… 119
水酸化物 ………… 23, 26
水晶 ………… 184
水上置換 ………… 113
水素 H_2 ………… 103, 107
水素結合 ………… 20
水和 ………… 72
水和水 ………… 70
ステンレス鋼 ………… 153
スラグ ………… 146
生石灰 ………… 123
青銅 ………… 153
石英 ………… 184
石筍 ………… 130
赤鉄鉱 ………… 146
赤リン ………… 175
石灰水 ………… 128, 129
石灰石 ………… 123
セッコウ ………… 127
接触法 ………… 170
セラミックス ………… 186
遷移元素 ………… 142
銑鉄 ………… 145
ソーダ石灰ガラス ………… 186
ソックス SO_x ………… 171
粗銅 ………… 151
ソルベー法 ………… 121

た

ダイヤモンド C ………… 183
脱水作用 ………… 169
単結合 ………… 17
炭酸カルシウム $CaCO_3$ ………… 128
炭酸ナトリウム Na_2CO_3 ………… 118
炭酸ナトリウム十水和物 $Na_2CO_3\cdot 10H_2O$ ………… 117
炭酸ナトリウム Na_2CO_3 の工業的製法 ………… 121
単斜硫黄 ………… 168
炭素 C ………… 182
単体 ………… 22
窒素 N_2 ………… 104, 107, 174
窒素肥料 ………… 178
中性気体 ………… 109
中和反応 ………… 30
潮解性 ………… 117
チリ硝石 ………… 178

沈殿生成反応 …………73
鉄Fe …………142
鉄イオン …………91
鉄Feの工業的製法 …………145
テルミット反応 …………138
電解精錬 …………151
電気陰性度 …………9
展性 …………12
銅Cu …………148
陶器 …………187
陶磁器 …………187
同素体 …………22
銅Cuの工業的製法 …………150
土器 …………187
トタン …………144

な

ナトリウムNa …………118
ニクロム …………153
ニクロム酸イオン$Cr_2O_7^{2-}$ …………97
二酸化硫黄SO_2 …………105, 107, 168
二酸化ケイ素SiO_2 …………183
二酸化炭素CO_2 …………106, 107
二酸化窒素NO_2 …………106, 107, 174
二重結合 …………17
ニューセラミックス …………187
尿素$(NH_2)_2CO$ …………178
熱分解反応 …………69
燃焼反応 …………64
濃硫酸H_2SO_4 …………168
ノックスNO_x …………171

は

ハーバー法 …………176
ハーバー・ボッシュ法 …………176
配位結合 …………8
配位子 …………80
配位数 …………80
白銅 …………153
発煙硫酸 …………170
ハロゲン …………62, 158, 161
ハロゲン化銀 …………92
ハロゲン化水素酸 …………158
はんだ …………153
半導体 …………184
光触媒 …………152
非晶質 …………12
氷晶石 …………140
肥料 …………178
ファインセラミックス …………187
ファンデルワールス力 …………20
風解性 …………117
複塩 …………104
フッ化カルシウムCaF_2 …………159
フッ化銀AgF …………93
フッ化水素HF …………106, 107
フッ化水素酸 …………159, 162
フッ素F_2 …………161
不動態 …………57
フラーレン …………183
ブリキ …………144
フロン …………166
ブロンズ …………153
分極 …………10
分子 …………14, 17
分子間力 …………20
分子結晶 …………15, 16
ベリリウムBe …………126
ボーキサイト …………139
ホタル石 …………160

ま

マグネシウムMg …………128
水ガラス …………185
ミョウバン $AlK(SO_4)_2 \cdot 12H_2O$ …………135
無極性分子 …………19
無声放電 …………166

や

焼きセッコウ …………127
融解塩電解 …………140
陽イオンの系統分析 …………94
ヨウ化銀AgI …………93
ヨウ化水素酸 …………159
窯業製品 …………186
陽極泥 …………151
溶鉱炉 …………145
ヨウ素I_2 …………162
ヨウ素溶液 …………162
溶融塩電解 …………140

ら

硫安 …………178
硫化水素H_2S …………105, 107
硫酸H_2SO_4 …………168
硫酸銅(Ⅱ) …………148
硫酸H_2SO_4の工業的製法 …………170
硫酸バリウム$BaSO_4$ …………127
両性化合物 …………134
両性金属 …………134
両性酸化物 …………23, 134
両性水酸化物 …………134
リン …………174
リン酸H_3PO_4 …………175
リン肥料 …………178
緑青$CuCO_3 \cdot Cu(OH)_2$ …………149

福間の
無機化学の講義

五訂版

DO Series

別冊

入試で使える
最重要Point
総整理

旺文社

福間の
無機化学の講義

五訂版

別冊

入試で使える
最重要Point 総整理

ここに掲載されている事項は，入試で繰り返し出題されているものであり，本文中で説明した事項のうちでも特に入念に確認すべき事項です。繰り返し読んで，記憶しましょう。

なお，付属の赤セルチェックシートを使うと，重要事項を隠すことができますので，各自上手に利用してください。

旺文社

入試必出　無機化学反応式 一覧

中和反応

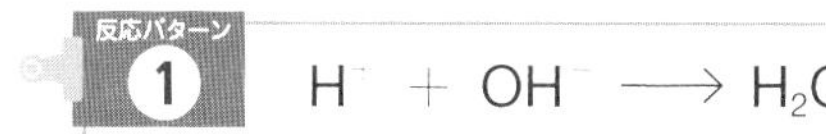

参照
本冊 p.30

❶ 塩酸(硫酸)に水酸化ナトリウム水溶液を加える

$$HCl + NaOH \longrightarrow NaCl + H_2O$$
$$(H_2SO_4 + 2NaOH \longrightarrow Na_2SO_4 + 2H_2O)$$

［群馬大，広島大，島根大，慶大］

作り方　塩酸：$HCl \Rightarrow H^+, Cl^-$
硫酸：$H_2SO_4 \Rightarrow 2H^+, SO_4^{2-}$
水酸化ナトリウム：$NaOH \Rightarrow Na^+, OH^-$
$H^+ + OH^- \longrightarrow H_2O$
塩酸の場合は，両辺にNa^+，Cl^-を1個ずつ加えて完成。
硫酸の場合は，$2H^+ + 2OH^- \longrightarrow 2H_2O$の両辺に$Na^+$を2個，$SO_4^{2-}$を1個加えて完成。

❷ 酢酸水溶液に水酸化ナトリウム水溶液を加える

$$CH_3COOH + NaOH \longrightarrow CH_3COONa + H_2O$$

［福井大，徳島大，大阪府大］

作り方　酢酸：$CH_3COOH \Rightarrow CH_3COO^-, H^+$
$H^+ + NaOH \longrightarrow Na^+ + H_2O$
両辺にCH_3COO^-を1個加えて完成。

❸ 水酸化アルミニウムに塩酸を加える

$$Al(OH)_3 + 3HCl \longrightarrow AlCl_3 + 3H_2O$$

［弘前大，電通大，金沢大，滋賀医大，早大］

作り方　水酸化アルミニウム：$Al(OH)_3 \Rightarrow Al^{3+}, 3OH^-$
$3OH^- + 3HCl \longrightarrow 3Cl^- + 3H_2O$
両辺にAl^{3+}を1個加えて完成。

補足　一般に，水酸化物は酸とだけ反応するが，水酸化アルミニウムは両性水酸化物なので，酸とも塩基とも反応する。

❹ 水酸化亜鉛に塩酸を加える

$$Zn(OH)_2 + 2HCl \longrightarrow ZnCl_2 + 2H_2O$$

［高知大，京都府大］

作り方　水酸化亜鉛：$Zn(OH)_2 \Rightarrow Zn^{2+}, 2OH^-$
$2OH^- + 2HCl \longrightarrow 2Cl^- + 2H_2O$
両辺にZn^{2+}を1個加えて完成。

補足　一般に，水酸化物は酸とだけ反応するが，水酸化亜鉛は両性水酸化物なので，酸とも塩基とも反応する。

❺ シュウ酸に水酸化ナトリウム水溶液を加える

$$(COOH)_2 + 2NaOH \longrightarrow Na_2C_2O_4 + 2H_2O$$

［弘前大，福島大，新潟大，群馬大，埼玉大，信州大，岐阜大，高知大，長崎大，鹿児島大，神戸薬大，崇城大］

作り方　水酸化ナトリウム：$NaOH \Rightarrow Na^+, OH^-$
$(COOH)_2 + 2OH^- \longrightarrow C_2O_4^{2-} + 2H_2O$
両辺にNa^+を2個加えて完成。

補足　シュウ酸は2価の弱酸である。$H_2C_2O_4$と表してもよい。

❻ 水酸化カルシウムに塩酸を加える

$$Ca(OH)_2 + 2HCl \longrightarrow CaCl_2 + 2H_2O$$

［筑波大，新潟大，青山学院大，早大］

作り方 水酸化カルシウム：$Ca(OH)_2$ ➡ Ca^{2+}，$2OH^-$
$2OH^- + 2HCl \longrightarrow 2Cl^- + 2H_2O$
両辺に Ca^{2+} を1個加えて完成。

❼ 水酸化バリウムに希硫酸を加える

$$Ba(OH)_2 + H_2SO_4 \longrightarrow BaSO_4 + 2H_2O$$

［群馬大］

作り方 水酸化バリウム：$Ba(OH)_2$ ➡ Ba^{2+}，$2OH^-$
$2OH^- + H_2SO_4 \longrightarrow SO_4^{2-} + 2H_2O$
両辺に Ba^{2+} を1個加えて完成。

補 足 $BaSO_4$ は水に溶けにくいので，白色の沈殿として析出する。

❽ アンモニアと塩化水素の反応

$$NH_3 + HCl \longrightarrow NH_4Cl$$

［弘前大，岩手大，信州大，鳥取大，山口大，長崎大，青山学院大，法政大，関西学院大］

補 足 この反応が気相中で起きると，NH_4Cl の微結晶が生じて白煙があがる。アンモニアおよび塩化水素の検出に用いられる。

▷酸化物の反応

1 金属元素の酸化物と水の反応

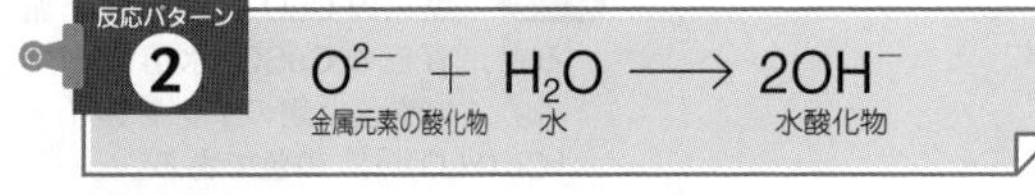

❾ 酸化ナトリウムを水に加える

$$Na_2O + H_2O \longrightarrow 2NaOH$$

［群馬大，宇都宮大，お茶の水女大，阪大，大阪市大，青山学院大，東京都市大，名城大，東海大］

作り方 酸化ナトリウム：Na_2O ➡ $2Na^+$，O^{2-}
$O^{2-} + H_2O \longrightarrow 2OH^-$
両辺に Na^+ を2個加えて完成。

補 足 アルカリ金属および Be と Mg 以外のアルカリ土類金属の酸化物は，常温で水と反応する。

❿ 酸化カルシウムを水に加える

$$CaO + H_2O \longrightarrow Ca(OH)_2$$

［弘前大，岩手大，東北大，筑波大，千葉大，東大，お茶の水女大，新潟大，金沢大，富山大，岐阜大，山口大，高知大，九大，大分大，広島市大，学習院大，東京女大，早大］

作り方 酸化カルシウム：CaO ➡ Ca^{2+}，O^{2-}
$O^{2-} + H_2O \longrightarrow 2OH^-$
両辺に Ca^{2+} を1個加えて完成。

補 足 アルカリ金属および Be と Mg 以外のアルカリ土類金属の酸化物は，常温で水と反応する。CaO は生石灰，$Ca(OH)_2$ は消石灰ともよばれる。この反応は，アンモニアソーダ法の一反応であり，発熱量が非常に大きい。

2 金属元素の酸化物と酸の反応

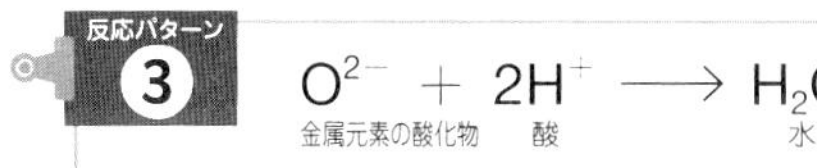

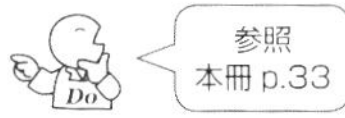

⓫ 酸化アルミニウムに塩酸（希硫酸）を加える

$$Al_2O_3 + 6HCl \longrightarrow 2AlCl_3 + 3H_2O$$
$$(Al_2O_3 + 3H_2SO_4 \longrightarrow Al_2(SO_4)_3 + 3H_2O)$$

［東北大，福島大，千葉大，阪大，熊本大，大阪市大，防衛大］

作り方　酸化アルミニウム：Al_2O_3 ➡ $2Al^{3+}$，$3O^{2-}$
$3O^{2-} + 6HCl \longrightarrow 3H_2O + 6Cl^-$
両辺に Al^{3+} を２個加えて完成。

補足　酸化アルミニウムは両性酸化物であり，酸とも塩基とも反応する。

⓬ 酸化亜鉛に塩酸(希硫酸)を加える

$$ZnO + 2HCl \longrightarrow ZnCl_2 + H_2O$$
$$(ZnO + H_2SO_4 \longrightarrow ZnSO_4 + H_2O)$$

［北大，筑波大，電通大，九大，防衛大］

作り方　酸化亜鉛：ZnO ➡ Zn^{2+}，O^{2-}
$O^{2-} + 2HCl \longrightarrow H_2O + 2Cl^-$
両辺に Zn^{2+} を１個加えて完成。

補足　酸化亜鉛は両性酸化物であり，酸とも塩基とも反応する。

⓭ 酸化銅(Ⅱ)に希硫酸(希塩酸)を加える

$$CuO + H_2SO_4 \longrightarrow CuSO_4 + H_2O$$
$$(CuO + 2HCl \longrightarrow CuCl_2 + H_2O)$$

［千葉大，名大，京大，高知大，首都大，名古屋市大，法政大，愛知工大］

作り方　酸化銅(Ⅱ)：CuO ➡ Cu^{2+}，O^{2-}
$O^{2-} + H_2SO_4 \longrightarrow H_2O + SO_4^{2-}$
両辺に Cu^{2+} を１個加えて完成。

補足　黒色の CuO に希硫酸を加えると，青色の $CuSO_4$ 水溶液ができる。この青色は銅のアクア錯イオン $[Cu(H_2O)_4]^{2+}$ の色である。

⓮ 酸化鉄(Ⅲ)に希塩酸を加える

$$Fe_2O_3 + 6HCl \longrightarrow 2FeCl_3 + 3H_2O$$

［法政大，甲南大］

作り方　酸化鉄(Ⅲ)：Fe_2O_3 ➡ $2Fe^{3+}$，$3O^{2-}$
$3O^{2-} + 6HCl \longrightarrow 3H_2O + 6Cl^-$
両辺に Fe^{3+} を２個加えて完成。

補足　赤褐色の Fe_2O_3 に希塩酸を加えると，黄褐色の $FeCl_3$ 水溶液ができる。

⓯ 酸化カルシウムに塩酸を加える

$$CaO + 2HCl \longrightarrow CaCl_2 + H_2O$$

［千葉大，東京薬大］

作り方　酸化カルシウム：CaO ➡ Ca^{2+}，O^{2-}
$O^{2-} + 2HCl \longrightarrow H_2O + 2Cl^-$
両辺に Ca^{2+} を１個加えて完成。

3 非金属元素の酸化物と水の反応

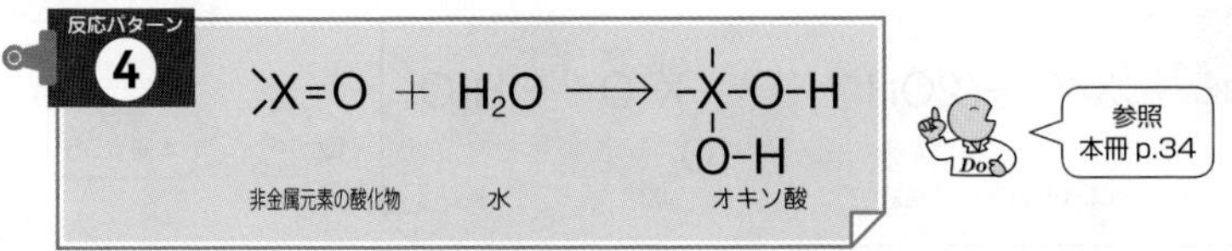

⑯ 二酸化炭素を水に溶かす

$$CO_2 + H_2O \longrightarrow H_2CO_3$$

［北大，弘前大，埼玉大，富山大，神戸大，島根大，岡山大，熊本大，宮崎大，大阪市大，青山学院大，日本女大，同志社大］

補足 二酸化炭素に対応するオキソ酸は炭酸 H_2CO_3 である。炭酸は２価の弱酸である。

⑰ 二酸化硫黄を水に溶かす

$$SO_2 + H_2O \longrightarrow H_2SO_3$$

［岩手大，筑波大，埼玉大，名古屋工大，京大，阪大，宮崎大，大阪市大，学習院大，防衛大］

補足 二酸化硫黄に対応するオキソ酸は亜硫酸 H_2SO_3 である。硫酸は２価の強酸であるが，亜硫酸は２価の弱酸であることに注意すること。

⑱ 三酸化硫黄を水に溶かす

$$SO_3 + H_2O \longrightarrow H_2SO_4$$

［弘前大，岩手大，東北大，山形大，新潟大，埼玉大，山梨大，金沢大，静岡大，名古屋工大，京大，鳥取大，徳島大，鹿児島大，東京女大，法政大］

補足 三酸化硫黄に対応するオキソ酸は硫酸 H_2SO_4 である。この反応は，硫酸の製造法である接触法の一反応であり，SO_3 を濃硫酸に吸収して発煙硫酸とし，希硫酸で希釈したときの反応にあたる。

⑲ 十酸化四リンに水を加えて加熱する

$$P_4O_{10} + 6H_2O \xrightarrow{\text{加熱}} 4H_3PO_4$$

［弘前大，秋田大，群馬大，千葉大，東大，名古屋工大，阪大，奈良女大，島根大，高知大，宮崎大，首都大，学習院大，慶大，東京都市大，早大，名城大，防衛大］

補足 十酸化四リンに対応するオキソ酸はリン酸 H_3PO_4 である。リン酸は３価の中程度の強さの酸である。

⑳ 二酸化窒素を温水に溶かす

$$3NO_2 + H_2O \longrightarrow 2HNO_3 + NO$$

［北大，弘前大，福島大，群馬大，宇都宮大，埼玉大，千葉大，東大，東京農工大，電通大，横浜国大，新潟大，金沢大，名大，名古屋工大，神戸大，奈良女大，島根大，岡山大，徳島大，九大，熊本大，首都大，横浜市大，名古屋市大，京都府大，大阪市大，奈良県医大，青山学院大，学習院大，東京都市大，同志社大，立命館大，関西学院大］

補足 硝酸の工業的製法であるオストワルト法の一反応である。これは自己酸化還元反応をともなっており，NO_2 が酸化剤としても還元剤としても働いている。

㉑ 二酸化窒素を冷水に溶かす

$$2NO_2 + H_2O \longrightarrow HNO_3 + HNO_2$$

［東北大，京大］

補足 亜硝酸 HNO_2 は不安定な酸である。

4 非金属元素の酸化物と塩基の反応

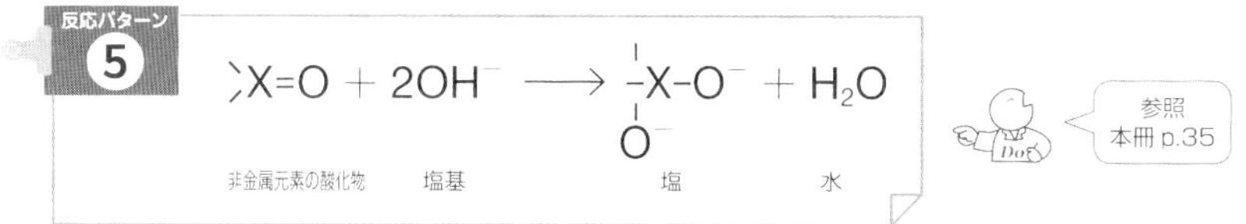

㉒ 水酸化カルシウム水溶液(石灰水)に二酸化炭素を通じると白濁する

$$Ca(OH)_2 + CO_2 \longrightarrow CaCO_3 + H_2O$$

[北大, 弘前大, 岩手大, 東北大, 群馬大, 埼玉大, 千葉大, 東大, お茶の水女大, 電通大, 横浜国大, 新潟大, 金沢大, 静岡大, 名大, 滋賀医大, 阪大, 神戸大, 奈良女大, 鳥取大, 島根大, 岡山大, 徳島大, 香川大, 高知大, 九大, 熊本大, 長崎大, 宮崎大, 鹿児島大, 札幌医大, 首都大, 横浜市大, 名古屋市大, 大阪市大, 広島市大, 東京都市大, 法政大, 日本歯大, 愛知工大, 名城大, 関西学院大, 神戸薬大]

作り方 水酸化カルシウム：$Ca(OH)_2$ ➡ Ca^{2+}, $2OH^-$
二酸化炭素に対応するオキソ酸は炭酸 H_2CO_3 だから,
$CO_2 + 2OH^- \longrightarrow CO_3^{2-} + H_2O$
両辺に Ca^{2+} を1個加えて完成。

補足 飽和水酸化カルシウム水溶液を石灰水という。この反応は二酸化炭素の検出に用いられており, 水に難溶な塩である $CaCO_3$ の生成により白濁する。

㉓ 水酸化ナトリウム水溶液に二酸化炭素を通じる

$$2NaOH + CO_2 \longrightarrow Na_2CO_3 + H_2O$$

[弘前大, 秋田大, 東北大, 東大, お茶の水女大, 金沢大, 島根大, 岡山大, 愛媛大, 名城大, 立命館大, 神戸薬大, 甲南大, 防衛大]

作り方 水酸化ナトリウム：$NaOH$ ➡ Na^+, OH^-
二酸化炭素に対応するオキソ酸は炭酸 H_2CO_3 だから,
$CO_2 + 2OH^- \longrightarrow CO_3^{2-} + H_2O$
両辺に Na^+ を2個加えて完成。

補足 水酸化ナトリウム水溶液を空気中に放置しておくと, この反応により NaOH が徐々に消費されていく

㉔ 水酸化カリウム水溶液に二酸化硫黄を通じる

$$2KOH + SO_2 \longrightarrow K_2SO_3 + H_2O$$

[学習院大]

作り方 水酸化カリウム：KOH ➡ K^+, OH^-
二酸化硫黄に対応するオキソ酸は亜硫酸 H_2SO_3 だから,
$SO_2 + 2OH^- \longrightarrow SO_3^{2-} + H_2O$
両辺に K^+ を2個加えて完成。

㉕ 水酸化バリウム水溶液に二酸化炭素を通じると白濁する

$$Ba(OH)_2 + CO_2 \longrightarrow BaCO_3 + H_2O$$

[岩手大, 東北大, 群馬大, 千葉大, 東大, 岐阜大, 京大, 広島大, 熊本大, 京都府大, 青山学院大, 工学院大, 芝浦工大, 法政大, 神戸薬大]

作り方 水酸化バリウム：$Ba(OH)_2$ ➡ Ba^{2+}, $2OH^-$
二酸化炭素に対応するオキソ酸は炭酸 H_2CO_3 だから,
$CO_2 + 2OH^- \longrightarrow CO_3^{2-} + H_2O$
両辺に Ba^{2+} を1個加えて完成。

㉖ 二酸化ケイ素を水酸化ナトリウムとともに加熱する

$$2NaOH + SiO_2 \xrightarrow{加熱} Na_2SiO_3 + H_2O$$

[弘前大，秋田大，東北大，千葉大，東京農工大，新潟大，信州大，名古屋工大，岐阜大，阪大，長崎大，香川大，名古屋市大，東海大，東京女大，東京都市大，早大，防衛大]

作り方 水酸化ナトリウム：NaOH ➡ Na^+，OH^-
二酸化ケイ素に対応するオキソ酸はケイ酸 H_2SiO_3 だから，
$SiO_2 + 2OH^- \longrightarrow SiO_3^{2-} + H_2O$
両辺に Na^+ を2個加えて完成。

補足 この反応を進めるには，SiO_2 と NaOH の混合物を強熱して融解する必要がある。SiO_2 に水酸化ナトリウム水溶液を加えただけでは反応しないことに注意すること。生成物のケイ酸ナトリウムは無機高分子(Na_2SiO_3 は組成式)である。これに水を加えて加熱すると，粘性の大きな液体ができ，この液体は水ガラスとよばれる。

5 金属元素の酸化物と非金属元素の酸化物の反応

㉗ 酸化カルシウムと二酸化ケイ素を混ぜて加熱する

$$CaO + SiO_2 \xrightarrow{加熱} CaSiO_3$$

[新潟大]

作り方 酸化カルシウム：CaO ➡ Ca^{2+}，O^{2-}
二酸化ケイ素に対応するオキソ酸はケイ酸 H_2SiO_3 だから，
$O^{2-} + SiO_2 \longrightarrow SiO_3^{2-}$
両辺に Ca^{2+} を1個加えて完成。

補足 鉄の製造過程において，鉄鉱石中の不純物である SiO_2 は，この反応によりスラグとなる。

㉘ 酸化カリウムと三酸化硫黄との反応

$$K_2O + SO_3 \longrightarrow K_2SO_4$$

[熊本大]

作り方 酸化カリウム：K_2O ➡ $2K^+$，O^{2-}
三酸化硫黄に対応するオキソ酸は硫酸 H_2SO_4 だから，
$O^{2-} + SO_3 \longrightarrow SO_4^{2-}$
両辺に K^+ を2個加えて完成。

㉙ 酸化カルシウムと二酸化炭素との反応

$$CaO + CO_2 \longrightarrow CaCO_3$$

[お茶の水女大，昭和薬大]

作り方 酸化カルシウム：CaO ➡ Ca^{2+}，O^{2-}
二酸化炭素に対応するオキソ酸は炭酸 H_2CO_3 だから，
$O^{2-} + CO_2 \longrightarrow CO_3^{2-}$
両辺に Ca^{2+} を1個加えて完成。

弱酸（弱塩基）遊離反応

反応パターン 6

より弱い酸由来の塩 ＋ より強い酸 ⟶ より強い酸由来の塩 ＋ より弱い酸

H

参照 本冊 p.41

㉚ 石灰石（炭酸カルシウム）に塩酸を加える

$$CaCO_3 + 2HCl \longrightarrow CaCl_2 + H_2O + CO_2$$

［北大，弘前大，岩手大，秋田大，群馬大，千葉大，東大，東京農工大，お茶の水女大，新潟大，金沢大，静岡大，三重大，神戸大，鳥取大，岡山大，広島大，山口大，香川大，愛媛大，高知大，長崎大，大分大，熊本大，宮崎大，鹿児島大，札幌医大，京都府大，奈良県医大，青山学院大，芝浦工大，東海大，東京電機大，東京都市大，日本女大，法政大，早大，神奈川大，名城大，神戸薬大，岡山理大］

作り方 炭酸カルシウム：$CaCO_3$ ➡ Ca^{2+}，CO_3^{2-}
強酸の塩酸により弱酸の炭酸 H_2CO_3 が遊離する。
$CO_3^{2-} + 2HCl \longrightarrow H_2O + CO_2 + 2Cl^-$
両辺に Ca^{2+} を1個加えて完成。

補足 石灰石の主成分は炭酸カルシウム $CaCO_3$ であり，この反応は二酸化炭素の製法である。H_2CO_3 はすぐに分解するから，$H_2O + CO_2$ と表記する。

㉛ 硫化鉄（Ⅱ）に希硫酸（希塩酸）を加える

$$FeS + H_2SO_4 \longrightarrow FeSO_4 + H_2S$$
$$(FeS + 2HCl \longrightarrow FeCl_2 + H_2S)$$

［北大，弘前大，秋田大，群馬大，埼玉大，千葉大，金沢大，信州大，三重大，滋賀医大，奈良女大，和歌山大，広島大，山口大，高知大，長崎大，宮崎大，名古屋市大，奈良県医大，学習院大，慶大，工学院大，東海大，星薬大，名城大，早大，大阪医大，関西学院大，崇城大，防衛大］

作り方 硫化鉄（Ⅱ）：FeS ➡ Fe^{2+}，S^{2-}
強酸の硫酸または塩酸により弱酸の硫化水素 H_2S が遊離する。
$S^{2-} + H_2SO_4 \longrightarrow H_2S + SO_4^{2-}$
両辺に Fe^{2+} を1個加えて完成。

補足 腐卵臭をもつ気体である硫化水素の製法。この反応からもわかるように，硫化鉄（Ⅱ）FeS は強酸性溶液中で溶ける。

㉜ 亜硫酸ナトリウムに希硫酸を加える

$$Na_2SO_3 + H_2SO_4 \longrightarrow Na_2SO_4 + H_2O + SO_2$$

［千葉大，東京農工大，三重大，愛媛大，長崎大，高知大，宮崎大，東京電機大，大阪工大］

作り方 亜硫酸ナトリウム：Na_2SO_3 ➡ $2Na^+$，SO_3^{2-}
強酸の硫酸 H_2SO_4 により弱酸の亜硫酸 H_2SO_3 が遊離し，分解して $SO_2 + H_2O$ となる。
$SO_3^{2-} + H_2SO_4 \longrightarrow H_2O + SO_2 + SO_4^{2-}$
両辺に Na^+ を2個加えて完成。

補足 この反応は二酸化硫黄の製法である。

㉝ 炭酸ナトリウムに希塩酸を十分に加える

$$Na_2CO_3 + 2HCl \longrightarrow 2NaCl + H_2O + CO_2$$

［弘前大，山形大，群馬大，千葉大，東大，お茶の水女大，電通大，富山大，信州大，岐阜大，奈良女大，鳥取大，島根大，鹿児島大，慶大，千葉工大，中央大，東海大，東京薬大，東京都市大，日本女大，法政大，甲南大，神戸薬大］

作り方　炭酸ナトリウム：Na_2CO_3 ➡ $2Na^+$，CO_3^{2-}
強酸の塩酸により弱酸の炭酸 H_2CO_3 が遊離する。
$CO_3^{2-} + 2HCl \longrightarrow H_2O + CO_2 + 2Cl^-$
両辺に Na^+ を2個加えて完成。

補足　炭酸イオンを含む水溶液に塩酸を少しずつ加えていくと二段階で反応が進む。
$CO_3^{2-} + H^+ \longrightarrow HCO_3^-$ （1段階目）
$HCO_3^- + H^+ \longrightarrow CO_2 + H_2O$ （2段階目）

㉞ ケイ酸ナトリウムに塩酸を加える

$$Na_2SiO_3 + 2HCl \longrightarrow 2NaCl + H_2SiO_3$$

［北大，弘前大，東大，香川大，学習院大，工学院大］

作り方　ケイ酸ナトリウム：Na_2SiO_3 ➡ $2Na^+$，SiO_3^{2-}
強酸の塩酸により弱酸のケイ酸 H_2SiO_3 が遊離する。
$SiO_3^{2-} + 2HCl \longrightarrow H_2SiO_3 + 2Cl^-$
両辺に Na^+ を2個加えて完成。

補足　生成したケイ酸は無機高分子（H_2SiO_3 は組成式）であり，加熱するとシリカゲルが生成する。シリカゲルは多孔性であり，水分子を吸着するので乾燥剤に用いられる。

㉟ 炭酸カルシウムの沈殿を含む水溶液に二酸化炭素を通じ続ける

$$CaCO_3 + H_2O + CO_2 \longrightarrow Ca(HCO_3)_2$$

［北大，弘前大，岩手大，東北大，山形大，群馬大，埼玉大，千葉大，東大，東京医歯大，お茶の水女大，電通大，横浜国大，新潟大，富山大，金沢大，岐阜大，名大，三重大，滋賀医大，阪大，神戸大，奈良女大，鳥取大，島根大，岡山大，山口大，徳島大，香川大，高知大，九大，大分大，熊本大，長崎大，宮崎大，鹿児島大，琉球大，札幌医大，首都大，横浜市大，名古屋市大，京都府大，大阪市大，学習院大，東京都市大，日本歯大，法政大，愛知工大，名城大，同志社大，関西学院大，岡山理大，防衛大］

作り方　炭酸カルシウム：$CaCO_3$ ➡ Ca^{2+}，CO_3^{2-}
CO_3^{2-} に H_2CO_3 から H^+ が1個移動する。
$CO_3^{2-} + H_2O + CO_2 \longrightarrow 2HCO_3^-$
両辺に Ca^{2+} を1個加えて完成。

補足　石灰水に二酸化炭素を通じることにより一度生じた沈殿 $CaCO_3$ が，再び溶けて白濁が消失する反応である。鍾乳洞の形成も同一の反応であり，石灰岩 $CaCO_3$ が CO_2 を含む地下水に溶けてできる。

㊱ リン酸カルシウムと硫酸を反応させて過リン酸石灰をつくる

$$Ca_3(PO_4)_2 + 2H_2SO_4 \longrightarrow 2CaSO_4 + Ca(H_2PO_4)_2$$

［埼玉大，千葉大，東京農工大，静岡大，奈良女大，早大，防衛大］

作り方　リン酸カルシウム：$Ca_3(PO_4)_2$ ➡ $3Ca^{2+}$，$2PO_4^{3-}$
水溶性の塩である $Ca(H_2PO_4)_2$ を生成させるため，H_2SO_4 の量を調節して，弱酸由来の陰イオンである PO_4^{3-} に H^+ を2個だけ移動させる。
$2PO_4^{3-} + 2H_2SO_4 \longrightarrow 2H_2PO_4^- + 2SO_4^{2-}$
両辺に Ca^{2+} を3個加えて完成。

補足　リン鉱石の主成分は水に難溶な $Ca_3(PO_4)_2$ である。生成物の硫酸カルシウムと水溶性の塩であるリン酸二水素カルシウムの混合物は，リン肥料の一種であり過リン酸石灰とよばれる。

参考 アンモニアと二酸化炭素を高温・高圧下で反応させて尿素をつくる

$$2NH_3 + CO_2 \longrightarrow (NH_2)_2CO + H_2O$$

［岩手大，埼玉大，新潟大，奈良女大，広島大，横浜市大，大阪市大，東京電機大，早大，名城大］

補足　窒素肥料などに用いられる尿素の製法。

㊲ 塩化アンモニウムと水酸化カルシウムを混合して加熱する

$$2NH_4Cl + Ca(OH)_2 \xrightarrow{加熱} CaCl_2 + 2NH_3 + 2H_2O$$

[北大，岩手大，東北大，秋田大，福島大，群馬大，筑波大，埼玉大，千葉大，東京農工大，お茶の水女大，電通大，横浜国大，新潟大，金沢大，信州大，岐阜大，静岡大，名大，滋賀医大，京大，奈良女大，岡山大，九大，長崎大，宮崎大，首都大，京都府大，大阪市大，学習院大，慶大，工学院大，日本女大，法政大，日本歯大，早大，神奈川大，名城大，同志社大，立命館大，関西学院大，甲南大，神戸薬大，岡山理大，防衛大]

作り方 塩化アンモニウム：NH_4Cl ➡ NH_4^+，Cl^-
水酸化カルシウム：$Ca(OH)_2$ ➡ Ca^{2+}，$2OH^-$
次の反応により弱塩基のアンモニア NH_3 が遊離する。
$2NH_4^+ + 2OH^- \longrightarrow 2NH_3 + 2H_2O$
両辺に Cl^- を２個，Ca^{2+} を１個加えて完成。

補足 アンモニアソーダ法の一反応であり，アンモニアの製法でもある。実験室でアンモニアを発生させるときは，固体の塩化アンモニウムと固体の水酸化カルシウムを混合して加熱する。

▶代表的な酸化剤と還元剤の反応

反応パターン 7

酸化還元反応の反応式は
酸化剤 $+ e^- \longrightarrow$ △
還元剤 $\longrightarrow$ ▲ $+ e^-$
の半反応式の組み合わせ

㊳ 硫酸鉄(Ⅱ)水溶液と硫酸酸性の過マンガン酸カリウム水溶液を混ぜ合わせる

$$2KMnO_4 + 10FeSO_4 + 8H_2SO_4 \longrightarrow 2MnSO_4 + K_2SO_4 + 5Fe_2(SO_4)_3 + 8H_2O$$

[北大，宇都宮大，東大，信州大，岐阜大，三重大，長崎大，鹿児島大，横浜市大，神奈川大，神戸薬大]

作り方 硫酸鉄(Ⅱ)：$FeSO_4$ ➡ Fe^{2+}，SO_4^{2-}
過マンガン酸カリウム：$KMnO_4$ ➡ K^+，MnO_4^-

$Fe^{2+} \longrightarrow Fe^{3+} + e^-$ …ⅰ
$MnO_4^- + 8H^+ + 5e^- \longrightarrow Mn^{2+} + 4H_2O$ …ⅱ

ⅰ式×5＋ⅱ式より，
$MnO_4^- + 5Fe^{2+} + 8H^+ \longrightarrow Mn^{2+} + 4H_2O + 5Fe^{3+}$
両辺に K^+ 1個，SO_4^{2-} 5個，SO_4^{2-} 4個を加えて，
$KMnO_4 + 5FeSO_4 + 4H_2SO_4$
$\longrightarrow MnSO_4 + 4H_2O + \frac{5}{2}Fe_2(SO_4)_3 + \frac{1}{2}K_2SO_4$
両辺を２倍して完成。

㊴ ヨウ化カリウム水溶液にオゾンを通じる

$$O_3 + 2KI + H_2O \longrightarrow I_2 + O_2 + 2KOH$$

［弘前大，東北大，秋田大，山形大，千葉大，東京医歯大，電通大，新潟大，奈良女大，和歌山大，首都大，横浜市大，名古屋市大，慶大，法政大，名城大，大阪工大］

作り方 ヨウ化カリウム：KI ➡ K^+，I^-

$2I^- \longrightarrow I_2 + 2e^-$ …ⓘ

$O_3 + 2H^+ + 2e^- \longrightarrow H_2O + O_2$ …ⓘⓘ

ⓘ式＋ⓘⓘ式より，

$2I^- + O_3 + 2H^+ \longrightarrow I_2 + H_2O + O_2$

両辺に K^+ 2個，OH^- 2個を加えて完成。

㊵ 過酸化水素水と硫酸酸性の過マンガン酸カリウム水溶液を混ぜ合わせる

$$2KMnO_4 + 3H_2SO_4 + 5H_2O_2 \longrightarrow 2MnSO_4 + K_2SO_4 + 5O_2 + 8H_2O$$

［北大，弘前大，岩手大，山形大，福島大，筑波大，千葉大，お茶の水女大，横浜国大，信州大，富山大，岐阜大，名大，奈良女大，岡山大，広島大，山口大，徳島大，香川大，高知大，首都大，東邦大，日本女大，愛知工大，大阪工大，関西学院大，防衛大］

作り方 過マンガン酸カリウム：$KMnO_4$ ➡ K^+，MnO_4^-

$H_2O_2 \longrightarrow O_2 + 2H^+ + 2e^-$ …ⓘ

$MnO_4^- + 8H^+ + 5e^- \longrightarrow Mn^{2+} + 4H_2O$ …ⓘⓘ

ⓘ式×5＋ⓘⓘ式×2より，

$5H_2O_2 + 2MnO_4^- + 6H^+ \longrightarrow 5O_2 + 2Mn^{2+} + 8H_2O$

両辺に K^+ 2個，SO_4^{2-} 3個を加えて完成。

㊶ シュウ酸と硫酸酸性の過マンガン酸カリウム水溶液を混ぜ合わせる

$$5(COOH)_2 + 2KMnO_4 + 3H_2SO_4 \longrightarrow 2MnSO_4 + K_2SO_4 + 10CO_2 + 8H_2O$$

［弘前大，埼玉大，東大，東京海洋大，富山大，岐阜大，岡山大，香川大，長崎大，宮崎大，首都大，広島市大，青山学院大，慶大，東海大，日本女大，早大，大阪工大，神戸薬大，岡山理大］

作り方 過マンガン酸カリウム：$KMnO_4$ ➡ K^+，MnO_4^-

$(COOH)_2 \longrightarrow 2CO_2 + 2H^+ + 2e^-$ …ⓘ

$MnO_4^- + 8H^+ + 5e^- \longrightarrow Mn^{2+} + 4H_2O$ …ⓘⓘ

ⓘ式×5＋ⓘⓘ式×2より，

$5(COOH)_2 + 2MnO_4^- + 6H^+ \longrightarrow 10CO_2 + 2Mn^{2+} + 8H_2O$

両辺に K^+ 2個，SO_4^{2-} 3個を加えて完成。

㊷ 硫酸酸性の過マンガン酸カリウム水溶液に二酸化硫黄を通じる

$$2KMnO_4 + 5SO_2 + 2H_2O \longrightarrow 2MnSO_4 + 2H_2SO_4 + K_2SO_4$$

［富山大，横浜市大，慶大］

作り方

$MnO_4^- + 8H^+ + 5e^- \longrightarrow Mn^{2+} + 4H_2O$ …ⓘ

$SO_2 + 2H_2O \longrightarrow SO_4^{2-} + 4H^+ + 2e^-$ …ⓘⓘ

ⓘ式×2＋ⓘⓘ式×5より，

$2MnO_4^- + 5SO_2 + 2H_2O \longrightarrow 2Mn^{2+} + 5SO_4^{2-} + 4H^+$

両辺に K^+ 2個を加えて完成。

㊸ 硫酸酸性で過酸化水素水にヨウ化カリウム水溶液を加える

$$H_2O_2 + H_2SO_4 + 2KI \longrightarrow K_2SO_4 + I_2 + 2H_2O$$

[北大，弘前大，筑波大，千葉大，横浜国大，富山大，岐阜大，名古屋工大，奈良女大，鳥取大，九大，熊本大，名古屋市大，奈良県医大，学習院大，同志社大，岡山理大]

作り方 ヨウ化カリウム：KI ➡ K^+，I^-

$$\begin{cases} 2I^- \longrightarrow I_2 + 2e^- & \cdots ⓘ \\ H_2O_2 + 2H^+ + 2e^- \longrightarrow 2H_2O & \cdots ⓘⓘ \end{cases}$$

ⓘ式＋ⓘⓘ式より，

$$H_2O_2 + 2H^+ + 2I^- \longrightarrow I_2 + 2H_2O$$

両辺に SO_4^{2-} 1 個，K^+ 2 個を加えて完成。

㊹ ヨウ素溶液に二酸化硫黄を通じる

$$I_2 + SO_2 + 2H_2O \longrightarrow H_2SO_4 + 2HI$$

[筑波大，埼玉大，三重大，島根大，大阪府大]

作り方

$$\begin{cases} I_2 + 2e^- \longrightarrow 2I^- & \cdots ⓘ \\ SO_2 + 2H_2O \longrightarrow SO_4^{2-} + 4H^+ + 2e^- & \cdots ⓘⓘ \end{cases}$$

ⓘ式＋ⓘⓘ式をして完成。

㊺ ヨウ素溶液に硫化水素を通じる

$$I_2 + H_2S \longrightarrow S + 2HI$$

[埼玉大，熊本大，宮崎大，早大]

作り方

$$\begin{cases} I_2 + 2e^- \longrightarrow 2I^- & \cdots ⓘ \\ H_2S \longrightarrow S + 2H^+ + 2e^- & \cdots ⓘⓘ \end{cases}$$

ⓘ式＋ⓘⓘ式をして完成。

㊻ 水素化ナトリウムを水に加える

$$NaH + H_2O \longrightarrow NaOH + H_2$$

[筑波大，東大]

作り方 水素化ナトリウム：NaH ➡ Na^+，H^-

水素化物イオン H^- が H_2O から H^+ を受け取って H_2 になる。

$$H^- + H_2O \longrightarrow H_2 + OH^-$$

（H_2O から H^- へ H^+）

両辺に Na^+ を 1 個加えて完成。

補足 NaH は Na^+ と水素化物イオン H^- からなるイオン結晶である。

㊼ アルカリ金属(M)を水に加える

$$2M + 2H_2O \longrightarrow 2MOH + H_2$$

[北大，弘前大，秋田大，岩手大，東北大，群馬大，千葉大，東大，横浜国大，新潟大，静岡大，福井大，名大，名古屋工大，三重大，滋賀医大，奈良女大，鳥取大，島根大，山口大，徳島大，香川大，愛媛大，高知大，九大，大分大，長崎大，首都大，横浜市大，大阪府大，広島市大，慶大，東京女大，法政大，立命館大，大阪工大，甲南大，防衛大]

作り方

$$\begin{cases} M \longrightarrow M^+ + e^- & \cdots ⓘ \\ 2H_2O + 2e^- \longrightarrow H_2 + 2OH^- & \cdots ⓘⓘ \end{cases}$$

ⓘ式×2＋ⓘⓘ式をして完成。

補足 アルカリ金属はイオン化傾向が大きく還元力が強いから，常温の水とも反応する。

㊽ カルシウムを水に加える

$$Ca + 2H_2O \longrightarrow Ca(OH)_2 + H_2$$

[北大，岩手大，千葉大，東大，滋賀医大，阪大，奈良女大，熊本大，工学院大，愛知工大，岡山理大]

作り方
$Ca \longrightarrow Ca^{2+} + 2e^-$ …ⓘ
$2H_2O + 2e^- \longrightarrow H_2 + 2OH^-$ …ⓘⓘ
ⓘ式+ⓘⓘ式をして完成。

補足 Ca，Sr，Ba はイオン化傾向が大きく還元力が強いから，常温の水とも反応する。

㊾ マグネシウムを熱水に加える

$$Mg + 2H_2O \xrightarrow{加熱} Mg(OH)_2 + H_2$$

[北大，岩手大，金沢大，岡山大，徳島大]

作り方
$Mg \longrightarrow Mg^{2+} + 2e^-$ …ⓘ
$2H_2O + 2e^- \longrightarrow H_2 + 2OH^-$ …ⓘⓘ
ⓘ式+ⓘⓘ式をして完成。

㊿ アルミニウムを高温の水蒸気に触れさせる

$$2Al + 3H_2O \xrightarrow{加熱} Al_2O_3 + 3H_2$$

[東大，岐阜大，京大]

作り方
$Al \longrightarrow Al^{3+} + 3e^-$ …ⓘ
$2H_2O + 2e^- \longrightarrow H_2 + 2OH^-$ …ⓘⓘ
ⓘ式×2+ⓘⓘ式×3 より，
$2Al + 6H_2O \longrightarrow 2Al(OH)_3 + 3H_2$ …ⓘⓘⓘ
熱分解反応をともなうことを考慮すると，
$2Al(OH)_3 \longrightarrow Al_2O_3 + 3H_2O$ …ⓘⓥ
ⓘⓘⓘ式+ⓘⓥ式をして完成。

51 鉄を高温の水蒸気と反応させる

$$3Fe + 4H_2O \xrightarrow{加熱} Fe_3O_4 + 4H_2$$

[金沢大]

補足 四酸化三鉄 Fe_3O_4 は，$Fe^{2+} : Fe^{3+} : O^{2-} = 1 : 2 : 4$ の組成比をもつ黒色物質(黒さび)である。

52 亜鉛に希硫酸(希塩酸)を加える

$$Zn + H_2SO_4 \longrightarrow ZnSO_4 + H_2$$
$$(Zn + 2HCl \longrightarrow ZnCl_2 + H_2)$$

[北大，東北大，山形大，千葉大，東大，横浜国大，新潟大，富山大，信州大，名大，名古屋工大，奈良女大，岡山大，広島大，高知大，九大，琉球大，首都大，奈良県医大，青山学院大，学習院大，東海大，東京工芸大，日本女大，法政大，早大，甲南大，防衛大]

作り方
$Zn \longrightarrow Zn^{2+} + 2e^-$ …ⓘ
$2H^+ + 2e^- \longrightarrow H_2$ …ⓘⓘ
ⓘ式+ⓘⓘ式より，
$Zn + 2H^+ \longrightarrow Zn^{2+} + H_2$
両辺に SO_4^{2-} を 1 個加えて完成。

補足 水素の製法である。亜鉛は水素よりイオン化傾向が大きいから H^+ を還元できる。

㊸ アルミニウムに希塩酸(希硫酸)を加える

$$2Al + 6HCl \longrightarrow 2AlCl_3 + 3H_2$$
$$(2Al + 3H_2SO_4 \longrightarrow Al_2(SO_4)_3 + 3H_2)$$

［岩手大，東北大，秋田大，福島大，群馬大，筑波大，東大，新潟大，金沢大，信州大，岐阜大，静岡大，三重大，京大，阪大，奈良女大，鳥取大，高知大，長崎大，宮崎大，横浜市大，青山学院大，東海大，東京女大，日本女大，法政大，大阪工大，神戸薬大，防衛大］

作り方
$Al \longrightarrow Al^{3+} + 3e^-$ …ⓘ
$2H^+ + 2e^- \longrightarrow H_2$ …ⓘⓘ
ⓘ式×2＋ⓘⓘ式×3 より，
$2Al + 6H^+ \longrightarrow 2Al^{3+} + 3H_2$
両辺に Cl^- を 6 個加えて完成。

補足 アルミニウムは両性金属であり，酸とも塩基とも反応する。アルミニウムは水素よりイオン化傾向が大きいから H^+ を還元できる。

㊹ 鉄に希塩酸(希硫酸)を加える

$$Fe + 2HCl \longrightarrow FeCl_2 + H_2$$
$$(Fe + H_2SO_4 \longrightarrow FeSO_4 + H_2)$$

［岩手大，筑波大，千葉大，東大，東京農工大，金沢大，信州大，静岡大，名古屋工大，滋賀医大，神戸大，奈良女大，鳥取大，島根大，香川大，愛媛大，高知大，九大，長崎大，京都府大，法政大，関西学院大，防衛大］

作り方
$Fe \longrightarrow Fe^{2+} + 2e^-$ …ⓘ
$2H^+ + 2e^- \longrightarrow H_2$ …ⓘⓘ
ⓘ式＋ⓘⓘ式より，
$Fe + 2H^+ \longrightarrow Fe^{2+} + H_2$
両辺に Cl^- を 2 個加えて完成。

補足 鉄は水素よりイオン化傾向が大きいから H^+ を還元できる。ただし，H^+ に酸化された Fe は Fe^{3+} ではなく Fe^{2+} となる点に注意すること。

㊺ ハロゲン(X)の単体と水素の反応

$$X_2 + H_2 \longrightarrow 2HX$$

［群馬大，横浜国大，金沢大，高知大，宮崎大，慶大，関西学院大］

補足 フッ素は冷暗所でも爆発的に反応する。塩素は光を当てると爆発的に反応する。臭素やヨウ素は高温にすると反応する。

㊻ フッ素を水に通じる

$$2F_2 + 2H_2O \longrightarrow 4HF + O_2$$

［弘前大，秋田大，東北大，群馬大，東大，お茶の水女大，電通大，横浜国大，金沢大，静岡大，三重大，阪大，香川大，高知大，宮崎大，名古屋市大，早大，大阪医大，岡山理大］

作り方
$2H_2O \longrightarrow O_2 + 4H^+ + 4e^-$ …ⓘ
$F_2 + 2e^- \longrightarrow 2F^-$ …ⓘⓘ
ⓘ式＋ⓘⓘ式×2 をして完成。

補足 水を酸化できるハロゲン単体はフッ素だけである。

㊼ ナトリウムと塩素の反応

$$2Na + Cl_2 \longrightarrow 2NaCl$$

［岡山大］

作り方
$Na \longrightarrow Na^+ + e^-$ …ⓘ
$Cl_2 + 2e^- \longrightarrow 2Cl^-$ …ⓘⓘ
ⓘ式×2＋ⓘⓘ式をして完成。

補足 ナトリウムは塩素中で激しく酸化還元反応を起こす。

❺❽ 窒素と水素を混合して，高温・高圧で反応させる

$$N_2 + 3H_2 \rightleftarrows 2NH_3$$ ［Fe 系触媒］

［北大，弘前大，岩手大，秋田大，群馬大，東京農工大，横浜国大，金沢大，三重大，鳥取大，島根大，広島大，愛媛大，高知大，長崎大，熊本大，鹿児島大，奈良県医大，工学院大，東京女大，日本女大，早大，神奈川大，名城大，防衛大］

補足 NH_3 の製法であるハーバー法の反応。Fe_3O_4 を主成分とした触媒を用いる。

❺❾ ヨウ化カリウム水溶液に塩素を通じる

$$2KI + Cl_2 \longrightarrow I_2 + 2KCl$$

［弘前大，岩手大，千葉大，金沢大，信州大，岐阜大，三重大，京大，鳥取大，広島大，香川大，高知大，宮崎大，京都府大，学習院大，東海大，日本女大，法政大，明治薬大，関西学院大，神戸薬大，防衛大］

作り方 ヨウ化カリウム：KI ➡ K^+，I^-

$2I^- \longrightarrow I_2 + 2e^-$ …ⓘ
$Cl_2 + 2e^- \longrightarrow 2Cl^-$ …ⓘⓘ

ⓘ式＋ⓘⓘ式をし，両辺に K^+ を2個加えて完成。

補足 塩素の方がヨウ素よりも酸化力が強いためにこの反応が起きる。

❻⓿ ヨウ化カリウム水溶液に臭素を加える

$$2KI + Br_2 \longrightarrow I_2 + 2KBr$$

［弘前大，お茶の水女大，滋賀医大，京大，奈良女大，高知大，大阪市大，学習院大，東邦大，関西学院大］

作り方 ヨウ化カリウム：KI ➡ K^+，I^-

$2I^- \longrightarrow I_2 + 2e^-$ …ⓘ
$Br_2 + 2e^- \longrightarrow 2Br^-$ …ⓘⓘ

ⓘ式＋ⓘⓘ式をし，両辺に K^+ を2個加えて完成。

補足 臭素の方がヨウ素よりも酸化力が強いためにこの反応が起きる。

❻❶ 臭化カリウム水溶液に塩素を通じる

$$2KBr + Cl_2 \longrightarrow Br_2 + 2KCl$$

［北大，阪大，神戸大，奈良女大，高知大，長崎大，首都大，青山学院大，学習院大，関西学院大，岡山理大］

作り方 臭化カリウム：KBr ➡ K^+，Br^-

$2Br^- \longrightarrow Br_2 + 2e^-$ …ⓘ
$Cl_2 + 2e^- \longrightarrow 2Cl^-$ …ⓘⓘ

ⓘ式＋ⓘⓘ式をし，両辺に K^+ を2個加えて完成。

補足 塩素の方が臭素よりも酸化力が強いためにこの反応が起きる。

❻❷ 二酸化硫黄と過酸化水素との反応

$$SO_2 + H_2O_2 \longrightarrow H_2SO_4$$

［北大，東北大，名大，横浜市大，日本女大，東海大，防衛大］

作り方
$SO_2 + 2H_2O \longrightarrow SO_4^{2-} + 4H^+ + 2e^-$ …ⓘ
$H_2O_2 + 2H^+ + 2e^- \longrightarrow 2H_2O$ …ⓘⓘ

ⓘ式＋ⓘⓘ式をして完成。

補足 通常，二酸化硫黄は還元剤であり，過酸化水素は酸化剤である。

⑥③ 二酸化硫黄と硫化水素との反応

$$SO_2 + 2H_2S \longrightarrow 3S + 2H_2O$$

［北大，東北大，秋田大，筑波大，群馬大，埼玉大，千葉大，東大，東京農工大，電通大，横浜国大，新潟大，金沢大，岐阜大，静岡大，名大，名古屋工大，三重大，滋賀医大，京大，阪大，島根大，和歌山大，岡山大，広島大，山口大，高知大，長崎大，宮崎大，横浜市大，大阪市大，青山学院大，学習院大，慶大，東京電機大，明治大，明治薬大，早大，同志社大，岡山理大，防衛大］

作り方

$H_2S \longrightarrow S + 2H^+ + 2e^-$ …ⓘ

$SO_2 + 4H^+ + 4e^- \longrightarrow S + 2H_2O$ …ⓘⓘ

ⓘ式×2＋ⓘⓘ式をして完成。

補足 二酸化硫黄は硫化水素などが相手のときは，酸化剤として働く。火山ガス中には二酸化硫黄と硫化水素が含まれており，火口付近でこの反応が起きる。

⑥④ 銅に希硝酸を加える

$$3Cu + 8HNO_3 \longrightarrow 3Cu(NO_3)_2 + 4H_2O + 2NO$$

［北大，東北大，宇都宮大，群馬大，筑波大，埼玉大，千葉大，東大，東京農工大，電通大，横浜国大，新潟大，金沢大，岐阜大，静岡大，名古屋工大，京大，阪大，神戸大，奈良女大，広島大，山口大，熊本大，長崎大，宮崎大，琉球大，横浜市大，大阪市大，大阪府大，奈良県医大，青山学院大，東京薬大，日本歯大，名城大，関西大，甲南大，岡山理大，防衛大］

作り方

$Cu \longrightarrow Cu^{2+} + 2e^-$ …ⓘ

$HNO_3 + 3H^+ + 3e^- \longrightarrow NO + 2H_2O$ …ⓘⓘ

ⓘ式×3＋ⓘⓘ式×2より，

$3Cu + 2HNO_3 + 6H^+ \longrightarrow 3Cu^{2+} + 2NO + 4H_2O$

両辺に NO_3^- を6個加えて完成。

補足 一酸化窒素の製法である。

⑥⑤ 銅に濃硝酸を加える

$$Cu + 4HNO_3 \longrightarrow Cu(NO_3)_2 + 2H_2O + 2NO_2$$

［岩手大，東北大，筑波大，群馬大，埼玉大，千葉大，東大，東京農工大，お茶の水女大，電通大，富山大，金沢大，信州大，岐阜大，静岡大，浜松医大，滋賀医大，神戸大，島根大，長崎大，熊本大，宮崎大，首都大，横浜市大，奈良県医大，大阪市大，青山学院大，学習院大，法政大，明治薬大，早大，愛知工大，同志社大，岡山理大］

作り方

$Cu \longrightarrow Cu^{2+} + 2e^-$ …ⓘ

$HNO_3 + H^+ + e^- \longrightarrow NO_2 + H_2O$ …ⓘⓘ

ⓘ式＋ⓘⓘ式×2より，

$Cu + 2HNO_3 + 2H^+ \longrightarrow Cu^{2+} + 2NO_2 + 2H_2O$

両辺に NO_3^- を2個加えて完成。

補足 赤褐色の気体である二酸化窒素の製法である。

⑥⑥ 銅に濃硫酸を加えて加熱する

$$Cu + 2H_2SO_4 \xrightarrow{\text{加熱}} CuSO_4 + 2H_2O + SO_2$$

［北大，岩手大，東北大，筑波大，群馬大，宇都宮大，埼玉大，千葉大，東京医歯大，東京海洋大，東京農工大，電通大，新潟大，富山大，金沢大，信州大，岐阜大，静岡大，名古屋工大，三重大，滋賀医大，京大，阪大，鳥取大，広島大，山口大，愛媛大，高知大，九大，大分大，宮崎大，鹿児島大，横浜市大，名古屋市大，奈良県医大，大阪府大，学習院大，慶大，工学院大，東海大，東京都市大，法政大，早大，愛知工大，福井工大，名城大，関西学院大］

作り方

$Cu \longrightarrow Cu^{2+} + 2e^-$ …ⓘ

$H_2SO_4 + 2H^+ + 2e^- \longrightarrow SO_2 + 2H_2O$ …ⓘⓘ

ⓘ式＋ⓘⓘ式より，

$Cu + H_2SO_4 + 2H^+ \longrightarrow Cu^{2+} + SO_2 + 2H_2O$

両辺に SO_4^{2-} を1個加えて完成。

補足 二酸化硫黄の製法である。濃硫酸を加熱した熱濃硫酸は酸化力が大きい。

⑰ 銀に希硝酸を加える

$$3Ag + 4HNO_3 \longrightarrow 3AgNO_3 + 2H_2O + NO$$

[名大，横浜市大]

作り方 $\begin{cases} Ag \longrightarrow Ag^+ + e^- & \cdots ⓘ \\ HNO_3 + 3H^+ + 3e^- \longrightarrow NO + 2H_2O & \cdots ⓘⓘ \end{cases}$

ⓘ式×3+ⓘⓘ式より，

$3Ag + HNO_3 + 3H^+ \longrightarrow 3Ag^+ + NO + 2H_2O$

両辺に NO_3^- を3個加えて完成。

⑱ 銀に濃硝酸を加える

$$Ag + 2HNO_3 \longrightarrow AgNO_3 + H_2O + NO_2$$

[北大，岩手大，東北大，秋田大，千葉大，名大，宮崎大，鹿児島大，学習院大，慶大，防衛大]

作り方 $\begin{cases} Ag \longrightarrow Ag^+ + e^- & \cdots ⓘ \\ HNO_3 + H^+ + e^- \longrightarrow NO_2 + H_2O & \cdots ⓘⓘ \end{cases}$

ⓘ式+ⓘⓘ式より，

$Ag + HNO_3 + H^+ \longrightarrow Ag^+ + NO_2 + H_2O$

両辺に NO_3^- を1個加えて完成。

⑲ 銀に濃硫酸を加えて加熱する

$$2Ag + 2H_2SO_4 \xrightarrow{加熱} Ag_2SO_4 + 2H_2O + SO_2$$

[岩手大，防衛大]

作り方 $\begin{cases} Ag \longrightarrow Ag^+ + e^- & \cdots ⓘ \\ H_2SO_4 + 2H^+ + 2e^- \longrightarrow SO_2 + 2H_2O & \cdots ⓘⓘ \end{cases}$

ⓘ式×2+ⓘⓘ式より，

$2Ag + H_2SO_4 + 2H^+ \longrightarrow 2Ag^+ + SO_2 + 2H_2O$

両辺に SO_4^{2-} を1個加えて完成。

⑳ 酸化マンガン(Ⅳ)に濃塩酸を加えて加熱する

$$MnO_2 + 4HCl \xrightarrow{加熱} MnCl_2 + Cl_2 + 2H_2O$$

[北大，岩手大，東北大，秋田大，群馬大，埼玉大，千葉大，東大，東京農工大，お茶の水女大，電通大，横浜国大，新潟大，金沢大，信州大，岐阜大，名古屋工大，三重大，阪大，神戸大，奈良女大，山口大，徳島大，愛媛大，高知大，熊本大，首都大，横浜市大，大阪市大，大阪府大，青山学院大，学習院大，日本歯大，日本女大，法政大，明治大，立教大，早大，愛知工大，関西学院大，甲南大，崇城大，防衛大]

作り方 $\begin{cases} 2Cl^- \longrightarrow Cl_2 + 2e^- & \cdots ⓘ \\ MnO_2 + 4H^+ + 2e^- \longrightarrow Mn^{2+} + 2H_2O & \cdots ⓘⓘ \end{cases}$

補足 塩素の製法である。この反応で MnO_2 は酸化剤として働いている。

ⓘ式+ⓘⓘ式より，

$MnO_2 + 4H^+ + 2Cl^- \longrightarrow Mn^{2+} + 2H_2O + Cl_2$

両辺に Cl^- を2個加えて完成。

㉑ 高度さらし粉に塩酸を加える

$$Ca(ClO)_2 \cdot 2H_2O + 4HCl \longrightarrow CaCl_2 + 2Cl_2 + 4H_2O$$

[弘前大，秋田大，群馬大，埼玉大，新潟大，静岡大，阪大，山口大，愛媛大，宮崎大，鹿児島大，東海大，早大，関西医大，愛知工大]

作り方 高度さらし粉：$Ca(ClO)_2 \cdot 2H_2O$ ➡ Ca^{2+}，$2ClO^-$，$2H_2O$

補足 塩素の製法である。

$Cl_2 + H_2O \rightleftarrows HCl + HClO$ の逆反応×2を考えて，

$2Cl^- + 2ClO^- + 4H^+ \longrightarrow 2Cl_2 + 2H_2O$

両辺に Ca^{2+} 1個，H_2O 2個，Cl^- 2個を加えてから組み合わせると完成。

㊷ 酸化鉄(Ⅲ)の粉末とアルミニウムの粉末を混合して点火する

$$Fe_2O_3 + 2Al \xrightarrow{加熱} 2Fe + Al_2O_3$$

[東北大，筑波大，電通大，横浜国大，金沢大，名大，名古屋工大，奈良女大，岡山大，高知大，熊本大，名古屋市大，青山学院大，早大]

作り方　酸化鉄(Ⅲ)：Fe_2O_3 ➡ $2Fe^{3+}$，$3O^{2-}$

$2Fe^{3+} + 2Al \longrightarrow 2Fe + 2Al^{3+}$

両辺に O^{2-} を 3 個加えて完成。

補足　この反応は，テルミット反応とよばれる。発熱量が非常に大きい反応のため，生成物の Fe は融解状態で得られ，溶接に用いられる。

㊸ 酸化鉄(Ⅲ)を一酸化炭素と加熱して還元する

$$Fe_2O_3 + 3CO \xrightarrow{加熱} 2Fe + 3CO_2$$

[北大，岩手大，東北大，秋田大，筑波大，群馬大，埼玉大，東京農工大，電通大，横浜国大，富山大，金沢大，岐阜大，静岡大，三重大，京大，神戸大，島根大，岡山大，広島大，香川大，高知大，九大，鹿児島大，首都大，京都府大，大阪市大，青山学院大，学習院大，慶大，芝浦工大，中央大，東京女大，東京都市大，早大，同志社大，関西学院大，防衛大]

補足　鉄の製錬反応である。鉄の単体は鉄鉱石中の酸化鉄を一酸化炭素で還元してつくる。

㊹ 酸化銅(Ⅱ)を水素と加熱して還元する

$$CuO + H_2 \xrightarrow{加熱} Cu + H_2O$$

[弘前大，筑波大，埼玉大，静岡大，名大，山口大，高知大，関西学院大]

補足　黒色の酸化銅(Ⅱ)が水素で還元されて銅に変化する。

㊺ 硫化銅(Ⅰ)と酸素を混合して加熱する

$$Cu_2S + O_2 \xrightarrow{加熱} 2Cu + SO_2$$

[埼玉大，新潟大，富山大，島根大，北海道工大，学習院大，早大，関西学院大]

補足　黄銅鉱 $CuFeS_2$ から分離した Cu_2S を用いて，粗銅を製造するときの反応である。

㊻ リン酸カルシウムと二酸化ケイ素とコークスを混合して加熱する

$$Ca_3(PO_4)_2 + 3SiO_2 + 5C \xrightarrow{加熱} 3CaSiO_3 + 5CO + 2P$$

[芝浦工大，防衛大]

作り方　リン酸カルシウム：$Ca_3(PO_4)_2$ ➡ $3Ca^{2+}$，$2PO_4^{3-}$

$2PO_4^{3-} + 5C \longrightarrow 5CO + 2P + 3O^{2-}$ …ⓘ

$3O^{2-} + 3SiO_2 \longrightarrow 3SiO_3^{2-}$ …ⓘⓘ

ⓘ式＋ⓘⓘ式より，

$2PO_4^{3-} + 5C + 3SiO_2 \longrightarrow 3SiO_3^{2-} + 5CO + 2P$

両辺に Ca^{2+} を 3 個加えて完成。

ⓘ式が酸化還元反応，ⓘⓘ式が非金属元素の酸化物と酸化物イオンの反応となっている。

補足　リンの製法である。P の蒸気を冷水に導くと，黄リンが得られる。

$4P \longrightarrow P_4$

コークスを十分に用いると，高温では，

$C + O_2 \longrightarrow CO_2$

$C + CO_2 \longrightarrow 2CO$

と反応が進むので，主に CO が生成する点に注意すること。

㊼ 二酸化ケイ素とコークスを混合して加熱する

$$SiO_2 + 2C \xrightarrow{加熱} Si + 2CO$$

[弘前大，東北大，秋田大，埼玉大，千葉大，東京農工大，金沢大，滋賀医大，阪大，香川大，熊本大，大阪市大，早大]

補足　ケイ素の製法である。主な生成物が CO である点に注意すること。

㊽ 酸化亜鉛とコークスを混合して加熱する

$$ZnO + C \xrightarrow{加熱} Zn + CO$$

[北大，慶大]

補足　主な生成物が CO である点に注意すること。

反応物A ＋ O_2 ⟶ Aの成分元素の酸化物

⑲ アルカリ金属(M)と酸素との反応

$$4M + O_2 \longrightarrow 2M_2O$$

[弘前大，山形大，埼玉大，お茶の水女大，横浜国大，静岡大，滋賀医大，岡山大]

⑳ アルカリ土類金属(M)と酸素との反応

$$2M + O_2 \longrightarrow 2MO$$

[岩手大，筑波大，お茶の水女大，横浜国大，島根大]

㉑ アルミニウムと酸素との反応

$$4Al + 3O_2 \longrightarrow 2Al_2O_3$$

[東北大，電通大，鳥取大，大分大，熊本大，名城大，防衛大]

補 足 Al を空気中に放置すると，表面に酸化被膜が生じる。高温で反応させると，多量の熱と光が発生する。

㉒ 硫黄の燃焼反応

$$S + O_2 \xrightarrow{\text{加熱}} SO_2$$

[弘前大，金沢大，静岡大，鳥取大，島根大，香川大，宮崎大，首都大，学習院大，東京女大]

補 足 硫酸の製法である接触法の一反応。

㉓ リンの燃焼反応

$$4P + 5O_2 \longrightarrow P_4O_{10}$$

[千葉大，岐阜大，名古屋工大，奈良女大，島根大，高知大，宮崎大，首都大，学習院大，慶大，東京都市大]

補 足 黄リン P_4 は空気中で自然発火するので，水中で保存する。

㉔ アルカンの燃焼反応

$$C_nH_{2n+2} + \frac{3n+1}{2}O_2 \xrightarrow{\text{加熱}} nCO_2 + (n+1)H_2O$$

[多数の大学]

㉕ 二酸化硫黄と酸素との反応

$$2SO_2 + O_2 \xrightarrow{\text{加熱}} 2SO_3 \quad [V_2O_5\text{触媒}]$$

[北大，弘前大，岩手大，千葉大，金沢大，静岡大，奈良女大，鳥取大，徳島大，香川大，大阪市大，東京女大，法政大，名城大]

補 足 硫酸の製法である接触法の一反応である。触媒も覚えること。

㊱ 硫化水素の燃焼反応

$$2H_2S + 3O_2 \xrightarrow{\text{加熱}} 2SO_2 + 2H_2O$$

[名古屋工大, 三重大, 北海道工大]

作り方 燃焼反応によりH原子はH_2O, S原子はSO_2に変化するから,

$$H_2S + \frac{3}{2}O_2 \longrightarrow H_2O + SO_2$$

両辺を2倍して完成。

㊲ アンモニアを白金触媒を用いて, 約900℃で空気酸化する

$$4NH_3 + 5O_2 \xrightarrow{\text{加熱}} 4NO + 6H_2O \quad [\text{Pt触媒}]$$

[北大, 弘前大, 東北大, 秋田大, 筑波大, 群馬大, 埼玉大, 千葉大, 東大, 電通大, 横浜国大, 信州大, 浜松医大, 名大, 名古屋工大, 滋賀医大, 奈良女大, 神戸大, 長崎大, 鹿児島大, 首都大, 横浜市大, 名古屋市大, 京都府大, 大阪市大, 青山学院大, 学習院大, 東京女大, 東京都市大, 日本歯大, 名城大, 同志社大, 関西学院大]

作り方 H原子はH_2O, N原子は白金触媒下でNOに変化するから,

$$NH_3 + \frac{5}{4}O_2 \longrightarrow \frac{3}{2}H_2O + NO$$

両辺を4倍して完成。

補足 硝酸の製法であるオストワルト法の一反応である。触媒も覚えること。

㊳ 一酸化窒素と酸素を混合する

$$2NO + O_2 \longrightarrow 2NO_2$$

[弘前大, 宇都宮大, 筑波大, 群馬大, 埼玉大, 千葉大, 東大, 東京医歯大, 東京農工大, 電通大, 横浜国大, 岐阜大, 静岡大, 名古屋工大, 京大, 阪大, 神戸大, 奈良女大, 宮崎大, 横浜市大, 京都府大, 大阪市大, 青山学院大, 学習院大, 慶大, 東海大, 立教大, 早大, 神奈川大, 名城大, 同志社大, 立命館大, 関西学院大]

補足 硝酸の製法であるオストワルト法の一反応であり, 一酸化窒素の検出にも用いられる。この反応は常温で速やかに起きるため, 無色気体のNOは空気中ですぐに赤褐色気体のNO_2に変化する。

㊴ 黄鉄鉱の燃焼反応

$$4FeS_2 + 11O_2 \xrightarrow{\text{加熱}} 2Fe_2O_3 + 8SO_2$$

[北大, 弘前大, 埼玉大, 新潟大, 神戸大, 長崎大, 横浜市大, 大阪市大, 早大, 名城大]

作り方 Fe原子はFe_2O_3, S原子はSO_2に変化するから,

$$FeS_2 + \frac{11}{4}O_2 \longrightarrow \frac{1}{2}Fe_2O_3 + 2SO_2$$

両辺を4倍して完成。

補足 硫酸の製法である接触法の一反応である。

㊵ 硫化亜鉛の燃焼反応

$$2ZnS + 3O_2 \xrightarrow{\text{加熱}} 2ZnO + 2SO_2$$

[阪大, 甲南大]

作り方 Zn原子はZnO, S原子はSO_2に変化するから,

$$ZnS + \frac{3}{2}O_2 \longrightarrow ZnO + SO_2$$

両辺を2倍して完成。

自己酸化還元反応

参照
本冊 p.65

91 塩素を水に通じる

$$Cl_2 + H_2O \rightleftarrows HCl + HClO$$

[弘前大，岩手大，東北大，群馬大，筑波大，埼玉大，東大，東京農工大，電通大，横浜国大，新潟大，岐阜大，名大，名古屋工大，三重大，京大，阪大，神戸大，奈良女大，和歌山大，鳥取大，広島大，香川大，愛媛大，長崎大，宮崎大，鹿児島大，札幌医大，首都大，横浜市大，名古屋市大，大阪市大，大阪府大，北海道工大，東京都市大，法政大，同志社大，関西大，甲南大，防衛大]

補足 塩素を水に通じた溶液を塩素水という。HClO には殺菌漂白作用がある。次亜塩素酸は HOCl とも表記される。

92 塩素を水酸化カルシウム水溶液に通じる

$$Cl_2 + Ca(OH)_2 \longrightarrow CaCl(ClO) \cdot H_2O$$

[東北大，新潟大，和歌山大，広島大，鹿児島大，学習院大，明治薬大，同志社大，防衛大]

作り方 まず，塩素と水の反応を考える。

$Cl_2 + H_2O \rightleftarrows HCl + HClO$

両辺に $Ca(OH)_2$ を加えると，

$Ca(OH)_2 + Cl_2 + H_2O \longrightarrow CaCl(ClO) + 2H_2O$

これを整理して完成。

補足 さらし粉の製法である。さらし粉は，ClO^- を含むため殺菌，漂白作用がある。現在は $CaCl_2$ 成分を減らした高度さらし粉 $Ca(ClO)_2 \cdot 2H_2O$ がよく使われている。

93 塩素酸カリウムに酸化マンガン(Ⅳ)を加えて加熱する

$$2KClO_3 \xrightarrow{\text{加熱}} 2KCl + 3O_2 \quad [MnO_2 \text{触媒}]$$

[北大，山形大，埼玉大，東京海洋大，電通大，名古屋工大，徳島大，高知大，長崎大，首都大，横浜市大，学習院大，同志社大]

補足 酸素の製法である。MnO_2 は触媒として働いている。

94 過酸化水素水に酸化マンガン(Ⅳ)を加える

$$2H_2O_2 \longrightarrow 2H_2O + O_2 \quad [MnO_2 \text{触媒}]$$

[北大，弘前大，東北大，群馬大，筑波大，埼玉大，東京農工大，東京海洋大，お茶の水女大，電通大，横浜国大，金沢大，岐阜大，名大，名古屋工大，神戸大，鳥取大，岡山大，広島大，山口大，徳島大，高知大，長崎大，札幌医大，横浜市大，大阪市大，学習院大，東京薬大，早大，大阪工大，同志社大，甲南大，岡山理大，防衛大]

補足 酸素の製法である。MnO_2 は触媒として働いている。

95 亜硝酸アンモニウム水溶液を加熱する

$$NH_4NO_2 \xrightarrow{\text{加熱}} 2H_2O + N_2$$

[北大，千葉大，東大，信州大，長崎大，学習院大，日本歯大，関西学院大]

補足 窒素の製法である。

96 ハロゲン化銀に光を当てる

$$2AgX \xrightarrow{\text{光}} 2Ag + X_2$$

[東北大，山形大，群馬大，埼玉大，静岡大，島根大，徳島大，京都府大，慶大，早大，関西医大]

補足 ハロゲン化銀には，感光性がある。この反応は白黒写真に利用されている。

揮発性の酸由来の塩 ＋ 不揮発性の酸 $\xrightarrow{\text{加熱}}$ 不揮発性の酸由来の塩 ＋ 揮発性の酸

参照 本冊 p.67

⑰ 塩化ナトリウムの固体に濃硫酸を加えて加熱する

$$NaCl + H_2SO_4 \xrightarrow{\text{加熱}} NaHSO_4 + HCl$$

[北大，弘前大，秋田大，宇都宮大，埼玉大，電通大，岐阜大，滋賀医大，三重大，京大，宮崎大，長崎大，琉球大，横浜市大，名古屋市大，大阪市大，学習院大，工学院大，東京薬大，日本歯大，早大，福井工大，愛知工大，名城大，大阪工大，関西学院大，崇城大，福岡大]

作り方 塩化ナトリウム：$NaCl$ ➡ Na^+，Cl^-

$Cl^- + H_2SO_4 \xrightarrow{\text{加熱}} HCl + HSO_4^-$

両辺に Na^+ を1個加えて完成。

補足 塩化水素の製法である。不揮発性の酸である硫酸と加熱すると，揮発性の酸である塩化水素が発生する。生成物が $NaHSO_4$ である点に注意すること。

⑱ 硝酸ナトリウムの固体に濃硫酸を加えて加熱する

$$NaNO_3 + H_2SO_4 \xrightarrow{\text{加熱}} NaHSO_4 + HNO_3$$

[東大，信州大，長崎大，奈良県医大，明治薬大]

作り方 硝酸ナトリウム：$NaNO_3$ ➡ Na^+，NO_3^-

$NO_3^- + H_2SO_4 \xrightarrow{\text{加熱}} HNO_3 + HSO_4^-$

両辺に Na^+ を1個加えて完成。

補足 硝酸の製法である。$NaNO_3$ は，天然にはチリ硝石として産出する。不揮発性の酸である硫酸と加熱すると，揮発性の酸である硝酸が発生する。生成物が $NaHSO_4$ である点に注意すること。

⑲ フッ化カルシウム（ホタル石）の固体に濃硫酸を加えて加熱する

$$CaF_2 + H_2SO_4 \xrightarrow{\text{加熱}} CaSO_4 + 2HF$$

[秋田大，東北大，岐阜大，静岡大，三重大，名古屋工大，京大，岡山大，青山学院大，早大，愛知工大，名城大]

作り方 フッ化カルシウム：CaF_2 ➡ Ca^{2+}，$2F^-$

$2F^- + H_2SO_4 \xrightarrow{\text{加熱}} 2HF + SO_4^{2-}$

両辺に Ca^{2+} を1個加えて完成。

補足 フッ化水素の製法である。不揮発性の酸である硫酸と加熱すると，揮発性の酸であるフッ化水素が発生する。

▶熱分解反応

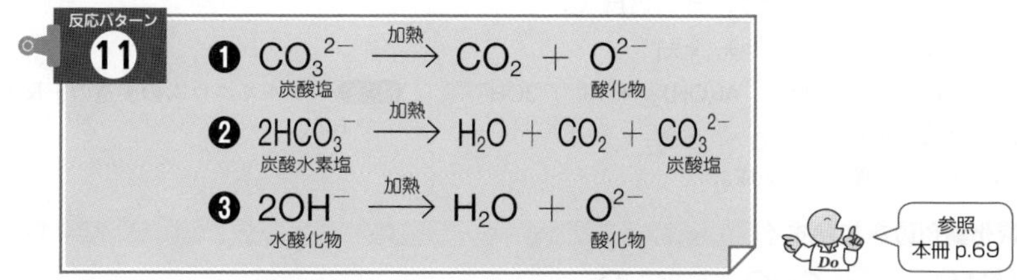

⑩⓪ 炭酸カルシウムを加熱する

$$CaCO_3 \xrightarrow{加熱} CaO + CO_2$$

[弘前大，岩手大，東北大，秋田大，千葉大，東大，新潟大，金沢大，岐阜大，静岡大，奈良女大，広島大，愛媛大，高知大，長崎大，熊本大，宮崎大，横浜市大，青山学院大，早大，愛知工大，名城大，同志社大，関西医大]

作り方 炭酸カルシウム：$CaCO_3$ ➡ Ca^{2+}，CO_3^{2-}

$CO_3^{2-} \xrightarrow{加熱} O^{2-} + CO_2$

両辺に Ca^{2+} を 1 個加えて完成。

補 足 Na_2CO_3 の製法であるアンモニアソーダ法の一反応。

⑩① 炭酸ナトリウムと二酸化ケイ素を混合して加熱する

$$Na_2CO_3 + SiO_2 \xrightarrow{加熱} Na_2SiO_3 + CO_2$$

[群馬大，千葉大，東京農工大，名大，滋賀医大，京大，鳥取大，広島大，長崎大，札幌医大，大阪市大，学習院大，早大，同志社大，防衛大]

作り方 炭酸ナトリウム：Na_2CO_3 ➡ $2Na^+$，CO_3^{2-}

$CO_3^{2-} \xrightarrow{加熱} O^{2-} + CO_2$ …ⓘ

$O^{2-} + SiO_2 \longrightarrow SiO_3^{2-}$ …ⓘⓘ

ⓘ式＋ⓘⓘ式より，

$CO_3^{2-} + SiO_2 \longrightarrow SiO_3^{2-} + CO_2$

両辺に Na^+ を 2 個加えて完成。

補 足 生成物のケイ酸ナトリウム(Na_2SiO_3 は組成式)に水を加えて加熱すると，粘性の大きな液体になる。この液体を水ガラスという。

⑩② 炭酸水素ナトリウム(重曹)を加熱する

$$2NaHCO_3 \xrightarrow{加熱} Na_2CO_3 + H_2O + CO_2$$

[北大，弘前大，岩手大，福島大，宇都宮大，群馬大，筑波大，千葉大，信州大，岐阜大，静岡大，名古屋工大，阪大，奈良女大，鳥取大，愛媛大，長崎大，鹿児島大，首都大，奈良県医大，青山学院大，慶大，東京女大，日本女大，明治大，名城大，同志社大，防衛大]

作り方 炭酸水素ナトリウム：$NaHCO_3$ ➡ Na^+，HCO_3^-

$2HCO_3^- \xrightarrow{加熱} H_2O + CO_2 + CO_3^{2-}$

両辺に Na^+ を 2 個加えて完成。

補 足 Na_2CO_3 の製法であるアンモニアソーダ法の一反応である。生成物の Na_2CO_3 はガラスやセメント工業などに利用される。

⑩③ 炭酸水素カルシウム水溶液を加熱する

$$Ca(HCO_3)_2 \xrightarrow{加熱} CaCO_3 + H_2O + CO_2$$

[北大，東北大，東大，新潟大，金沢大，岡山大，広島大，香川大，高知大，札幌医大，横浜市大，名古屋市大，学習院大，日本歯大]

作り方 炭酸水素カルシウム：$Ca(HCO_3)_2$ ➡ Ca^{2+}，$2HCO_3^-$

$2HCO_3^- \xrightarrow{加熱} H_2O + CO_2 + CO_3^{2-}$

両辺に Ca^{2+} を 1 個加えて完成。

補 足 $Ca(HCO_3)_2$ を含む地下水から水が蒸発すると $CaCO_3$ ができる。鍾乳石や石筍はこの反応により生成する。

104 水酸化アルミニウムを加熱する

$$2Al(OH)_3 \xrightarrow{加熱} Al_2O_3 + 3H_2O$$

[信州大，名古屋工大，長崎大，学習院大，早大]

作り方 水酸化アルミニウム：$Al(OH)_3$ ➡ Al^{3+}，$3OH^-$

$6OH^- \xrightarrow{加熱} 3O^{2-} + 3H_2O$

両辺に Al^{3+} を2個加えて完成。

補足 アルミニウムの製造の一反応である。

105 水酸化銅(Ⅱ)を加熱する

$$Cu(OH)_2 \xrightarrow{加熱} CuO + H_2O$$

[北大，東北大，東大，信州大，静岡大，三重大，鳥取大，山口大，高知大，鹿児島大，横浜市大，広島市大，学習院大]

作り方 水酸化銅(Ⅱ)：$Cu(OH)_2$ ➡ Cu^{2+}，$2OH^-$

$2OH^- \xrightarrow{加熱} O^{2-} + H_2O$

両辺に Cu^{2+} を1個加えて完成。

補足 青白色の $Cu(OH)_2$ が黒色の CuO に変化する。CuO をさらに加熱すると，赤色の Cu_2O に変化する。

$4CuO \longrightarrow 2Cu_2O + O_2$

$M^+ + Y^- \longrightarrow MY\downarrow$

(MY が水に難溶)

参照 本冊 p.72

106 飽和食塩水にアンモニアと二酸化炭素を溶かす

$$NaCl + H_2O + NH_3 + CO_2 \longrightarrow NaHCO_3 + NH_4Cl$$

[北大，秋田大，岩手大，東北大，福島大，筑波大，埼玉大，千葉大，新潟大，信州大，岐阜大，静岡大，名古屋工大，阪大，岡山大，愛媛大，長崎大，熊本大，鹿児島大，首都大，横浜市大，奈良県医大，青山学院大，学習院大，法政大，明治大，明治薬大，立教大，名城大，同志社大，崇城大，防衛大]

作り方 塩化ナトリウム：NaCl ➡ Na^+，Cl^-

$NH_3 + H_2O + CO_2 \longrightarrow NH_4^+ + HCO_3^-$ …ⓘ

$HCO_3^- + Na^+ \longrightarrow NaHCO_3$ …ⓘⓘ

ⓘ式+ⓘⓘ式より，

$Na^+ + H_2O + NH_3 + CO_2 \longrightarrow NH_4^+ + NaHCO_3$

両辺に Cl^- を1個加えて完成。

補足 Na_2CO_3 の製法であるアンモニアソーダ法の一反応である。$NaHCO_3$ は水に溶けるが，NaCl などに比べると溶解度があまり大きくないので，飽和して沈殿が生成してくる。

⑩⑦ 金属陽イオン(Ag^+, Al^{3+}, Cu^{2+}, Fe^{3+})と水酸化物イオンとの反応

① Ag^+ と水酸化物イオンとの反応

$$2Ag^+ + 2OH^- \longrightarrow Ag_2O + H_2O$$

[弘前大，東北大，電通大，三重大，岡山大，高知大，琉球大，名古屋市大，千葉工大，慶大，法政大，神奈川大，名城大，同志社大，崇城大]

補足 水酸化銀 AgOH は常温で分解して，褐色の酸化銀 Ag_2O になることに注意。

② Al^{3+} と水酸化物イオンとの反応

$$Al^{3+} + 3OH^- \longrightarrow Al(OH)_3$$

[弘前大，岩手大，阪大，鳥取大，徳島大，高知大，九大，長崎大，名古屋市大，学習院大，名城大，大阪工大，神戸薬大]

補足 $Al(OH)_3$ の沈殿は白色である。

③ Cu^{2+} と水酸化物イオンとの反応

$$Cu^{2+} + 2OH^- \longrightarrow Cu(OH)_2$$

[秋田大，東京農工大，お茶の水女大，新潟大，金沢大，信州大，島根大，岡山大，山口大，徳島大，高知大，大阪市大，北海道工大，東北薬大，学習院大，東邦大，法政大，早大，愛知工大，名城大，同志社大，関西学院大，神戸薬大]

補足 $Cu(OH)_2$ の沈殿は青白色である。

⑩⑧ 金属陽イオン(Ag^+, Cu^{2+}, Fe^{2+}, Zn^{2+}, Pb^{2+})と硫化水素との反応

① Ag^+ と硫化水素との反応

$$2Ag^+ + H_2S \longrightarrow Ag_2S + 2H^+$$

[宮崎大，東京電機大]

補足 Ag_2S は黒色。溶液の液性にかかわらず沈殿する。

② Cu^{2+} と硫化水素との反応

$$Cu^{2+} + H_2S \longrightarrow CuS + 2H^+$$

[山形大，群馬大，千葉大，東京農工大，金沢大，信州大，阪大，岡山大，徳島大，高知大，鹿児島大，琉球大，和歌山県医大，慶大，神戸薬大]

補足 CuS は黒色。溶液の液性にかかわらず沈殿する。

③ Fe^{2+} と硫化水素との反応

$$Fe^{2+} + H_2S \longrightarrow FeS + 2H^+$$

[学習院大]

補足 FeS は黒色。強酸性溶液中では沈殿しないことに注意。

④ Zn^{2+} と硫化水素との反応

$$Zn^{2+} + H_2S \longrightarrow ZnS + 2H^+$$

[名大，宮崎大，慶大]

補足 ZnS は白色。強酸性溶液中では沈殿しない点に注意すること。

⑤ Pb^{2+} と硫化水素との反応

$$Pb^{2+} + H_2S \longrightarrow PbS + 2H^+$$

[東北大，秋田大，東京医歯大，大阪市大]

補足 PbS は黒色。溶液の液性にかかわらず沈殿する。

⑩⑨ 銀イオンと塩化物イオン，臭化物イオン，クロム酸イオンとの反応

① 塩化物イオンと銀イオンとの反応

$$Ag^{+} + Cl^{-} \longrightarrow AgCl$$

[岩手大，群馬大，千葉大，東京海洋大，お茶の水女大，金沢大，信州大，名大，鳥取大，島根大，香川大，高知大，熊本大，鹿児島大，琉球大，横浜市大，学習院大，慶大，東京女大，日本女大，法政大，大阪工大，関西学院大，甲南大，神戸薬大]

補足 AgCl の沈殿は白色である。

② 臭化物イオンと銀イオンとの反応

$$Ag^{+} + Br^{-} \longrightarrow AgBr$$

[筑波大，山口大，琉球大]

補足 AgBr の沈殿は淡黄色である。

③ クロム酸イオンと銀イオンとの反応

$$2Ag^{+} + CrO_4^{2-} \longrightarrow Ag_2CrO_4$$

[弘前大，山形大，東北大，筑波大，埼玉大，千葉大，広島大，横浜市大，青山学院大，日本女大，愛知工大，大阪工大]

補足 Ag_2CrO_4 の沈殿は暗赤色である。

⑪⓪ バリウムイオンと炭酸イオン，硫酸イオン，クロム酸イオンとの反応

① 炭酸イオンとバリウムイオンとの反応

$$Ba^{2+} + CO_3^{2-} \longrightarrow BaCO_3$$

[弘前大，東大，三重大，奈良女大，岡山大，名古屋市大，北海道工大，愛知工大，神戸薬大]

補足 $BaCO_3$ の沈殿は白色である。

② 硫酸イオンとバリウムイオンとの反応

$$Ba^{2+} + SO_4^{2-} \longrightarrow BaSO_4$$

[弘前大，埼玉大，千葉大，東大，お茶の水女大，信州大，島根大，広島大，山口大，愛媛大，青山学院大，学習院大]

補足 $BaSO_4$ の沈殿は白色である

③ クロム酸イオンとバリウムイオンとの反応

$$Ba^{2+} + CrO_4^{2-} \longrightarrow BaCrO_4$$

[東京海洋大]

補足 $BaCrO_4$ の沈殿は黄色である。

⑪ 鉛(Ⅱ)イオンと硫酸イオン，クロム酸イオン，塩化物イオンとの反応

① 硫酸イオンと鉛(Ⅱ)イオンとの反応

$$Pb^{2+} + SO_4^{2-} \longrightarrow PbSO_4$$

［筑波大，学習院大］

補足 $PbSO_4$ の沈殿は白色である。

② クロム酸イオンと鉛(Ⅱ)イオンとの反応

$$Pb^{2+} + CrO_4^{2-} \longrightarrow PbCrO_4$$

［東北大，金沢大，滋賀医大，徳島大，長崎大，琉球大，名古屋市大，慶大，工学院大，東海大］

補足 $PbCrO_4$ の沈殿は黄色である。

③ 塩化物イオンと鉛(Ⅱ)イオンとの反応

$$Pb^{2+} + 2Cl^- \longrightarrow PbCl_2$$

［学習院大，慶大］

補足 $PbCl_2$ は白色沈殿で熱水には溶ける。

錯イオン形成反応

$$M^+ + \text{配位子} \longrightarrow \text{錯イオン}$$

中心金属陽イオン

⑫ ガラスの主成分である二酸化ケイ素にフッ化水素酸を加える

$$SiO_2 + 6HF \longrightarrow H_2SiF_6 + 2H_2O$$

［北大，東北大，東大，東京農工大，名古屋工大，三重大，滋賀医大，阪大，岡山大，広島大，香川大，九大，長崎大，宮崎大，名古屋市大，京都府大，広島市大，青山学院大，学習院大，早大，名城大，同志社大，関西大］

補足 フッ化水素酸はガラスを侵食する。

⑬ 亜鉛に水酸化ナトリウム水溶液を加える

$$Zn + 2NaOH + 2H_2O \longrightarrow Na_2[Zn(OH)_4] + H_2$$

［弘前大，東北大，福島大，埼玉大，東大，電通大，岐阜大，名大，奈良女大，高知大，長崎大，琉球大，首都大，奈良県医大，立命館大，大阪工大］

作り方 水酸化ナトリウム：NaOH ➡ Na^+，OH^-

$$Zn + 4OH^- \longrightarrow [Zn(OH)_4]^{2-} + 2e^- \quad \cdots ⓘ$$
$$2H_2O + 2e^- \longrightarrow H_2 + 2OH^- \quad \cdots ⓘⓘ$$

ⓘ式＋ⓘⓘ式より，

$$Zn + 2OH^- + 2H_2O \longrightarrow [Zn(OH)_4]^{2-} + H_2$$

両辺に Na^+ を 2 個加えて完成。

補足 亜鉛は両性金属であり，酸とも塩基とも反応する。

⑭ アルミニウムに水酸化ナトリウム水溶液を加える

$$2Al + 2NaOH + 6H_2O \longrightarrow 2Na[Al(OH)_4] + 3H_2$$

[弘前大，岩手大，東北大，福島大，群馬大，埼玉大，千葉大，金沢大，信州大，岐阜大，三重大，滋賀医大，京大，阪大，奈良女大，鳥取大，徳島大，高知大，九大，熊本大，宮崎大，首都大，横浜市大，学習院大，東海大，東京女大，日本女大，法政大，名城大，同志社大]

作り方 水酸化ナトリウム：NaOH ➡ Na^+，OH^-

$Al + 4OH^- \longrightarrow [Al(OH)_4]^- + 3e^-$ …ⓘ

$2H_2O + 2e^- \longrightarrow H_2 + 2OH^-$ …ⓘⓘ

ⓘ式×2+ⓘⓘ式×3より，

$2Al + 2OH^- + 6H_2O \longrightarrow 2[Al(OH)_4]^- + 3H_2$

両辺に Na^+ を2個加えて完成。

補足 アルミニウムは両性金属であり，酸とも塩基とも反応する。

⑮ 酸化アルミニウムに水酸化ナトリウム水溶液を加える

$$Al_2O_3 + 2NaOH + 3H_2O \longrightarrow 2Na[Al(OH)_4]$$

[北大，福島大，千葉大，東大，富山大，金沢大，信州大，岐阜大，静岡大，名大，名古屋工大，滋賀医大，三重大，阪大，神戸大，熊本大，名古屋市大，大阪市大，青山学院大，東京女大，早大，防衛大]

作り方 酸化アルミニウム：Al_2O_3 ➡ $2Al^{3+}$，$3O^{2-}$

水酸化ナトリウム：NaOH ➡ Na^+，OH^-

$2Al^{3+} + 8OH^- \longrightarrow 2[Al(OH)_4]^-$ …ⓘ

$3O^{2-} + 3H_2O \longrightarrow 6OH^-$ …ⓘⓘ

ⓘ式+ⓘⓘ式より，

$2Al^{3+} + 3O^{2-} + 2OH^- + 3H_2O \longrightarrow 2[Al(OH)_4]^-$

両辺に Na^+ を2個加えて完成。

補足 酸化アルミニウムは両性酸化物であり，酸とも塩基とも反応する。

⑯ 酸化亜鉛に水酸化ナトリウム水溶液を加える

$$ZnO + 2NaOH + H_2O \longrightarrow Na_2[Zn(OH)_4]$$

[北大，筑波大，電通大，名古屋工大，九大，名古屋市大，名城大，防衛大]

作り方 酸化亜鉛：ZnO ➡ Zn^{2+}，O^{2-}

水酸化ナトリウム：NaOH ➡ Na^+，OH^-

$Zn^{2+} + 4OH^- \longrightarrow [Zn(OH)_4]^{2-}$ …ⓘ

$O^{2-} + H_2O \longrightarrow 2OH^-$ …ⓘⓘ

ⓘ式+ⓘⓘ式より，

$Zn^{2+} + O^{2-} + 2OH^- + H_2O \longrightarrow [Zn(OH)_4]^{2-}$

両辺に Na^+ を2個加えて完成。

補足 酸化亜鉛は両性酸化物であり，酸とも塩基とも反応する。

⑰ 水酸化アルミニウムに水酸化ナトリウム水溶液を加える

$$Al(OH)_3 + NaOH \longrightarrow Na[Al(OH)_4]$$

[北大，弘前大，岩手大，東北大，群馬大，筑波大，お茶の水女大，電通大，新潟大，金沢大，信州大，滋賀医大，阪大，鳥取大，島根大，岡山大，徳島大，愛媛大，九大，長崎大，熊本大，鹿児島大，首都大，名古屋市大，早大，大阪工大，神戸薬大，崇城大]

作り方 水酸化アルミニウム：$Al(OH)_3$ ➡ Al^{3+}，$3OH^-$

水酸化ナトリウム：NaOH ➡ Na^+，OH^-

$Al^{3+} + 4OH^- \longrightarrow [Al(OH)_4]^-$

両辺に Na^+ を1個加えて完成。

補足 水酸化アルミニウムは両性水酸化物であり，酸とも塩基とも反応する。

⑱ 水酸化亜鉛に水酸化ナトリウム水溶液を加える

$$Zn(OH)_2 + 2NaOH \longrightarrow Na_2[Zn(OH)_4]$$

[東北大，埼玉大，お茶の水女大，神戸大，広島大，九大，宮崎大，琉球大，学習院大，甲南大，福岡大]

作り方 水酸化亜鉛：$Zn(OH)_2$ ➡ Zn^{2+}，$2OH^-$
水酸化ナトリウム：$NaOH$ ➡ Na^+，OH^-
$Zn^{2+} + 4OH^- \longrightarrow [Zn(OH)_4]^{2-}$
両辺に Na^+ を2個加えて完成。

補足 水酸化亜鉛は両性水酸化物であり，酸とも塩基とも反応する。

⑲ 過剰のアンモニア水と水酸化銅(Ⅱ)，水酸化亜鉛，酸化銀，塩化銀との反応

① 水酸化銅(Ⅱ)と過剰のアンモニア水との反応

$$Cu(OH)_2 + 4NH_3 \longrightarrow [Cu(NH_3)_4]^{2+} + 2OH^-$$

[岩手大，東北大，群馬大，東京農工大，お茶の水女大，新潟大，金沢大，信州大，岐阜大，阪大，神戸大，奈良女大，岡山大，広島大，山口大，徳島大，高知大，九大，長崎大，宮崎大，鹿児島大，首都大，名古屋市大，東北薬大，同志社大，関西学院大，甲南大，神戸薬大]

作り方 水酸化銅(Ⅱ)：$Cu(OH)_2$ ➡ Cu^{2+}，$2OH^-$

補足 生成物の $[Cu(NH_3)_4]^{2+}$ は正方形で深青色の錯イオンである。

② 水酸化亜鉛と過剰のアンモニア水との反応

$$Zn(OH)_2 + 4NH_3 \longrightarrow [Zn(NH_3)_4]^{2+} + 2OH^-$$

[北大，弘前大，岩手大，東大，岐阜大，静岡大，神戸大，鳥取大，島根大，高知大，京都府大，奈良県医大，大阪府大，東京都市大，神戸薬大]

作り方 水酸化亜鉛：$Zn(OH)_2$ ➡ Zn^{2+}，$2OH^-$

補足 生成物の $[Zn(NH_3)_4]^{2+}$ は正四面体形で無色の錯イオンである。

③ 酸化銀と過剰のアンモニア水との反応

$$Ag_2O + H_2O + 4NH_3 \longrightarrow 2[Ag(NH_3)_2]^+ + 2OH^-$$

[岩手大，秋田大，千葉大，電通大，静岡大，鳥取大，高知大，琉球大，横浜市大，学習院大，慶大，工学院大，東邦大，神奈川大，同志社大，甲南大，崇城大]

作り方 酸化銀：Ag_2O ➡ $2Ag^+$，O^{2-}
$2Ag^+ + 4NH_3 \longrightarrow 2[Ag(NH_3)_2]^+$ …ⓘ
$O^{2-} + H_2O \longrightarrow 2OH^-$ …ⓘⓘ
ⓘ式＋ⓘⓘ式をして完成。

補足 生成物の $[Ag(NH_3)_2]^+$ は直線形で無色の錯イオンである。

④ 塩化銀と過剰のアンモニア水との反応

$$AgCl + 2NH_3 \longrightarrow [Ag(NH_3)_2]^+ + Cl^-$$

[北大，弘前大，岩手大，東北大，群馬大，埼玉大，お茶の水女大，富山大，新潟大，金沢大，信州大，岐阜大，名大，三重大，京大，神戸大，岡山大，広島大，徳島大，愛媛大，高知大，熊本大，宮崎大，名古屋市大，大阪市大，大阪府大，広島市大，学習院大，慶大，東海大，早大，関西学院大，甲南大，防衛大]

作り方 塩化銀：$AgCl$ ➡ Ag^+，Cl^-

補足 生成物の $[Ag(NH_3)_2]^+$ は直線形で無色の錯イオンである。

⑳ 塩化銀または臭化銀にチオ硫酸ナトリウム水溶液を加える

$$AgCl + 2Na_2S_2O_3 \longrightarrow Na_3[Ag(S_2O_3)_2] + NaCl$$
$$AgBr + 2Na_2S_2O_3 \longrightarrow Na_3[Ag(S_2O_3)_2] + NaBr$$

[東北大，埼玉大，静岡大，慶大，関西医大]

作り方 ハロゲン化銀：AgX ➡ Ag^+，X^-
$Ag^+ + 2S_2O_3^{2-} \longrightarrow [Ag(S_2O_3)_2]^{3-}$
両辺に X^- を1個，Na^+ を4個加えて完成。

入試必出

無機化学 知識の整理

1 酸と塩基

参照 本冊 p.26，27，31，34，39

1 非金属の酸化物とオキソ酸

一般に，非金属の酸化物は酸性酸化物（NO，CO 除く）となる。

	14 族		15 族			16 族		17 族	
酸化物	SiO_2 二酸化ケイ素	CO_2 二酸化炭素	P_4O_{10} 十酸化四リン	NO_2 二酸化窒素	N_2O_5 五酸化二窒素	SO_2 二酸化硫黄	SO_3 三酸化硫黄	Cl_2O 一酸化二塩素	Cl_2O_7 七酸化二塩素
↓↑	↓（点線）↑ 加熱	水 ↓↑	熱水 ↓	冷水 ↓	水 ↓	水 ↓↑	水 ↓	水 ↓	水 ↓
オキソ酸	H_2SiO_3 ケイ酸	H_2CO_3 炭酸	H_3PO_4 リン酸	HNO_2 亜硝酸	HNO_3 硝酸	H_2SO_3 亜硫酸	H_2SO_4 硫酸	HClO 次亜塩素酸	$HClO_4$ 過塩素酸
酸の強・弱	弱	弱	弱	弱	強	弱	強	弱	強

補足1 二酸化窒素は，温水に溶かすと $3NO_2 + H_2O \longrightarrow 2HNO_3 + NO$ のように反応する。

補足2 二酸化ケイ素は，三次元網目状の高分子で，水には溶けにくいが，高温で塩基と反応する。

2 金属の酸化物と水酸化物

一般に，金属の酸化物は塩基性酸化物（ただし，Al，Zn，Sn，Pb は両性）となる。

	アルカリ金属 BeとMg以外の アルカリ土類金属		たいていの金属					Hg,Ag	
酸化物	CaO	Na_2O	MgO	Al_2O_3	ZnO	Fe_2O_3	CuO	HgO	Ag_2O
水 ↓ ↑ 熱	水 ↓↑				↓（点線）↑ 加熱			↓（点線）↑ 常温	
水酸化物	$Ca(OH)_2$	NaOH	$Mg(OH)_2$	$Al(OH)_3$	$Zn(OH)_2$	$Fe(OH)_3$	$Cu(OH)_2$	$Hg(OH)_2$	AgOH
塩基の強・弱	強		弱						

3 水素化合物と酸・塩基

	1 族	15 族	16 族	17 族			
名称	水素化ナトリウム	アンモニア	硫化水素	フッ化水素	塩化水素	臭化水素	ヨウ化水素
化学式	NaH	NH_3	H_2S	HF	HCl	HBr	HI
水溶液	強塩基性	弱塩基性	弱酸性	弱酸性	強酸性	強酸性	強酸性

2 酸化と還元

参照 本冊 p.57

1 金属の単体の反応

金属の単体が，水溶液中で電子を放出して陽イオンになる性質を，イオン化傾向という。一般に，イオン化傾向の大きな金属は酸化されやすく，陽イオンになりやすいので，還元剤として強い。

イオン化列	Li	K	Ca	Na	Mg	Al	Zn	Fe	Ni	Sn	Pb	H_2	Cu	Hg	Ag	Pt	Au
イオン化傾向（還元力）	大 ←																小
空気中のO_2との反応	常温で速やかに酸化される				空気中で加熱すると，酸化される											加熱しても酸化されない	
水との反応	常温でも				熱水なら	高温水蒸気なら			反応しない								
酸との反応	酸のH^+と反応し，H_2を発生しながら溶ける												硝酸や熱濃硫酸に溶ける			王水に溶ける	

補足1 Pb は塩酸や硫酸にはほとんど溶けない。これは，水に難溶な塩である塩化鉛(Ⅱ)$PbCl_2$ や硫酸鉛(Ⅱ)$PbSO_4$ が表面に生じて，反応が進まないためである。

補足2 上の表で Al，Fe，Ni は濃硝酸には溶けない。表面に緻密な酸化物の被膜をつくるため，内部まで反応が進まないからである。この状態を不動態という。

補足3 王水は，濃硝酸と濃塩酸の体積比が 1：3 の混合物で，酸化力が非常に強く，Pt や Au を溶かす。

③ 酸化剤と還元剤

参照 本冊 p.48

代表的な酸化剤および還元剤と，それらが酸化剤や還元剤として作用した後に何に変化するのかを覚えましょう。この表を覚えれば，半反応式は本冊 p.49 **半反応式のつくり方** にしたがって自力でつくれます。

	名　称	反応前		反応後
代表的な酸化剤	過マンガン酸イオン（強酸性溶液中）	MnO_4^-	⟶	Mn^{2+}
	二クロム酸イオン（強酸性溶液中）	$Cr_2O_7^{2-}$	⟶	$2Cr^{3+}$
	過酸化水素 補足1	H_2O_2	⟶	$2H_2O$
	二酸化硫黄	SO_2	⟶	S
	濃硝酸	HNO_3	⟶	NO_2
	希硝酸	HNO_3	⟶	NO
	熱濃硫酸	H_2SO_4	⟶	SO_2
	塩素	Cl_2	⟶	$2Cl^-$
	酸素	O_2	⟶	$2H_2O$
	オゾン	O_3	⟶	$O_2 + H_2O$
代表的な還元剤	金属（例えばナトリウム）	Na	⟶	Na^+
	硫化水素	H_2S	⟶	S
	二酸化硫黄 補足2	SO_2	⟶	SO_4^{2-}
	過酸化水素	H_2O_2	⟶	O_2
	シュウ酸	$(COOH)_2$	⟶	$2CO_2$
	鉄（Ⅱ）イオン	Fe^{2+}	⟶	Fe^{3+}
	スズ（Ⅱ）イオン	Sn^{2+}	⟶	Sn^{4+}
	ヨウ化物イオン	$2I^-$	⟶	I_2
	チオ硫酸イオン	$2S_2O_3^{2-}$	⟶	$S_4O_6^{2-}$

補足1 H_2O_2は，原則として酸化剤であり，MnO_4^-や$Cr_2O_7^{2-}$などと反応する場合だけ，例外的に還元剤として作用する。

補足2 SO_2は，原則として還元剤であり，H_2Sなどと反応する場合だけ，例外的に酸化剤として作用する。

4 沈殿の生成

参照 本冊 p.74

1 水酸化物イオン OH^- と沈殿生成反応を起こす陽イオン

アルカリ金属の陽イオン アルカリ土類金属（Be と Mg 以外）の陽イオン	沈殿しにくい
Mg^{2+}，Al^{3+}，Zn^{2+}，Fe^{2+}，Fe^{3+}， Ni^{2+}，Sn^{2+}，Pb^{2+}，Cu^{2+}	水酸化物 $M(OH)_n$ の沈殿が生成する
Hg^{2+}，Ag^+	室温で，水酸化物が分解し，酸化物 HgO や Ag_2O の沈殿が生成する

2 硫化物イオン S^{2-} と沈殿生成反応を起こす陽イオン

イオン化列で上位にある Li^+，K^+，Ca^{2+}，Na^+，Mg^{2+}，Al^{3+}	沈殿しにくい
Mn^{2+}，Zn^{2+}，Fe^{2+}，Co^{2+}，Ni^{2+}	中・塩基性下なら，硫化物の沈殿が生成する
Sn^{2+}，Pb^{2+}，Cu^{2+}，Hg^{2+}，Ag^+，Cd^{2+}	液性にかかわらず，硫化物の沈殿が生成する

3 塩化物イオン Cl^- と沈殿生成反応を起こす主な陽イオン ➡ Ag^+，Pb^{2+}，$Hg_2{}^{2+}$

4 硫酸イオン $SO_4{}^{2-}$ と沈殿生成反応を起こす主な陽イオン ➡ Ca^{2+}，Sr^{2+}，Ba^{2+}，Pb^{2+}

5 クロム酸イオン $CrO_4{}^{2-}$ と沈殿生成反応を起こす主な陽イオン ➡ Pb^{2+}，Ba^{2+}，Ag^+

6 炭酸イオン $CO_3{}^{2-}$ と沈殿生成反応を起こす主な陽イオン ➡ Ca^{2+}，Sr^{2+}，Ba^{2+}

5 錯イオン

参照 本冊 p.83

錯イオンを生じる金属イオンと配位子の組み合わせを覚えましょう。

配位子	重要な錯イオン	
	イオン式	名称
NH_3（濃アンモニア水中で）	$[Ag(NH_3)_2]^+$	ジアンミン銀(Ⅰ)イオン
	$[Zn(NH_3)_4]^{2+}$	テトラアンミン亜鉛(Ⅱ)イオン
	$[Cu(NH_3)_4]^{2+}$（深青色）	テトラアンミン銅(Ⅱ)イオン
	$[Ni(NH_3)_6]^{2+}$（淡紫色）	ヘキサアンミンニッケル(Ⅱ)イオン
OH^-（強塩基性水溶液中で）	$[Zn(OH)_4]^{2-}$	テトラヒドロキシド亜鉛(Ⅱ)酸イオン
	$[Al(OH)_4]^-$	テトラヒドロキシドアルミン酸イオン
CN^-	$[Ag(CN)_2]^-$	ジシアニド銀(Ⅰ)酸イオン
	$[Fe(CN)_6]^{4-}$（淡黄色）	ヘキサシアニド鉄(Ⅱ)酸イオン
	$[Fe(CN)_6]^{3-}$（黄色）	ヘキサシアニド鉄(Ⅲ)酸イオン
$S_2O_3{}^{2-}$	$[Ag(S_2O_3)_2]^{3-}$	ビス(チオスルファト)銀(Ⅰ)酸イオン

6 イオン・化合物・炎色反応の色

参照 本冊 p.89

水溶液中のイオン	Fe^{2+} ➡ 淡緑色　Fe^{3+} ➡ 黄褐色　Cu^{2+} ➡ 青色 Cr^{3+} ➡ 緑色　Ni^{2+} ➡ 緑色　CrO_4^{2-} ➡ 黄色 $Cr_2O_7^{2-}$ ➡ 橙赤色　MnO_4^- ➡ 赤紫色 $[Cu(NH_3)_4]^{2+}$ ➡ 深青色（あるいは濃青色）
ハロゲン化物	AgCl ➡ 白色　$PbCl_2$ ➡ 白色　Hg_2Cl_2 ➡ 白色 AgBr ➡ 淡黄色　AgI ➡ 黄色
硫酸塩	$CaSO_4$ ➡ 白色　$SrSO_4$ ➡ 白色　$BaSO_4$ ➡ 白色 $PbSO_4$ ➡ 白色
炭酸塩	$CaCO_3$ ➡ 白色　$BaCO_3$ ➡ 白色
酸化物	CuO ➡ 黒色　Cu_2O ➡ 赤色　Ag_2O ➡ 褐色 MnO_2 ➡ 黒色　FeO ➡ 黒色　Fe_3O_4 ➡ 黒色 Fe_2O_3 ➡ 赤褐色　ZnO ➡ 白色
水酸化物	$Mg(OH)_2$ ➡ 白色　$Al(OH)_3$ ➡ 白色　$Zn(OH)_2$ ➡ 白色 $Fe(OH)_2$ ➡ 緑白色　水酸化鉄（Ⅲ）➡ 赤褐色 $Cu(OH)_2$ ➡ 青白色　$Cr(OH)_3$ ➡ 灰緑色
クロム酸塩	$BaCrO_4$ ➡ 黄色　$PbCrO_4$ ➡ 黄色　Ag_2CrO_4 ➡ 暗赤色
硫化物	一般に ➡ 黒色のものが多い。 ZnS ➡ 白色　CdS ➡ 黄色　MnS ➡ 淡桃色
炎色反応	Sr^{2+} ➡ 深赤色　Ba^{2+} ➡ 黄緑色　Li^+ ➡ 赤色 Cu^{2+} ➡ 青緑色　Ca^{2+} ➡ 橙赤色　K^+ ➡ 赤紫色 Na^+ ➡ 黄色

7 陽イオンの系統分析

参照 本冊 p.94

陽イオンの系統分析で最も重要な手順を覚えましょう。

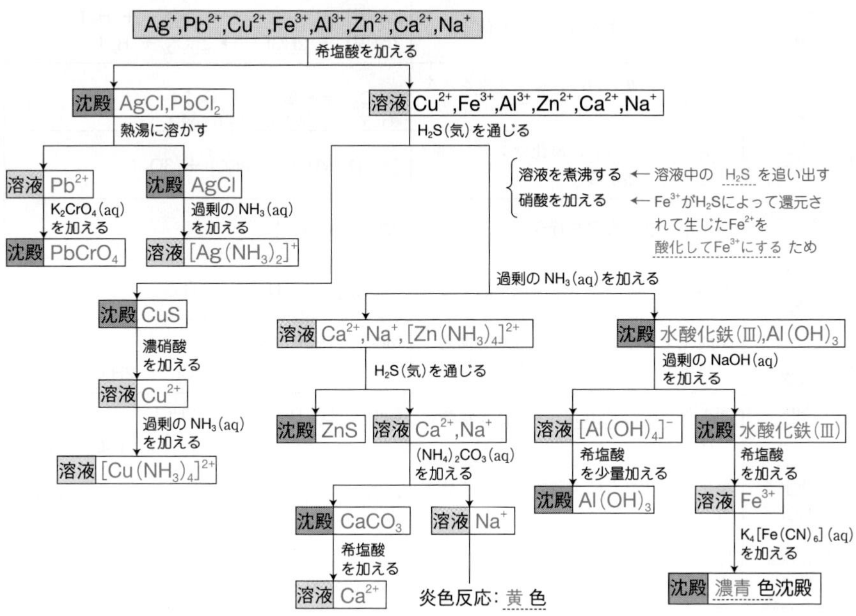

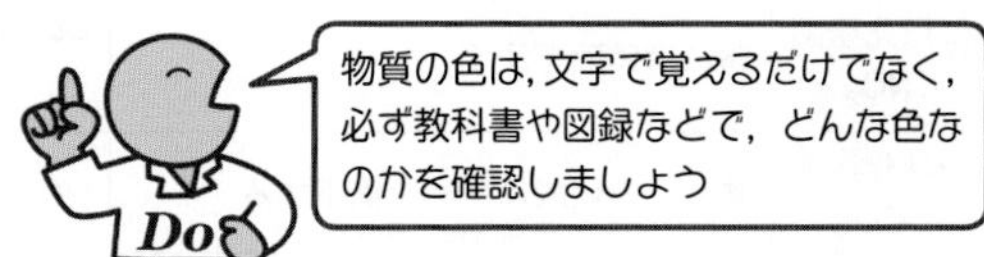

8 気体の製法の反応

参照 本冊p.103

気　体	製　法	反　応
水素 H_2	亜鉛に希硫酸または希塩酸を注ぐ	Zn(固) + $H_2SO_4 \longrightarrow ZnSO_4 + H_2\uparrow$ Zn(固) + $2HCl \longrightarrow ZnCl_2 + H_2\uparrow$
酸素 O_2	①酸化マンガン(Ⅳ)に過酸化水素水を注ぐ	$2H_2O_2 \longrightarrow 2H_2O + O_2\uparrow$ 酸化マンガン(Ⅳ)は、いずれも触媒
	②塩素酸カリウムに酸化マンガン(Ⅳ)を加えて熱する	$2KClO_3$(固) $\longrightarrow 2KCl + 3O_2\uparrow$
オゾン O_3	酸素中で無声放電を行う	$3O_2 \longrightarrow 2O_3\uparrow$
窒素 N_2	亜硝酸アンモニウム水溶液を熱する	$NH_4NO_2 \longrightarrow N_2\uparrow + 2H_2O$
塩素 Cl_2	①酸化マンガン(Ⅳ)に濃塩酸を加えて熱する 酸化マンガン(Ⅳ)は酸化剤	MnO_2(固) + $4HCl$ $\longrightarrow MnCl_2 + 2H_2O + Cl_2\uparrow$
	②さらし粉 $CaCl(ClO)\cdot H_2O$ に塩酸を注ぐ	$CaCl(ClO)\cdot H_2O$(固) + $2HCl$ $\longrightarrow CaCl_2 + 2H_2O + Cl_2\uparrow$
塩化水素 HCl	塩化ナトリウムに濃硫酸を加えて熱する	$NaCl$(固) + $H_2SO_4 \longrightarrow NaHSO_4 + HCl\uparrow$
硫化水素 H_2S	硫化鉄(Ⅱ)に希硫酸または希塩酸を注ぐ	FeS(固) + $H_2SO_4 \longrightarrow FeSO_4 + H_2S\uparrow$ FeS(固) + $2HCl \longrightarrow FeCl_2 + H_2S\uparrow$
アンモニア NH_3	塩化アンモニウムに水酸化カルシウムを加えて熱する	$2NH_4Cl$(固) + $Ca(OH)_2$(固) $\longrightarrow CaCl_2 + 2H_2O + 2NH_3\uparrow$
二酸化硫黄 SO_2	①銅に濃硫酸を加えて熱する	Cu(固) + $2H_2SO_4$ $\longrightarrow CuSO_4 + 2H_2O + SO_2\uparrow$
	②亜硫酸ナトリウムに希硫酸を注ぐ	Na_2SO_3(固) + H_2SO_4 $\longrightarrow Na_2SO_4 + H_2O + SO_2\uparrow$
一酸化窒素 NO	銅に希硝酸を注ぐ	$3Cu$(固) + $8HNO_3$ $\longrightarrow 3Cu(NO_3)_2 + 4H_2O + 2NO\uparrow$
二酸化窒素 NO_2	銅に濃硝酸を注ぐ	Cu(固) + $4HNO_3$ $\longrightarrow Cu(NO_3)_2 + 2H_2O + 2NO_2\uparrow$
一酸化炭素 CO	熱した濃硫酸にギ酸を滴下する 濃硫酸は脱水剤	$HCOOH \longrightarrow H_2O + CO\uparrow$
二酸化炭素 CO_2	石灰石 $CaCO_3$ に塩酸を注ぐ	$CaCO_3$(固) + $2HCl$ $\longrightarrow CaCl_2 + H_2O + CO_2\uparrow$
フッ化水素 HF	ホタル石 CaF_2 に濃硫酸を加えて熱する	CaF_2(固) + $H_2SO_4 \longrightarrow 2HF\uparrow + CaSO_4$

9 気体の性質

参照 本冊 p.108，113

気体	色	臭い	水溶液の液性	捕集方法
H_2	無	無	溶けにくい	水上置換
O_2	無	無	溶けにくい	水上置換
O_3	淡青	特異臭	溶けにくい	——
N_2	無	無	溶けにくい	水上置換
Cl_2	黄緑	刺激臭	酸性	下方置換
HCl	無	刺激臭	酸性	下方置換
H_2S	無	腐卵臭	酸性	下方置換
NH_3	無	刺激臭	塩基性	上方置換
SO_2	無	刺激臭	酸性	下方置換
NO	無	無	溶けにくい	水上置換
NO_2	赤褐	刺激臭	酸性	下方置換
CO	無	無	溶けにくい	水上置換
CO_2	無	無	酸性	下方置換
HF	無	刺激臭	酸性	下方置換

10 気体の検出

参照 本冊 p.109

1 O_3，Cl_2 の検出

湿ったヨウ化カリウムデンプン紙に触れさせると，I^- が酸化されて I_2 が生じ，青紫色に変色する。

2 HCl の検出

① 硝酸銀水溶液に通じると，AgCl の白色沈殿が生じる。
② アンモニアに近づけると，空気中で NH_4Cl が生じて白色の煙があがる。

3 H_2S の検出

① 酢酸鉛(Ⅱ)水溶液に通じると，PbS の黒色沈殿が生じる。
② 二酸化硫黄の水溶液に通じると，S が生じて，溶液が白く濁る。

4 NH_3 の検出

① 湿った赤色のリトマス紙に触れさせると，リトマス紙が青色に変わる。
② 濃塩酸に近づけると，空気中で NH_4Cl が生じて白色の煙があがる。

5 SO_2 の検出

硫化水素の水溶液に通じると，S が生じて，溶液が白く濁る。

6 CO_2 の検出

石灰水（水酸化カルシウム水溶液）に通じると，$CaCO_3$ が生じて，溶液が白く濁る。さらに通じると $Ca(HCO_3)_2$ が生じて，溶液は無色透明になる。

7 NO の検出

空気に触れるとすぐに酸化されて NO_2 となり，無色から赤褐色に変化する。

⑪ アルカリ金属

参照 本冊 p.116, 118, 119, 121

1 単体

アルカリ金属の単体は，すべて価電子を 1 個もち，1 価の陽イオンになりやすい。石油(灯油)中に保存する。

	融点	反応性	炎色反応	結晶の単位格子
Li	高	小	赤	体心立方格子
Na			黄	体心立方格子
K			赤紫	体心立方格子
Rb			深赤	体心立方格子
Cs	低	大	青紫	体心立方格子

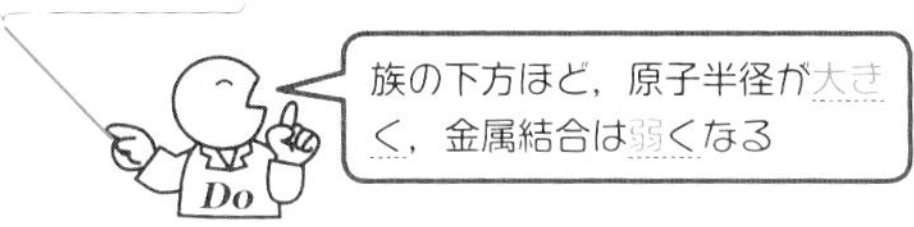

2 Na とその化合物

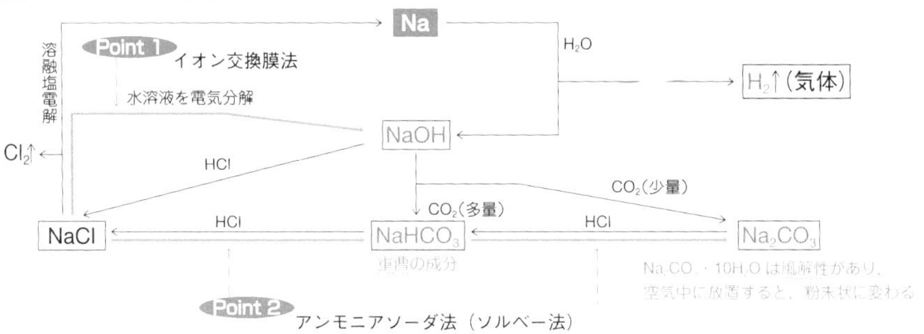

Point 1 イオン交換膜法

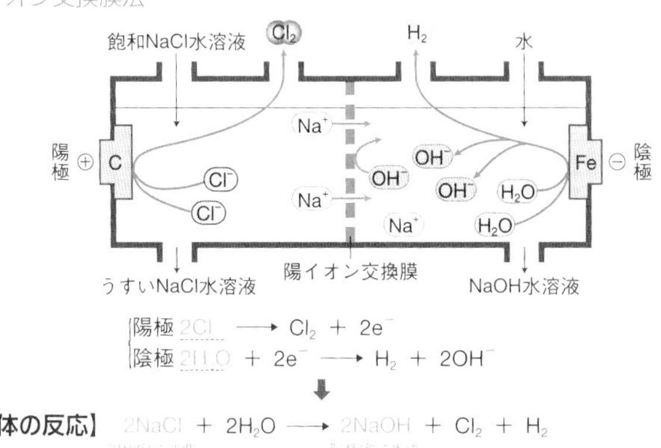

陽極 $2Cl^- \longrightarrow Cl_2 + 2e^-$
陰極 $2H_2O + 2e^- \longrightarrow H_2 + 2OH^-$

⬇

【全体の反応】 $2NaCl + 2H_2O \longrightarrow 2NaOH + Cl_2 + H_2$
（2NaCl：陽極室で消費，2NaOH：陰極室で生成）

【陽イオン交換膜の役割】

① 陰極室で生成した OH^- が拡散して，陽極室に入りこむのを防ぐ。
② 陽極室から Cl^- が陰極室に混入して不純物となるのを防ぐ。
③ Na^+ のみを通過させる。

Point 2 アンモニアソーダ法

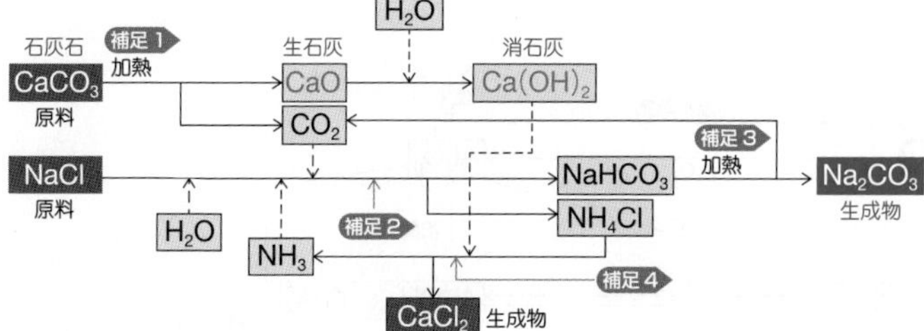

補足1 $CaCO_3 \xrightarrow{\text{加熱}} CaO + CO_2$

補足2 飽和塩化ナトリウム水溶液に NH_3 を溶かし，CO_2 を吹きこむ。

$NH_3 + H_2O + CO_2 + NaCl \longrightarrow NaHCO_3 + NH_4Cl$

補足3 $2NaHCO_3 \xrightarrow{\text{加熱}} Na_2CO_3 + H_2O + CO_2$

補足4 $Ca(OH)_2$ を用いて，NH_4Cl から NH_3 を回収する。

$Ca(OH)_2 + 2NH_4Cl \longrightarrow 2NH_3 + 2H_2O + CaCl_2$

12 アルカリ土類金属

参照 本冊 p.126，128

1 Be 以外の単体

すべて価電子を 2 個もち，2 価の陽イオンになりやすい。

	単体	水酸化物 $M(OH)_2$	硫酸塩 MSO_4	炭酸塩 MCO_3	炎色反応
Mg	熱水と反応	水に難溶	水によく溶ける	すべて水に難溶	なし
Ca **Sr** **Ba**	常温の水と反応	水によく溶ける。ただし，$Ca(OH)_2$ はやや溶解度が小さい。	すべて水に難溶		橙赤 深赤 黄緑

2 Ca とその化合物

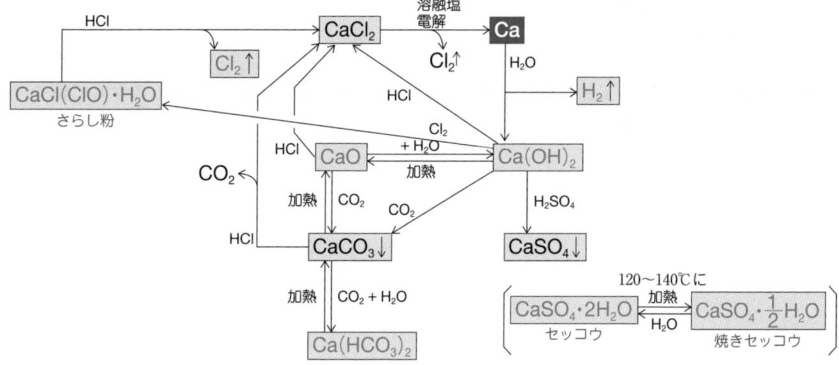

13 両性元素

1 Al　参照 本冊p.136，139

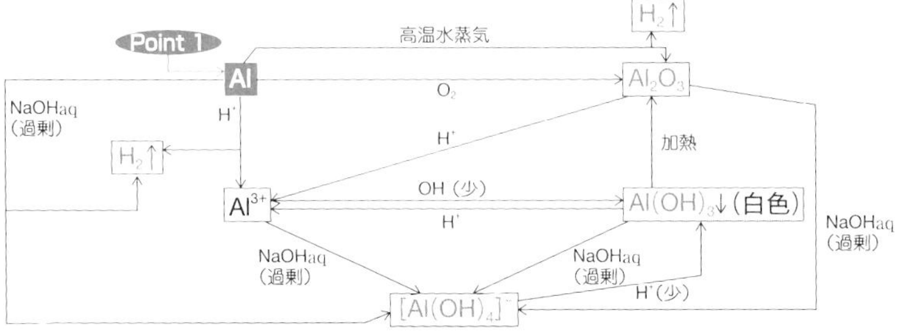

Point 1 アルミニウムの製法

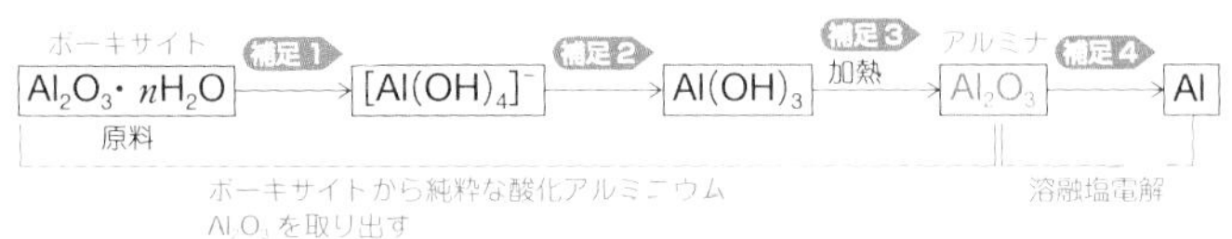

補足1 濃 NaOH 水溶液に原料であるボーキサイトを溶かす。

$$Al_2O_3 + 2NaOH + 3H_2O \longrightarrow 2Na[Al(OH)_4]$$

補足2 多量の水で薄めて pH を下げる。

補足3 $2Al(OH)_3 \xrightarrow{\text{加熱}} Al_2O_3 + 3H_2O$

補足4 溶融塩電解での反応

Al はイオン化傾向が大きいので，水溶液中の Al^{3+} を電気分解で還元して Al にすることは困難である（Al^{3+} よりも H_2O が優先的に還元されてしまう）。そのため，アルミナ Al_2O_3 を溶融塩電解する。

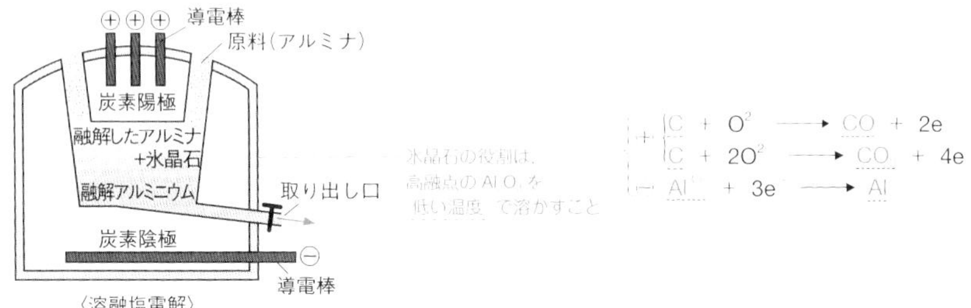

アルミニウムの表面に人工的に酸化被膜をつけた製品をアルマイト，アルミニウムに銅やマグネシウムを加えた合金をジュラルミンという。

2 Zn 参照 本冊p.136

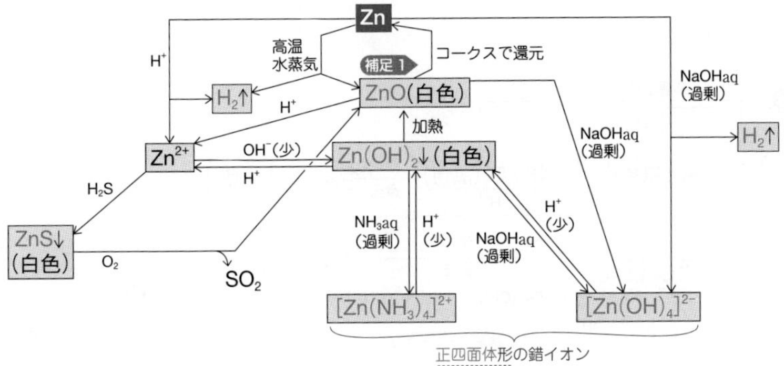

補足1 ZnO は亜鉛華とよばれる白色顔料に用いられる。

3 Sn

酸化数 +2 と +4 の化合物がよく知られている。Sn^{2+} は還元作用をもち，電子を放出して Sn^{4+} に変化する。

4 Pb

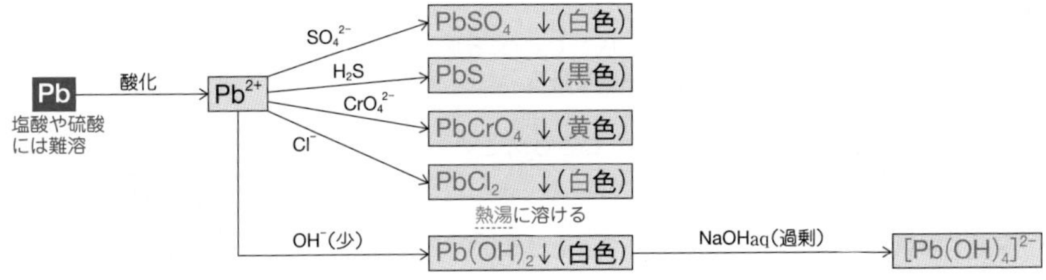

1度だけじっくり目を通すより，
サッと何回もながめたほうが記憶
に残りやすいかもしれません。
ガンバッテ！

14 遷移元素

1 Fe 参照 本冊 p.142，145

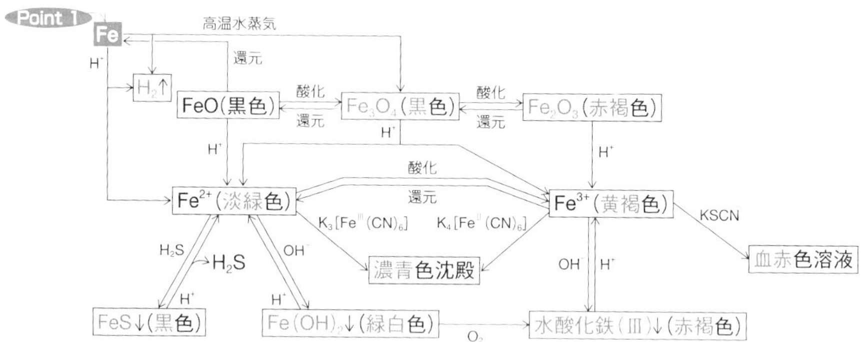

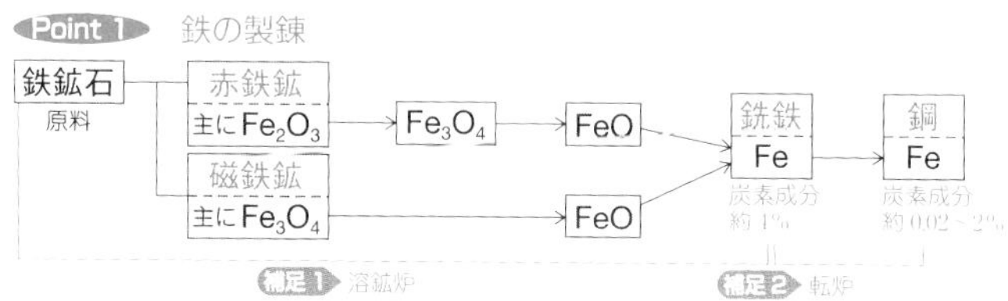

補足1 溶鉱炉での反応（右図）

鉄鉱石を，溶鉱炉中でコークスC，石灰石 $CaCO_3$ と加熱して，発生した CO により酸化鉄を還元し，銑鉄を得る。

$$Fe_2O_3 + 3CO \longrightarrow 2Fe + 3CO_2$$

鉄鉱石中の SiO_2 は，ケイ酸カルシウム $CaSiO_3$ などのスラグとして，分離する。

補足2 転炉での反応

銑鉄に転炉中で O_2 を吹きこみ加熱して，炭素成分を減少させると，鋼が得られる。

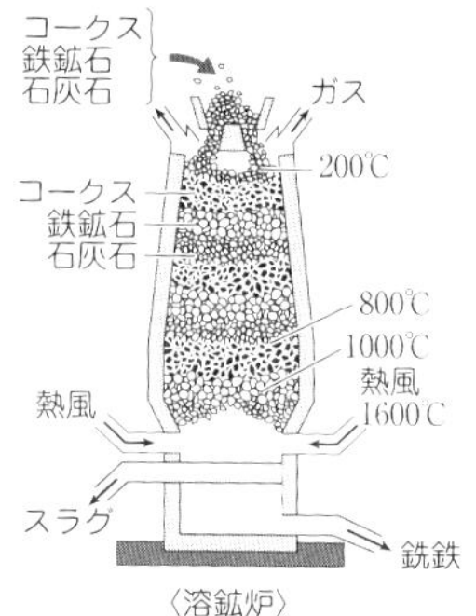

〈溶鉱炉〉

鋼にクロムやニッケルを加えた合金をステンレス鋼という。
鋼板を亜鉛でメッキしたものをトタン，スズでメッキしたものをブリキという。

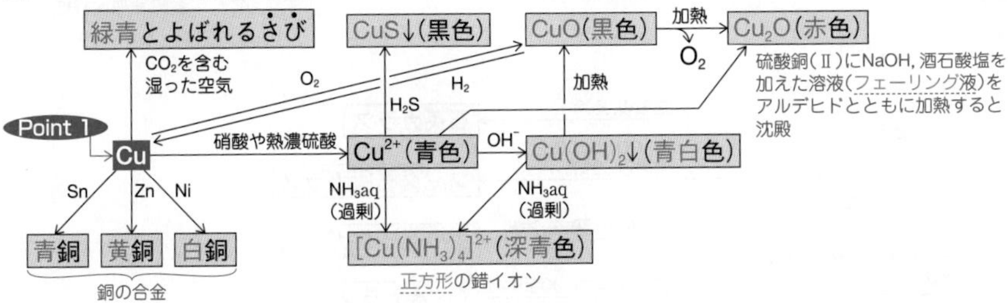

Point 1 銅の工業的製法

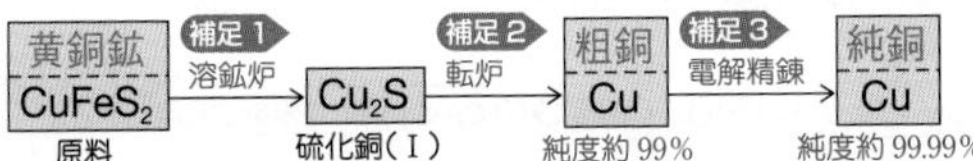

補足1 溶鉱炉での反応

$CuFeS_2$ を溶鉱炉中でコークス C，石灰石 $CaCO_3$ と加熱して Cu_2S にする。

補足2 転炉での反応

転炉中で Cu_2S に O_2 を吹きこみ加熱すると，粗銅が得られる。

$$Cu_2S + O_2 \longrightarrow 2Cu + SO_2$$

補足3 電解精錬での反応

陽極：主に $Cu \longrightarrow Cu^{2+} + 2e^-$

陰極：$Cu^{2+} + 2e^- \longrightarrow Cu$

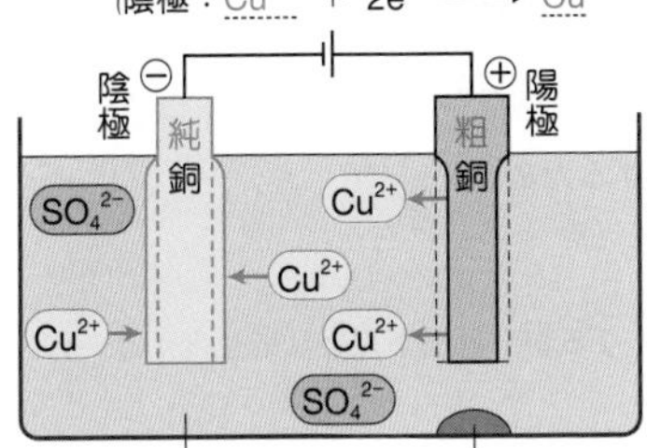

●粗銅の溶解について●

粗銅中の不純物は，イオン化傾向の大小により，以下のようになる。

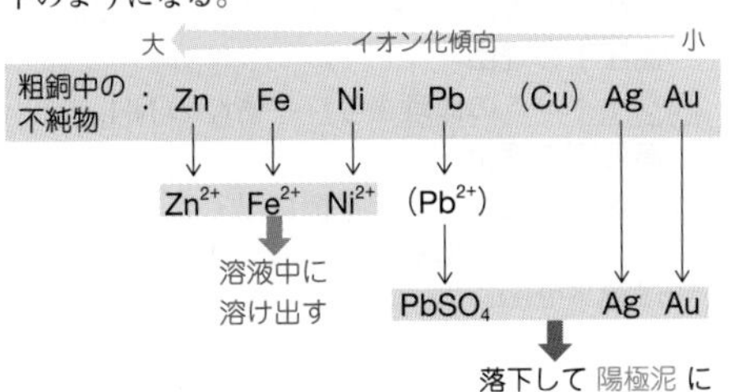

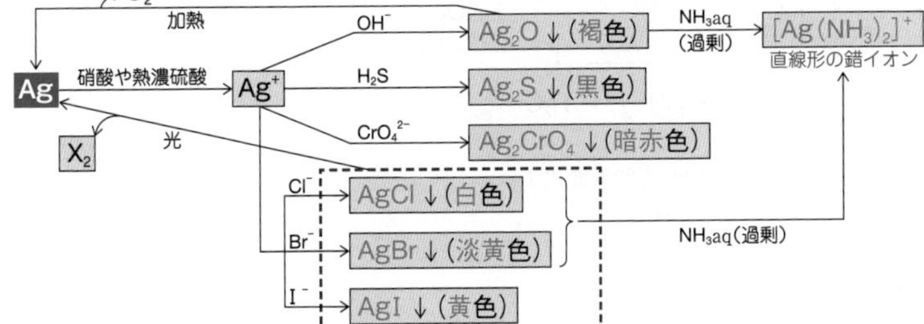

15 Si

参照 本冊p.185

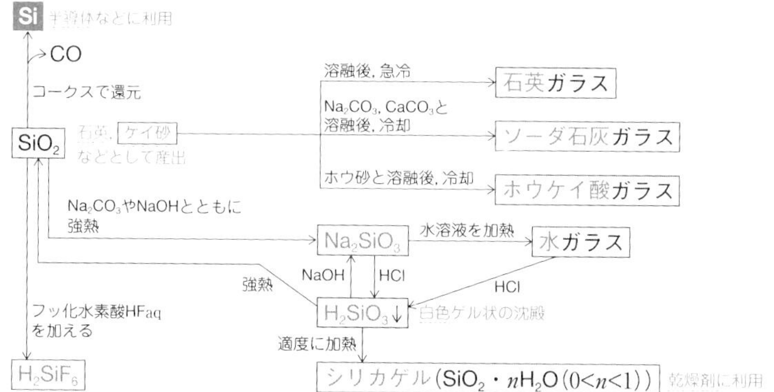

16 N

参照 本冊p.176

1 アンモニア NH_3 の工業的製法

アンモニア NH_3 の工業的製法はハーバー法（ハーバー・ボッシュ法）とよばれている。この方法は，鉄を主体とした触媒を用いて高温・高圧下で，次の反応を進める。

$$N_2 + 3H_2 \longrightarrow 2NH_3 \quad \Delta H = -92\,\mathrm{kJ}$$

① 高圧下の理由

ルシャトリエの原理より，平衡時の NH_3 の収率を上げるため。

② 高温下の理由

反応速度を大きくし，平衡に早く到達させるため。

（ルシャトリエの原理からすれば，低温下の方が収率は高くなるが，低温下だと反応速度が遅いため高温下で反応する。）

2 硝酸 HNO_3 の工業的製法

硝酸 HNO_3 は工業的には次のオストワルト法で製造されている。

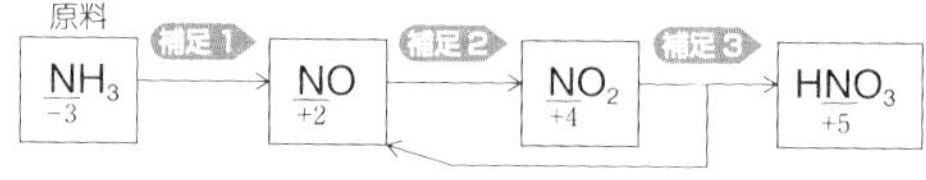

【全体の反応】 $NH_3 + 2O_2 \longrightarrow HNO_3 + H_2O$

補足1 触媒として白金 Pt を用い，NH_3 を空気酸化する。

$4NH_3 + 5O_2 \longrightarrow 4NO + 6H_2O$

補足2 NO を空気に触れさせると NO_2 になる。

$2NO + O_2 \longrightarrow 2NO_2$

補足3 NO_2 を温水に吸収させると HNO_3 が生成する。

$3NO_2 + H_2O \longrightarrow 2HNO_3 + NO$

ここで生成した NO は再利用する。

17 P

参照 本冊p.174

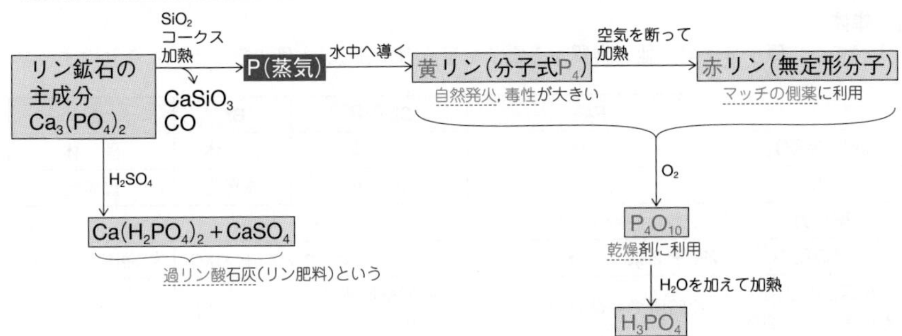

18 S

参照 本冊p.170

硫黄には，分子式 S_8 からなる斜方硫黄（塊状，室温で安定）や単斜硫黄（針状）のほか，弾力のある無定形のゴム状硫黄などの同素体がある。

1 硫酸 H_2SO_4 の工業的製法

硫酸 H_2SO_4 は工業的には次の接触法で製造されている。

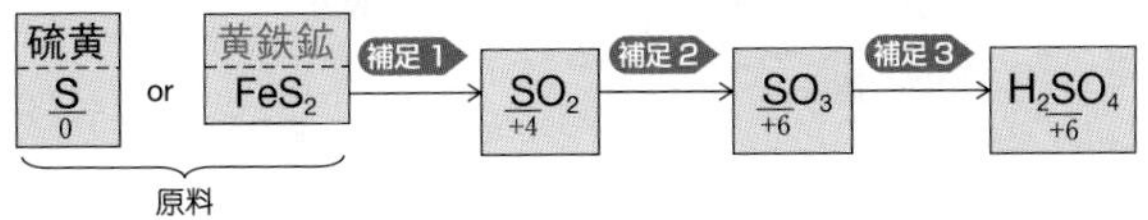

補足1 S または FeS_2 を燃焼させて SO_2 をつくる。

$$\begin{cases} S + O_2 \longrightarrow SO_2 \\ 4FeS_2 + 11O_2 \longrightarrow 2Fe_2O_3 + 8SO_2 \end{cases}$$

補足2 触媒として，酸化バナジウム(V) V_2O_5 を用い，SO_2 を空気酸化する。

$$2SO_2 + O_2 \longrightarrow 2SO_3$$

補足3 濃硫酸に SO_3 を吸収させて発煙硫酸とし，それに希硫酸を加えて薄め，濃硫酸とする。

$$SO_3 + H_2O \longrightarrow H_2SO_4$$

NH_3，HNO_3，H_2SO_4 の工業的製法は，よく出題されるので，しっかり覚えましょう

19 ハロゲン

参照 本冊p.62, 158, 161, 162

1 単体

すべて，二原子分子で，他の物質から電子を奪う力が強く，1価の陰イオンになりやすい。

	F_2	Cl_2 補足1	Br_2	I_2
状態(常温)	気体	気体	液体	固体
色	淡黄色	黄緑色	赤褐色	黒紫色
酸化力	強			弱
水との反応	$2F_2 + 2H_2O \longrightarrow 4HF + O_2$	$X_2 + H_2O \rightleftarrows HX + HXO$		水に溶けにくい 補足2
水素との反応 ($H_2 + X_2 \longrightarrow 2HX$)	冷暗所でも爆発的に反応	光照射や加熱により爆発的に進む	高温で進む	高温で進む(可逆反応)

補足1 塩素 Cl_2 の製法

実験室で乾燥した Cl_2 をつくるには，次のような装置を組む。

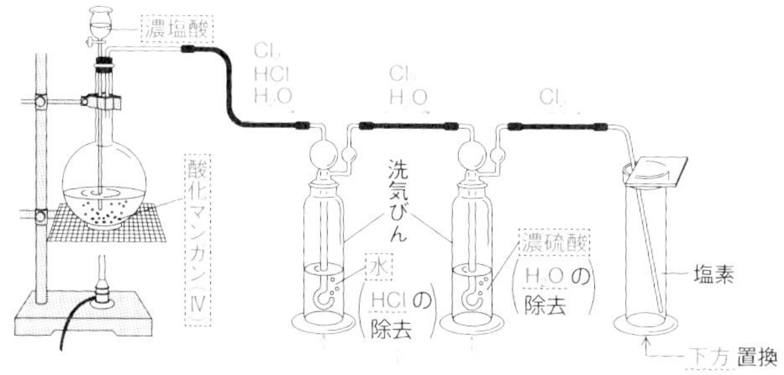

補足2 ヨウ素は水には溶けにくいが，ヨウ化カリウム水溶液には以下の反応によって溶解する。

$I_2 + I^- \rightleftarrows I_3^-$（褐色）

2 化合物

① ハロゲン化水素 HX

HX	沸点	水溶液
HF	最も高い（分子間で水素結合）	弱酸，ガラスを侵すのでポリエチレン製容器に保存
HCl	低	強酸
HBr	↓	強酸
HI	高	強酸

② ハロゲン化カルシウム CaX_2

CaX_2	色	水に	固体の性質
CaF_2	白	難溶	天然にはホタル石として産出
$CaCl_2$	白	易溶	乾燥剤として利用
$CaBr_2$	白	易溶	
CaI_2	白	易溶	

③ ハロゲン化銀 AgX

AgX	沈殿の色	水に	固体の性質
AgF	—	易溶	
AgCl	白	難溶	感光性があり，光を当てると分解する。 $2AgX \longrightarrow 2Ag + X_2$
AgBr	淡黄	難溶	
AgI	黄	難溶